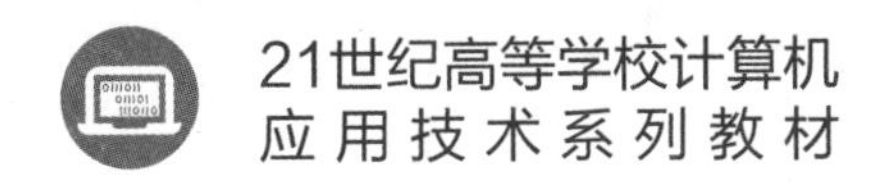

# Python程序设计
## （思政版·第2版）

◎ 王霞 王书芹 郭小荟 梁银 刘小洋 编著

清華大學出版社
北京

## 内容简介

人工智能时代，Python已成为主流的通用开发语言。同时，为贯彻落实教育部印发的《高等学校课程思政建设指导纲要》中提出的所有专业课程均需加强学生工程伦理教育的目标要求和推进党的二十大精神进教材，本书从实用和思政两方面入手，针对零基础的入门读者，采用图文并茂、学练结合的模式进行讲解，达到使其熟练掌握Python的目的。

本书分为10章，从Python发展历程、环境的搭建开始，逐步介绍Python的数据类型、流程控制、函数、类和对象、异常处理、常用库等。每章均结合思政元素设计适当案例，使学生在学习专业知识的同时潜移默化地接受思政教育。

本书概念清晰、内容简练、结合思政，是广大Python入门读者的佳选，非常适合作为高等院校和培训学校相关专业的教学用书。



**图书在版编目(CIP)数据**

Python程序设计：思政版/王霞等编著. —2版. —北京：清华大学出版社，2024.4(2025.7重印)
21世纪高等学校计算机应用技术系列教材
ISBN 978-7-302-66101-6

Ⅰ. ①P… Ⅱ. ①王… Ⅲ. ①软件工具－程序设计－高等学校－教材 Ⅳ. ①TP311.561

中国国家版本馆CIP数据核字(2024)第072711号

**责任编辑**：文　怡
**封面设计**：刘　键
**责任校对**：韩天竹
**责任印制**：丛怀宇

**出版发行**：清华大学出版社
　**网　　址**：https://www.tup.com.cn，https://www.wqxuetang.com
　**地　　址**：北京清华大学学研大厦A座　　**邮　　编**：100084
　**社 总 机**：010-83470000　　**邮　　购**：010-62786544
　**投稿与读者服务**：010-62776969，c-service@tup.tsinghua.edu.cn
　**质量反馈**：010-62772015，zhiliang@tup.tsinghua.edu.cn
　**课件下载**：https://www.tup.com.cn，010-83470236
**印 装 者**：三河市铭诚印务有限公司
**经　　销**：全国新华书店
**开　　本**：185mm×260mm　　**印　张**：19.25　　**字　　数**：469千字
**版　　次**：2021年6月第1版　2024年5月第2版　　**印　　次**：2025年7月第6次印刷
**印　　数**：10001～13000
**定　　价**：59.00元

---

产品编号：103441-01

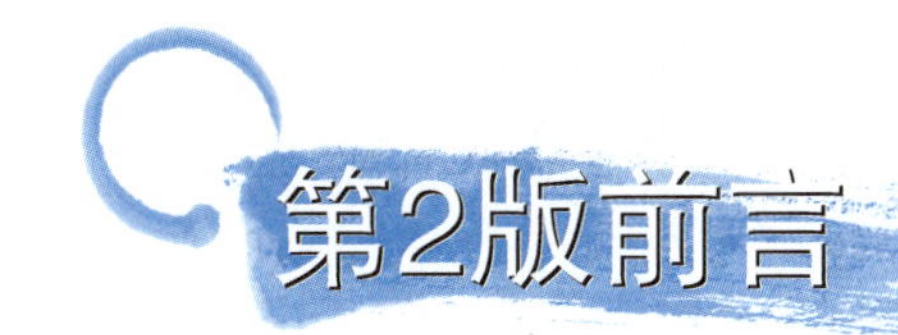


# 第2版前言

作为将课程思政与程序设计相结合的教材,《Python 程序设计》(思政版)已经出版两年多了。在这两年多的时间里,新的教育理念和教学模式不断涌现,并积极将其付诸实践。同时,为贯彻执行国家教材委员会办公室发布的《关于贯彻党的二十大精神并融入教材的通知》〔国教材办(2022)号〕文件要求,提供高等学校计算机专业师生所需的优质课程思政教材,成为一项非常有意义的工作。

本着对读者负责的精神,我们在本次修订工作中认真审阅了原书,根据教学要求对其中部分内容进行调整,更正了错误和疏漏之处,并对文字进行了进一步的精细加工。

本版在内容上主要做了如下改动:对第 1 章"绪论"进行了部分重写,Python 安装增改到最新版本;第 2、3 章的思政案例结合党的二十大精神进行修订;第 4 章增加了列表生成式并重写了个别实例;第 5 章在原有基础上增加了 main 函数与模块内容,修订了思政案例;第 7 章删除了原有的文件压缩与解压缩,增加了 Excel 文件的操作、图像文件的操作和 json 模块的使用;增加了第 9 章常用库;将原来的第 9 章 Python 综合应用实例改为第 10 章,内容由新冠疫情数据爬取及分析更改为空气质量数据爬取及分析。

本教材同步配套实验实训用书《Python 程序设计实验实训》(微课视频版)、用于课堂教学的 PPT 演示文稿和用于学生进一步巩固学习的视频讲解、作业及所有实例的源码。更多后续教学资源正在开发,为使用本书的读者提供更大的支持。

对于广大读者提出的建议和意见,我们表示衷心的感谢!

编　者

2024 年 2 月

配套资源

# 第1版前言

Python 是一种高层次的结合解释性、编译性、互动性并面向对象的脚本语言，以“简单、优雅、明确”的设计哲学成为高校新工科各专业学生首选的编程语言。为贯彻落实 2020 年 5 月教育部印发的《高等学校课程思政建设指导纲要》中提出的所有专业课程均需加强学生工程伦理教育的目标要求，本书在全面系统讲解 Python 程序设计的同时，结合程序的特点将思政元素渗透到具体章节，使学生在学习专业知识的过程中，领悟其中蕴含的思想价值及人文精神，增强课程的知识性、引领性和时代性，培养学生精益求精的大国工匠精神，达到寓教于学的目的。

## 本书内容组织

本书从初学者的角度，提供从零开始学习 Python 所需掌握的知识和技术。本书共分为 9 章。

第 1 章从 Python 发展历史入手，介绍 Python 编辑环境的搭建和使用，以及集成开发环境 PyCharm 的安装和使用。

第 2～4 章是本书的语法核心部分，介绍了 Python 的数据类型(数值型、字符串、列表、元组、字典和集合)，Python 的 3 种流程控制结构等主要语法知识和基本算法。

第 5 章是函数部分，介绍了函数的定义、使用及与函数相关的多种知识。

第 6 章是面向对象程序设计，讲解类的定义与对象的创建，类成员的可访问范围，类的属性和方法，特殊方法和运算符重载，继承与多态性等内容。

第 7 章是文件和目录操作，讲解文件的概念，文件的常用操作，文本文件的操作，序列化与二进制文件的操作，CSV 文件的操作，文件与目录操作常用的 os 和 os. path 模块、shutil 模块，以及文件的压缩与解压缩等内容。

第 8 章是异常处理，讲解异常的概念，Python 异常类的层次结果，Python 的异常处理机制，自定义异常类和断言等内容。

第 9 章是综合应用实例，将 Python 的网络爬虫和数据可视化技术应用于新冠疫情数据的获取和可视化。

本书结合课程思政元素，设计具有时代特色的思政题目和案例，引导学生在学习 Python 知识的同时接受思政教育。

其中第 1～3 章由王霞编写，第 4 章由王书芹和宋杰鹏编写，第 5 章由王书芹编写，第 6～8 章由郭小荟编写，第 9 章由梁银和魏思政编写，全书的统稿和校对由刘小洋完成。

## 本书特色

(1) 实例丰富。编者基于多年的教学经验，在对学生的认知充分了解的前提下精心设计与编排了大量实例，易于学生理解、掌握与应用。

(2) 思政元素。本书是将课程思政与程序设计相结合的新型教材，深刻挖掘中华民族传统文化、现实社会中学生密切关注的社会问题中的思政元素，将其完美地嵌入学习任务，使学生在潜移默化中受到教育，帮助学生塑造价值观和人生观。

(3) 学以致用。每章都附加思维导图、实战任务，学生可以边学习，边总结，边实践。

(4) 视频讲解。书中每个关键章节或知识点都配有精彩详尽的视频讲解，能够引导初学者快速入门，感受编程的快乐和成就感。

## 读者对象

- 零基础的编程爱好者。
- Python 培训机构的教师和学生。
- 高等院校的教师和学生。
- 大中专院校或者职业技术学校的教师和学生。

## 读者服务

为方便教师和学生更好地学习，本书配套提供教学大纲、实验大纲、课件、源代码(扫描前言下方二维码下载)和讲解视频(扫描书中二维码观看)。

本书由江苏师范大学计算机科学与技术学院多名资深教师共同编写。在编写本书的过程中，编者本着科学严谨、认真负责的态度，力求精益求精，达到最优效果。但由于时间和学识有限，书中不足之处在所难免，敬请诸位同行、专家和读者指正。

## 致谢

本书的编写是在江苏师范大学计算机科学与技术学院领导的支持下完成的，得到了智能科学与技术系全体教师的帮助，在此向他们表示感谢！

感谢每一位选择本书的读者，希望您能从本书中有所收获！也期待您的批评和指正！

编　者

2021 年 5 月

# 目 录

# 第1章 绪论

**能力目标**

【应知】 Python 的发展历程和应用领域。
【应会】 Python 编辑器的安装和使用。
【重点】 Python 编辑器的安装。

**知识导图**

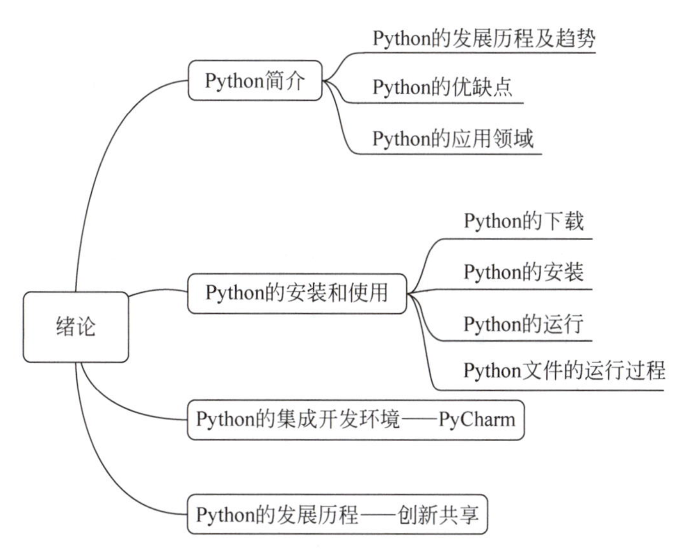


Python 是一种应用广泛的跨平台、开源、解释型高级脚本语言。从 1991 年 Python 1.0 诞生以来，随着大数据、人工智能的兴起，越来越多的人开始学习和研究这门语言。

## 1.1 Python 简介

Python 是一种面向对象的解释型计算机程序设计语言，由荷兰人 Guido van Rossum 于 1989 年发明，第一版发行于 1991 年。Python 是纯粹的自由软件，源代码和解释器 CPython 遵循 GNU 通用公共授权协议(GNU General Public License，GPL)。Python 遵循“优雅、明确、简单”的设计哲学，简单易学且开发效率高，广泛应用于 Web 开发、图形处理、科学计算、网络爬虫、大数据处理等多个领域。

## 1.1.1 Python 的发展历程及趋势

Python 的创始人 Guido van Rossum 在 1989 年 12 月圣诞节期间，为打发时间决定开发一种新的脚本解释语言，作为 ABC 语言的继承者。1991 年 2 月，第一个 Python 编译器诞生，此时的 Python 已经具备类、函数、异常处理及包含表和字典在内的核心数据类型，拥有了以模块为基础的拓展系统。也就是说，Python 具备了面向对象编辑器的常用功能，能够满足大多数功能需求。

1991—1994 年，Python 增加了 lambda、map、filter 和 reduce 等多个函数。

1999 年，Python 的 Web 框架——Zope1 发布。

2000 年，Python 2.0 版本发布，加入了内存回收机制，形成了现有的 Python 语言框架。

2008 年，Python 3.0 版本发布，开始了 Python 2.x 与 Python 3.x 并存的时代。Python 3.0 对 Python 2.x 的标准库进行了一定程度的重新拆分和整合，特别是增加了对非罗马字符的支持。

自此，Python 3.x 几乎每年发布一个新版本，2023 年 9 月已经更新至 3.11.3。

自 Python 问世以来，其使用率呈线性增长。IEEE Spectrum 发布的“2023 年度十大编程语言”中，Python 稳居榜首，且连续 6 年夺冠，如图 1.1 所示。

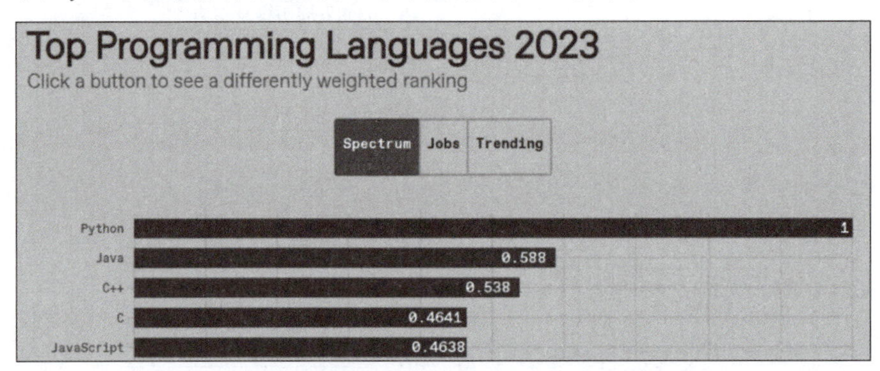


图 1.1　IEEE Spectrum 发布的“2023 年度十大编程语言”

图 1.2 为 2023 年 9 月 TIOBE 发布的编程语言排行榜。可以看出，Python 同样遥遥领先。

| Sep 2023 | Sep 2022 | Change | Programming Language | Ratings | Change |
|---|---|---|---|---|---|
| 1 | 1 | | Python | 14.16% | -1.58% |
| 2 | 2 | | C | 11.27% | -2.70% |
| 3 | 4 | ↑ | C++ | 10.65% | +0.90% |
| 4 | 3 | ↓ | Java | 9.49% | -2.23% |
| 5 | 5 | | C# | 7.31% | +2.42% |
| 6 | 7 | ↑ | JavaScript | 3.30% | +0.48% |
| 7 | 6 | ↓ | Visual Basic | 2.22% | -2.18% |
| 8 | 10 | ↑ | PHP | 1.55% | -0.13% |
| 9 | 8 | ↓ | Assembly language | 1.53% | -0.96% |
| **10** | **9** | ↓ | **SQL** | **1.44%** | **-0.57%** |

图 1.2　2023 年 9 月 TIOBE 发布的“编程语言排行榜”

### 1.1.2 Python 的优缺点

Python 作为一种高级编程语言，其诞生虽然偶然，但得到了众多程序员的喜爱。

#### 1. 优点

(1) 语法优美、简单易学。Python 的设计哲学是“优雅、明确、简单”，所以 Python 编程简单易学，入手快。

(2) 可扩展性强、开发效率高。Python 拥有非常强大的第三方库，合理使用类库和开源项目，能够快速实现功能，满足不同的业务需求。

(3) 开源性和可移植性。Python 是自由/开源源码软件(free/libre and open source software, FLOSS)之一。使用 Python 开发程序，不需要支付任何费用，也无须担心版权问题。同时，可将 Python 在多平台间自由地进行移植。

(4) 代码规范。Python 采用强制缩进格式，使代码具有极强的可读性。

#### 2. 缺点

(1) 运行速度相对较慢。相比 C、C++、Java 等传统编程语言，Python 的运行速度较慢，但对于用户而言，机器运行速度是可以忽略的，用户基本感觉不到这种速度的差异。

(2) 源代码加密困难。Python 不对源代码进行编译而直接执行，故对源代码加密较困难。

总而言之，作为一种编程语言，Python 在兼顾质量和效率方面平衡性良好，尤其是对于新手而言，Python 是一种十分友好的语言。

### 1.1.3 Python 的应用领域

Python 的应用领域非常广泛，几乎所有的大中型互联网企业都在使用 Python 完成各种任务，例如 Google、YouTube、Dropbox、百度、新浪、搜狐、阿里、网易、淘宝、知乎、豆瓣、汽车之家、美团等。概括起来，Python 的应用领域主要包括以下方面。

(1) Web 应用开发。

(2) 自动化运维。

(3) 人工智能领域。

(4) 网络爬虫。

(5) 科学计算。

(6) 游戏开发。

## 1.2 Python 的安装和使用

《孙子兵法》中提到：“以谋为上，先谋而后动”。在学习 Python 开发时，最开始的步骤是进行 Python 环境搭建。Python 是跨平台的语言，可运行于 Windows、Mac 和各种 Linux/UNIX 系统中(注：本书以 Windows 操作系统为例讲解 Python 最新版本的安装和运行，其他系统可参考文档进行搭建)。

## 1.2.1 Python 的下载

Python 的官方网站为 http://www.Python.org，可直接从官网下载 Python，如图 1.3 所示。

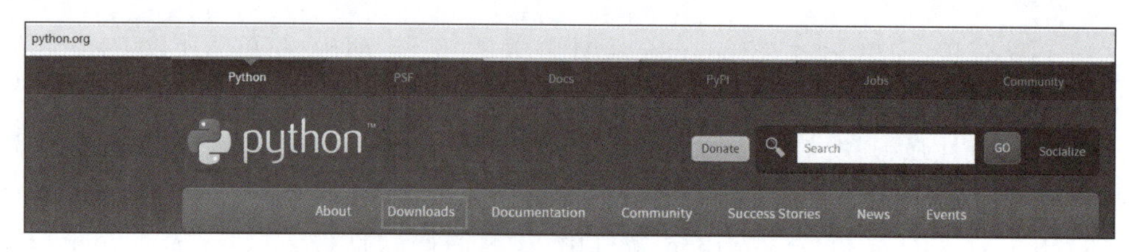


图 1.3 Python 官方网站首页

(1) 将光标移到 Downloads 按钮上，会出现如图 1.4 所示页面。上方为操作系统平台的选择，下方为 Windows 操作系统的快捷下载页面。

(2) 单击 Windows 按钮，进入详细的下载列表。如图 1.5 所示，最上面是最新的 Python 版本，可直接下载，也可选择其他版本。其中 Windows installer(64-bit)是 64 位操作系统离线安装包，Windows installer(32-bit)是 32 位操作系统离线安装包，读者可根据操作系统选择下载。

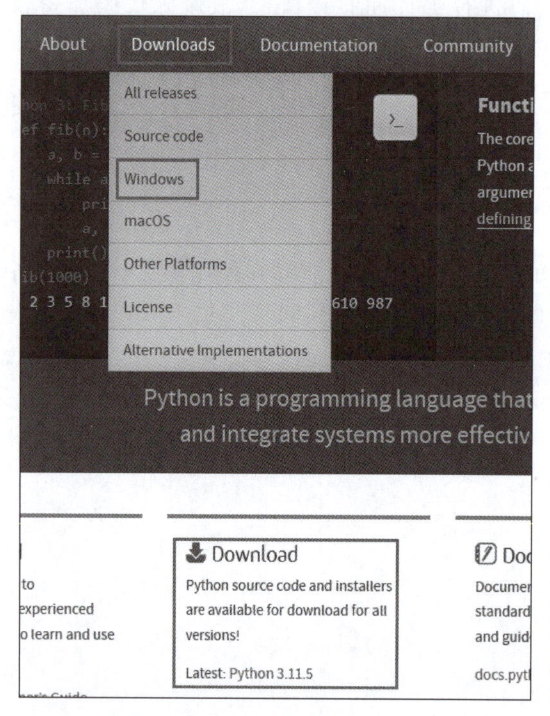


图 1.4 Downloads for Windows 页面

图 1.5 Windows 操作系统的 Python 下载列表

(3) 下载完成后，将得到名称为 Python-3.11.5-amd64.exe 的可执行文件。

## 1.2.2 Python 的安装

在 Windows 64 位操作系统下安装 Python 3.11.5 编译器的步骤如下。

(1) 双击下载的可执行文件 Python-3.11.5-amd64.exe，显示安装向导对话框，如图 1.6 所示。其中，Install Now 为默认安装，路径和设置都不能修改；Customize installation 为自定义安装，用户可根据需要选择路径和设置；Add python.exe to PATH 为设置环境变量选项，一旦选中该复选框，安装程序会自动将 Python 的相关环境变量的设置添加到注册表中，否则后续要进行手动设置。

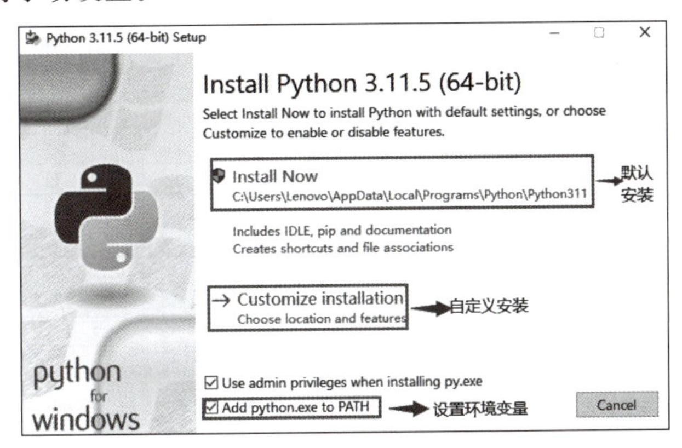


图 1.6　Python 编译器安装向导对话框

(2) 如果单击 Install Now 按钮，则进行默认安装，出现如图 1.7 所示的对话框。如果单击 Customize installation 按钮，则进行自定义安装，出现如图 1.8 所示的对话框。

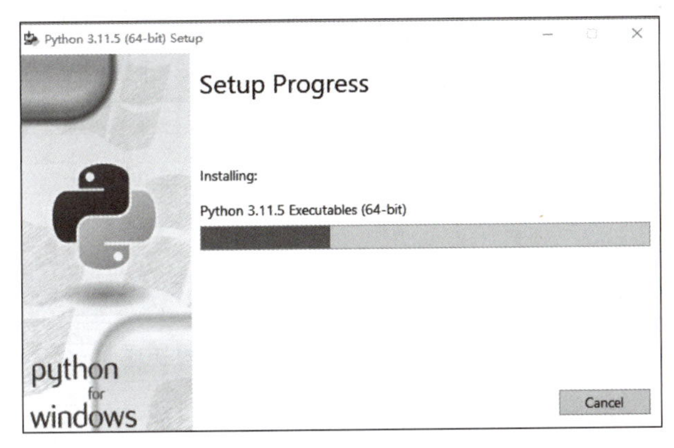


图 1.7　Python 编译器默认安装对话框

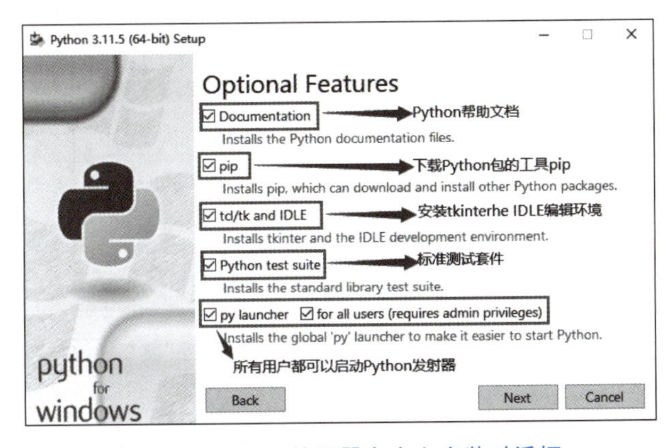


图 1.8　Python 编译器自定义安装对话框

（3）在自定义安装模式下单击 Next 按钮，出现图 1.9 所示的对话框。用户可自行设置安装路径，其他采用默认设置。

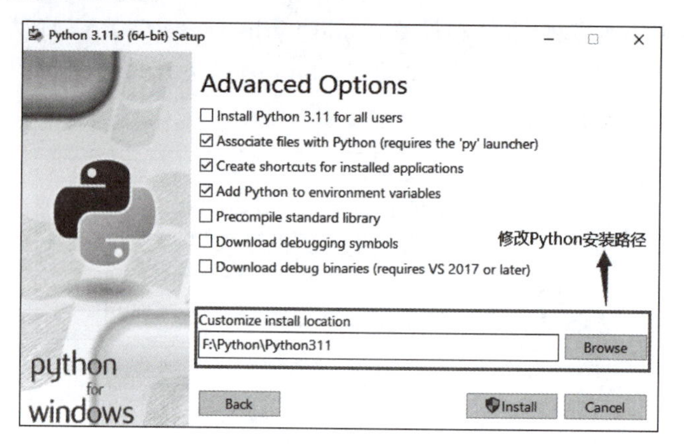


图 1.9　Python 编译器高级选项对话框

（4）单击 Install 按钮，出现与图 1.7 所示完全相同的安装对话框，开始安装 Python。安装完成后显示如图 1.10 所示的对话框。

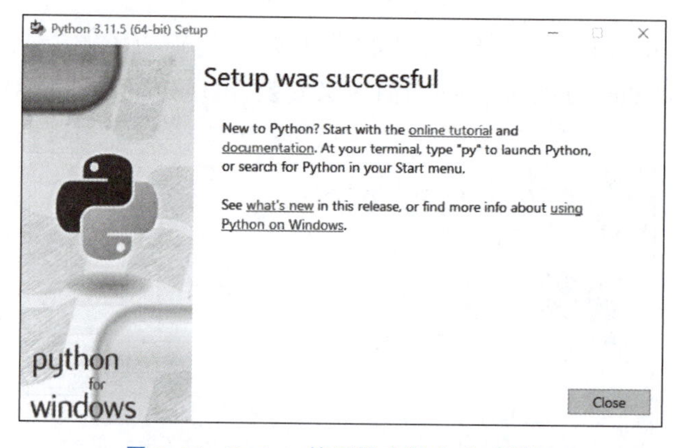


图 1.10　Python 编译器安装完成对话框

（5）Python 安装完成后，可通过命令检测 Python 是否成功安装。按 WIN+R 快捷键，打开“运行”窗口，如图 1.11 所示。

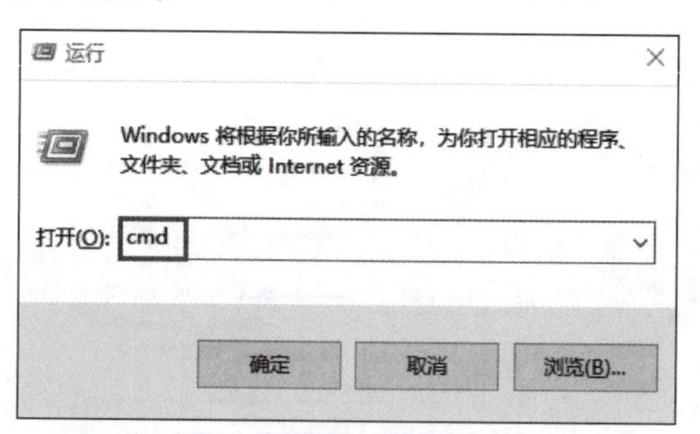


图 1.11　Windows 操作系统的“运行”窗口

输入 cmd，单击“确定”按钮，打开命令行窗口，在当前命令提示符后输入 Python，按下 Enter 键，如果出现如图 1.12 所示信息，则说明 Python 安装成功，同时系统进入交互式

Python 解释器界面。当出现命令提示符编程“>>>”时说明 Python 已经安装成功，可以输入 Python 语句，与系统进行交互了。

```
C:\WINDOWS\system32\cmd.exe - python
Microsoft Windows [版本 10.0.19045.3448]
(c) Microsoft Corporation。保留所有权利。

C:\Users\Lenovo>python
Python 3.11.5 (tags/v3.11.5:cce6ba9, Aug 24 2023, 14:38:34) [MSC v.1936 64 bit (AMD64)] on win32
Type "help", "copyright", "credits" or "license" for more information.
>>> _
```

图 1.12 Windows 操作系统的命令行窗口

(6) 如果在图 1.6 所示的对话框中没有选中 Add python. exe to PATH，就需要手动配置。可通过“计算机”的属性设置，按照如图 1.13 所示的步骤完成即可。

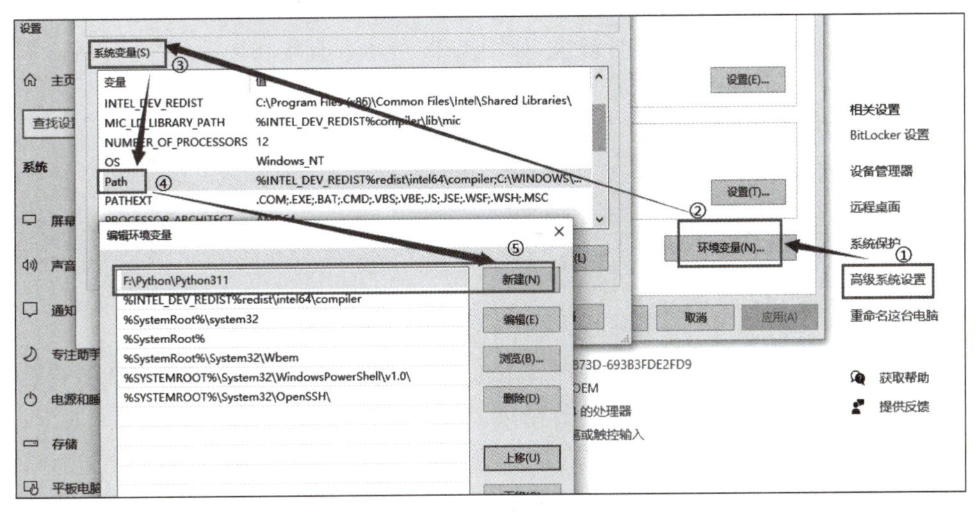


图 1.13 Windows 操作系统 Python 环境变量的配置过程

## 1.2.3 Python 程序的运行

运行 Python 程序可通过 3 种方式。

### 1. 使用解释器运行

先使用文本编辑器将 Python 代码保存为. py 文件(Python 程序的扩展名为. py)，再使用命令行输入。例如：

(1) 使用文本编辑器工具(如记事本)创建 first. py 文件，如图 1.14 所示。

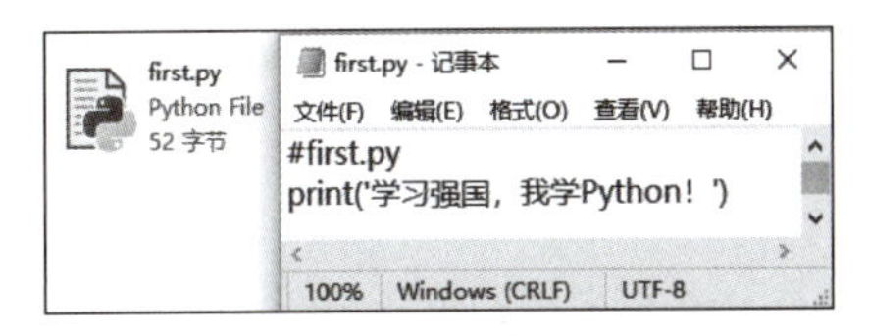


图 1.14 使用文件编辑器创建 first. py 文件

(2) 在命令提示符中(cmd)输入“python E:\python\chp1\first. py”(E:\python\chp1\first. py 为文件存放路径，用户可以自行选择)，则出现如图 1.15 所示的运行结果。

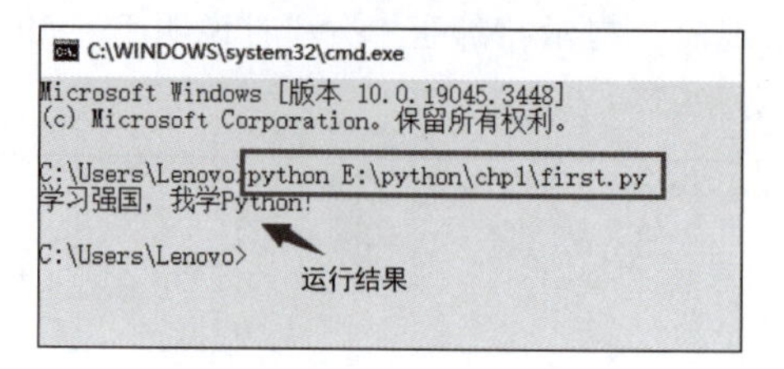


图 1.15　运行记事本创建的 first.py 文件

说明：print('')是 Python 的内置输出函数，其作用是将引号中的内容原样输出。"#"开头的行表示单行注释。

### 2. 使用交互式运行

直接在终端命令中运行 Python 解释器，而无须执行文件名。可以选择两种方式。

(1) 打开 Python 编辑器的运行环境，如图 1.16 所示。直接在提示符">>>"后输入命令语句，即可通过交互的方式获得运行结果。

```
Python 3.11 (64-bit)
Python 3.11.5 (tags/v3.11.5:cce6ba9, Aug 24 2023, 14:38:34) [MSC v.1936
4)] on win32
Type "help", "copyright", "credits" or "license" for more information.
>>> print("学习强国，我学Python!")
学习强国，我学Python!
>>>
```
运行结果

图 1.16　Python 编辑器交互环境

(2) 打开 Python 自带的集成开发环境 IDLE，如图 1.17 所示。在提示符">>>"后输入命令语句，即可通过交互的方式获得运行结果。

```
IDLE Shell 3.11.5
File Edit Shell Debug Options Window Help
Python 3.11.5 (tags/v3.11.5:cce6ba9, Aug 24 2023, 14:38:34) [MSC v.1936
64 bit (AMD64)] on win32
Type "help", "copyright", "credits" or "license()" for more information.
>>> print("学习强国，我学Python!")
学习强国，我学Python!
>>> 1+2
3
>>>
Ln: 5 Col: 0
```

图 1.17　Python 自带的 IDLE 编辑器交互环境

### 3. 其他方式

使用其他专用 Python 集成开发环境运行，如 PyCharm、Subinme Text、Eclipse、Visual Studio 等。

## 1.2.4　Python 文件的运行过程

无论 Python 采用哪种运行方式，系统都会调用 Python 解释器，对文件进行解释运行。其具体过程如图 1.18 所示。

使用相应的命令运行相应的.py 文件后，Python 会通过解释器将.py 文件编译为一个字节码对象 PycodeObject，运行时将此字节码对象读入内存。在内存中运行完毕之后，一

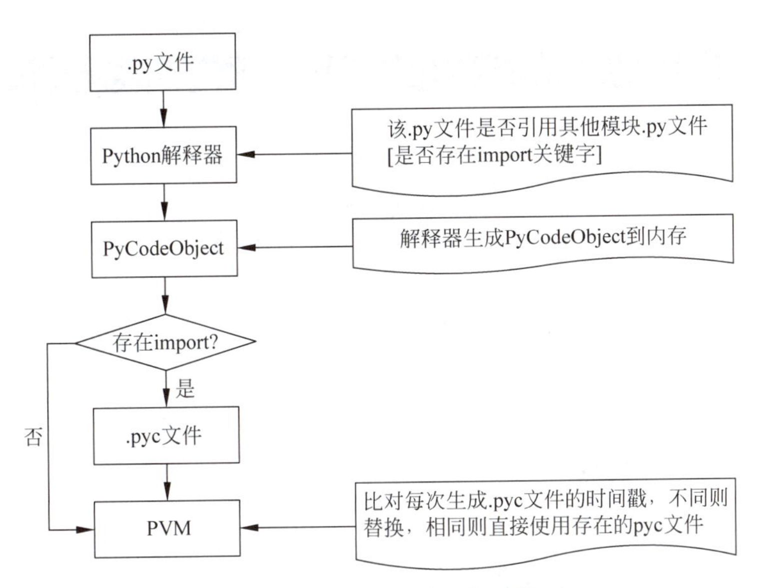


图 1.18 Python 程序运行过程

般情况下将字节码对象 PycodeObject 保存到一个. pyc 文件中，这样下次就可以直接加载. pyc 文件，而不需要二次编译。

## 1.3 Python 的集成开发环境——PyCharm

Python 自带的 IDLE 或 Python Shell 适合编写简单程序，但对于大型编程项目，则需借助专业的集成开发环境和代码编辑器。集成开发环境（integrated development environment，IDE）是专用于软件开发的程序，通常包括一个专业处理代码的编辑器，可实现保存和重构代码文件、在环境内运行代码支持调试、语法高亮、自动补充代码格式等主要功能。支持 Python 的通用编辑器和集成开发环境较多，PyCharm 是其中的优秀代表。

PyCharm 是 JetBrains 公司开发的一款 Python 专用 IDE 工具，在 Windows、Mac 和 UNIX/Linux 类操作平台中均可使用。其配套工具有助于用户提高 Python 语言开发效率，如调试、语法高亮、Project 管理、代码跳转、智能提示、自动完成、单元测试、版本控制等。此外，该 IDE 还提供了一些高级功能，用于支持 Django 框架下的专业 Web 开发。

### 1.3.1 PyCharm 的下载

PyCharm 的官方网站为 https://www.jetbrains.com/pycharm，可直接从官网下载 PyCharm，如图 1.19 所示。

单击 Download 按钮后，出现如图 1.20 所示的下载选项页面。

与 Python 一样，PyCharm 也是跨平台的，可运行于 Windows、Mac 和 Linux 操作系统中。PyCharm 包括两个版本，分别为 Professional（专业版）和 Community（社区版），前者免费试用，后者免费且开源，建议使用社区版。

单击 Community，直接下载 PyCharm 的可执行安装包 pycharm-community-2023.2.1.exe。

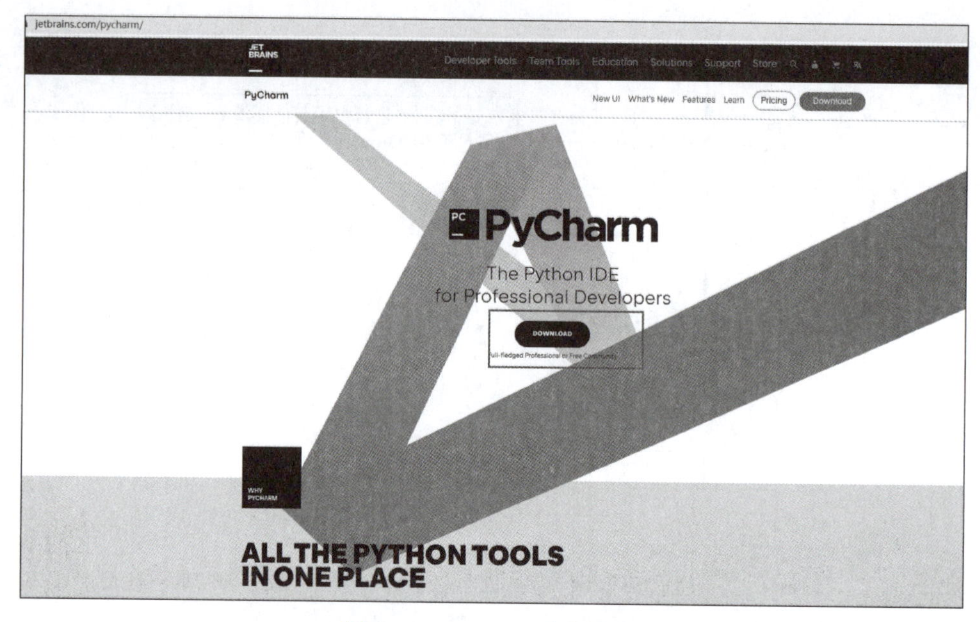


图 1.19　PyCharm 官方网站

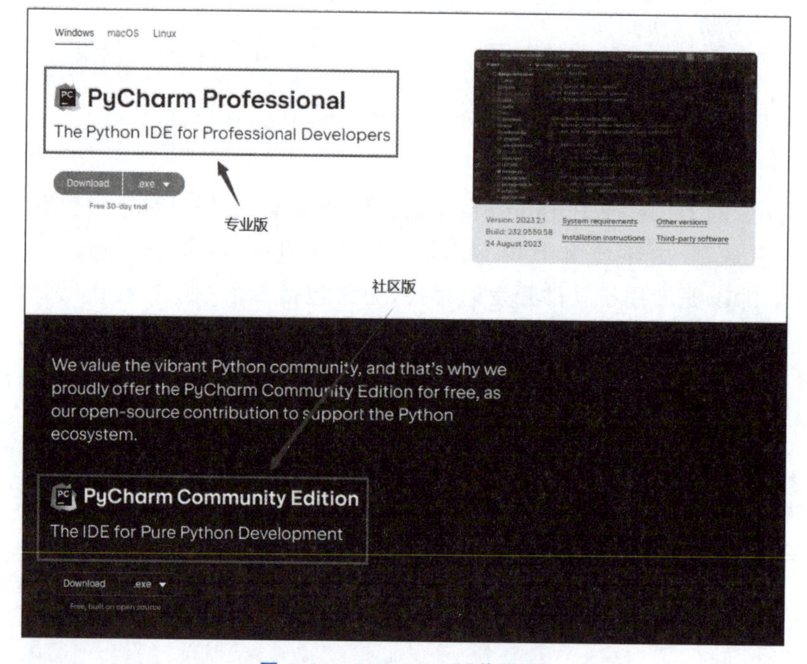


图 1.20　PyCharm 下载界面

## 1.3.2　PyCharm 的安装

安装 PyCharm 的步骤如下。

(1) 双击下载的可执行文件 pycharm-community-2023.2.1.exe，显示安装向导对话框，如图 1.21 所示。

(2) 单击 Next 按钮，开始安装。首先选择安装路径，如图 1.22 所示。

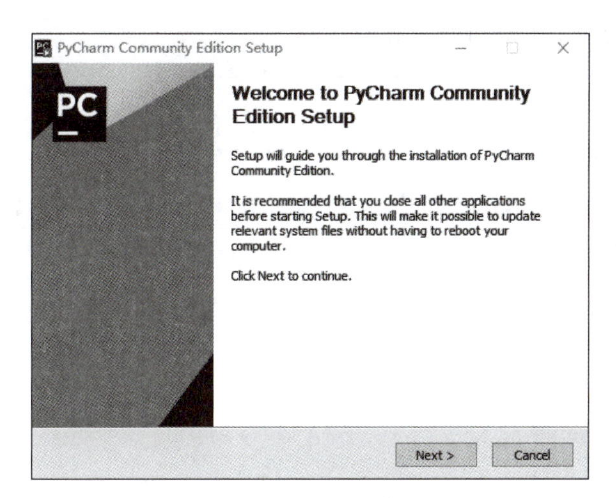


图 1.21 PyCharm 安装向导一

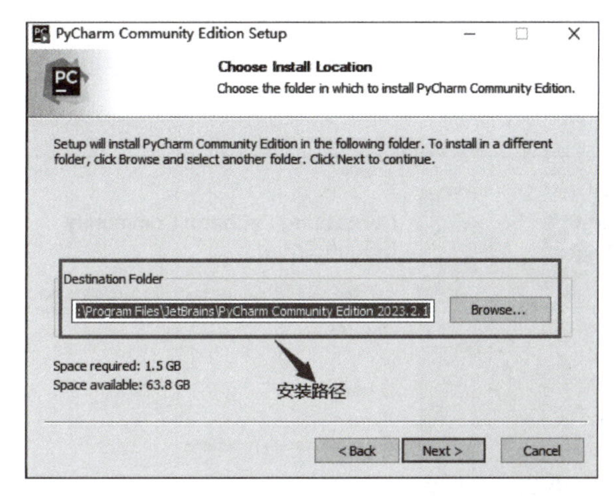


图 1.22 PyCharm 安装向导二——选择安装路径

(3) 单击 Next 按钮，出现如图 1.23 所示的安装页面，选择安装选项，用户可根据需要进行选择，建议全部选中。

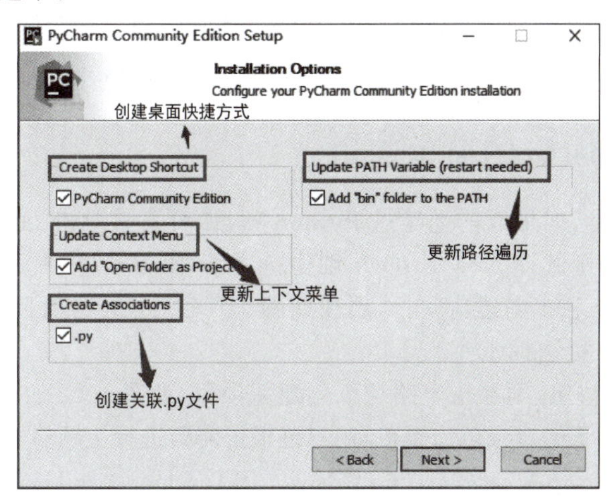


图 1.23 PyCharm 安装向导二——选择安装选项

（4）单击 Next 按钮，即可进行正常安装，如图 1.24 所示。

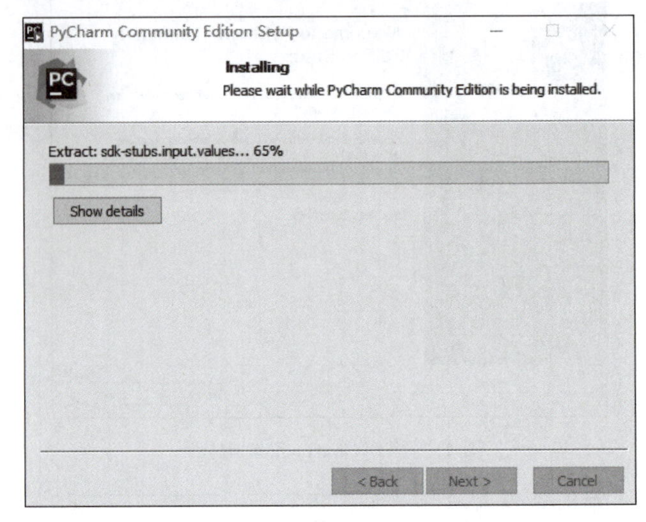


图 1.24 PyCharm 安装向导二——安装过程

（5）安装完成，如图 1.25 所示。

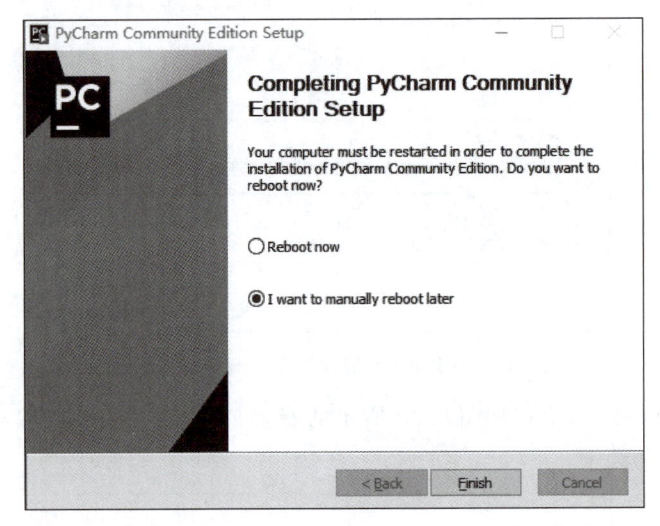


图 1.25 PyCharm 安装向导二——安装完成

### 1.3.3 PyCharm 的简单使用

（1）单击软件图标，如果以前创建过 Python 项目，可直接单击 Open 按钮，打开已有项目；若为第一次使用，则选择 New Project 创建新项目，如图 1.26 所示。

（2）选择 New Project 创建新项目，出现如图 1.27 所示的选项页。Location 为新项目的存放路径，用户可自行选择。

（3）单击 Create 按钮，则在指定路径下创建新项目，如图 1.28 所示。

注意，PyCharm 默认的背景色为黑色，用户可根据需要进行主题格式调整和设置。方法是依次选择 File→Settings→Appearance & Behavior→Appearance→Theme，打开 Settings 选项页，如图 1.29 所示。

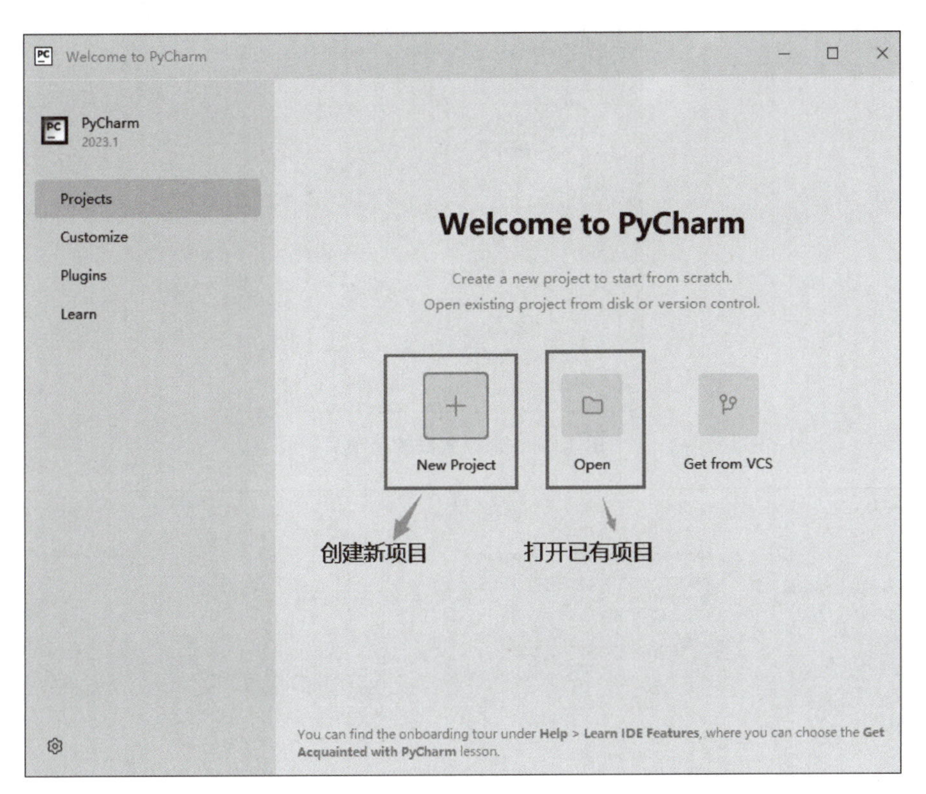


图 1.26　Welcome to PyCharm

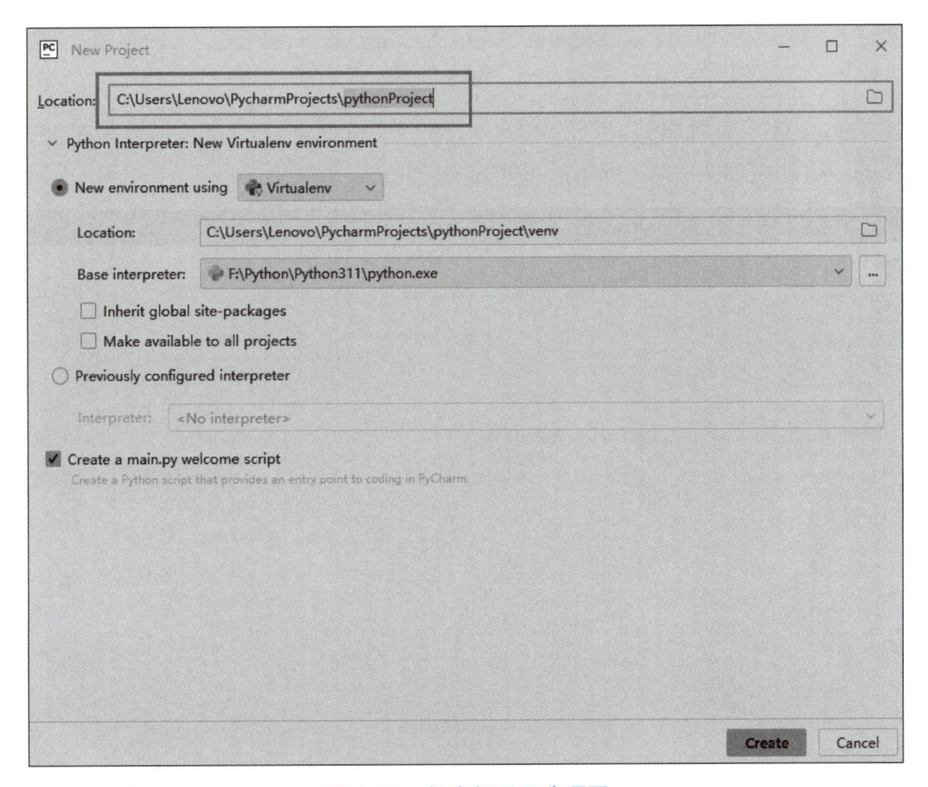


图 1.27　创建新项目选项页

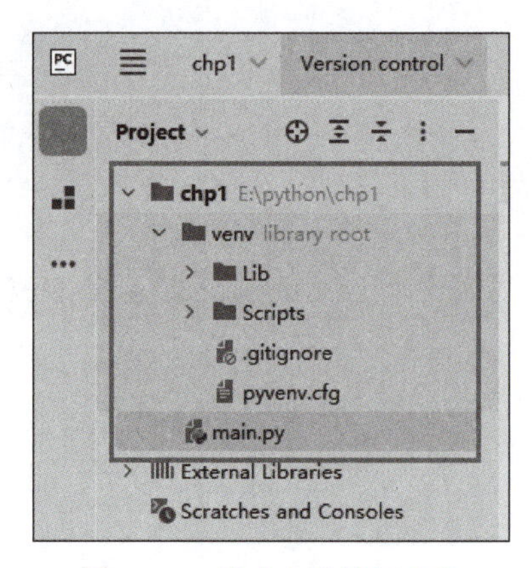


图 1.28　创建完成的新项目

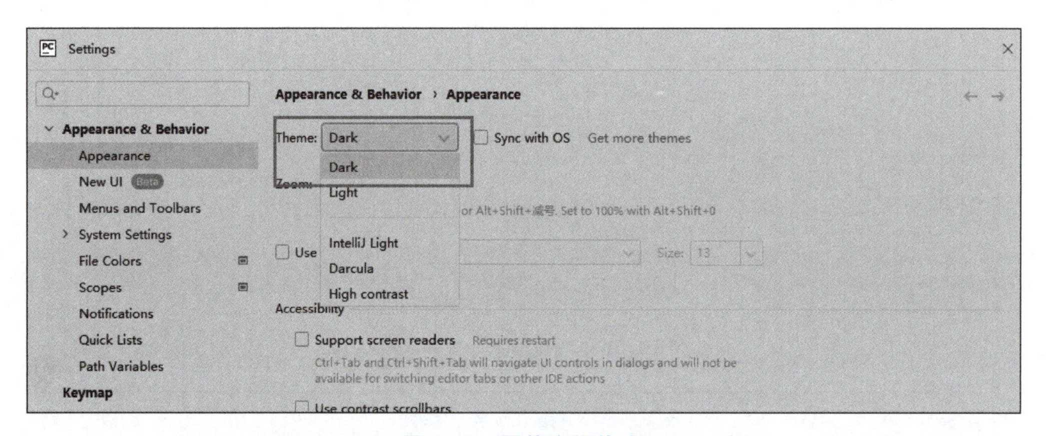


图 1.29　更换主题格式

其中 Theme 表示主题格式，默认为 Dark，用户可根据自身需要选择合适的主题格式。若选择 Light，则出现如图 1.30 所示的 PyCharm 主窗口。

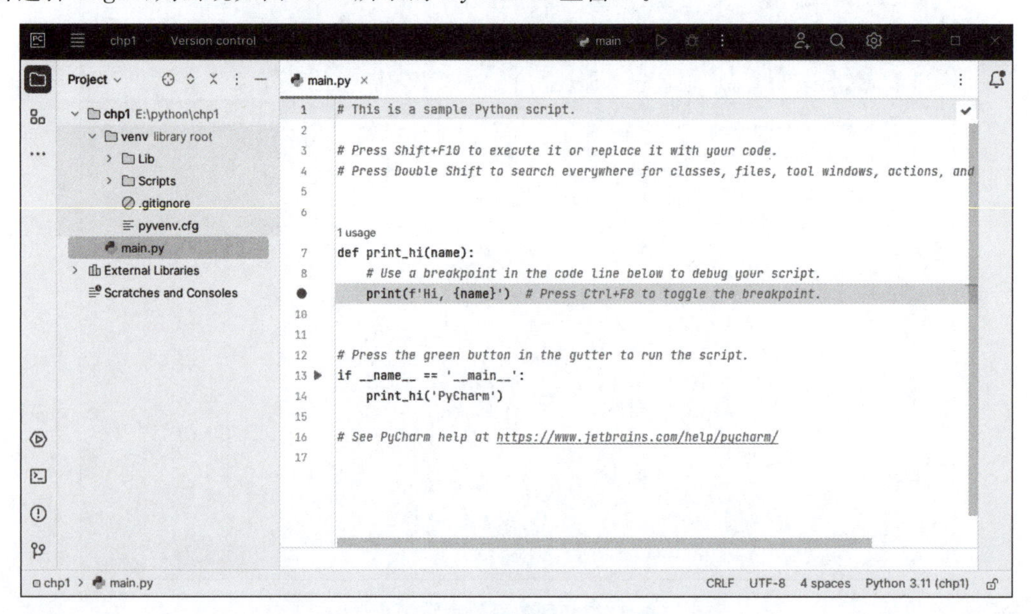


图 1.30　Light 主题格式下的 PyCharm 主窗口

(4) 创建新项目选项时选择创建默认 main.py 选项,所以工程中已有一个文件。用户也可根据需要创建新文件。选择 File→New…→Python File 命令,出现如图 1.31 所示的页面,在上面的空白行输入文件名(如 first),出现如图 1.32 所示的 PyCharm 主窗口。

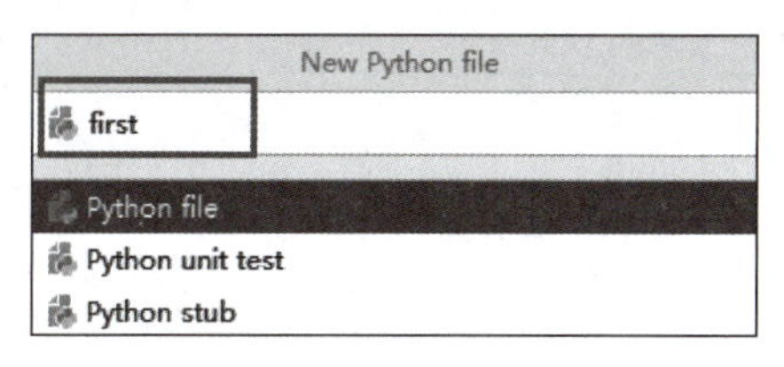


图 1.31 为新.py 文件命名

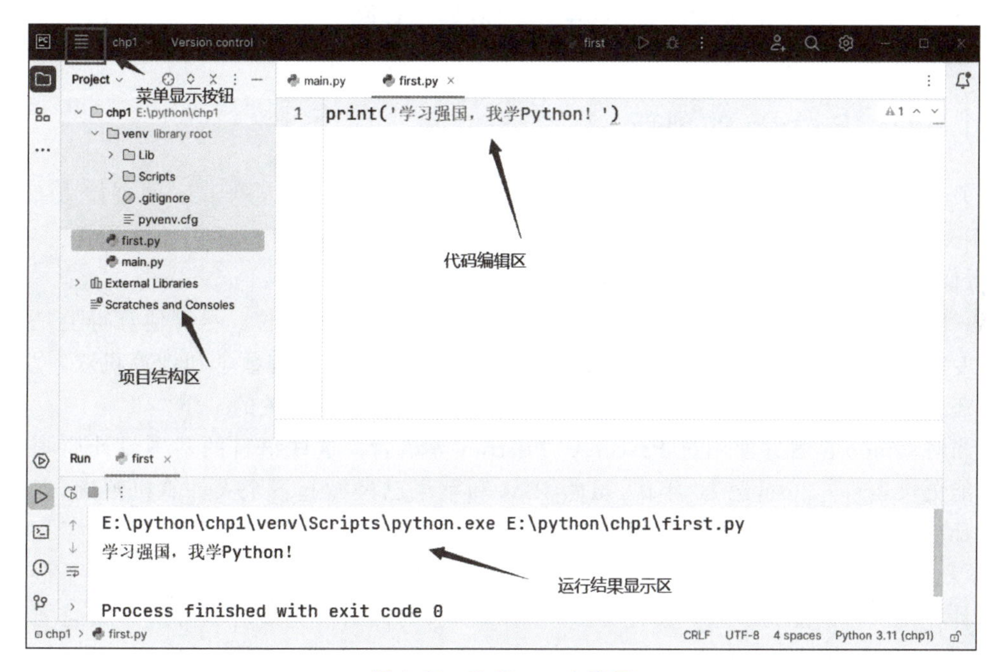


图 1.32 PyCharm 主窗口

(5) 选择 Run→Run "first"命令或使用 Shift+F10 快捷键,即可运行程序。

## 1.3.4 PyCharm 的常用快捷键

熟练使用 PyCharm 集成环境的快捷键,可有效提高程序开发的效率。PyCharm 常用的快捷键如表 1.1 所示。

表 1.1 PyCharm 常用的快捷键

| | 快 捷 键 | 功 能 | 快 捷 键 | 功 能 |
|---|---|---|---|---|
| 编辑类 | Ctrl+D | 复制选定的区域或行 | Ctrl+Y | 删除选定的行 |
| | Ctrl+Alt+L | 代码格式化 | Ctrl+Alt+O | 优化导入 |
| | Ctrl+鼠标 | 进入代码定义 | Ctrl+/ | 行注释/取消注释 |
| | Ctrl+左方括号 | 快速跳转到代码开头 | Ctrl+右方括号 | 快速跳转到代码末尾 |
| 替换/查找类 | Ctrl+F | 当前文件查找 | Ctrl+R | 当前文件替换 |
| | Ctrl+Shift+F | 全局查找 | Ctrl+Shift+R | 全局替换 |

续表

| | 快　捷　键 | 功　　能 | 快　捷　键 | 功　　能 |
|---|---|---|---|---|
| 运行类 | Shift+F10<br>Alt+Shift+F10 | 运行<br>运行模式配置 | Shift+F9<br>Alt+Shift+F9 | 调试<br>调试模式配置 |
| 调试类 | F8<br>Shift+F8<br>Ctrl+Shift+F8 | 单步调试<br>退出<br>查看所有断点 | F7<br>Ctrl+F8<br>— | 进入函数内部<br>断点开关<br>— |
| 导航类 | Ctrl+N | 快速查找类 | 连续按 Shift 两次 | 全局搜索 |

## 1.4　Python 的发展历程——创新共享

### 1.4.1　Python 的创新

关于 Python 的诞生，统一的说法是“1989 年 12 月的圣诞节，Python 的创始人 Guido van Rossum 为打发时间决定开发一种新的脚本解释语言作为 ABC 语言的继承者”。事实上，看似偶然的发生，实则是某种必然研究的产物。

1982 年，Guido 从阿姆斯特丹大学获得数学和计算机硕士学位。尽管他算得上是一位数学专家，但他更享受计算机带来的乐趣。用他的话说，尽管拥有数学和计算机双料学位，但他还是趋向于从事计算机相关的工作，并热衷于所有与编程相关的工作。

当时 Guido 接触并使用过 Pascal、C、Fortran 等语言。这些语言的基本设计原则是使机器能更快运行。20 世纪 80 年代，虽然 IBM 和苹果已经掀起了个人计算机浪潮，但这些个人计算机的配置较低。所有编译器的核心是进行优化，以便程序能够运行。为了提高效率，语言也迫使程序员像计算机一样思考，以便写出更便于机器运行的程序，程序员恨不得榨取计算机所有的能力。这种编程方式使 Guido 感到苦恼。他知道如何用 C 语言实现一个功能，但整个编写过程需要耗费大量时间。他的另一个选择是 shell。Bourne Shell 作为 UNIX 系统的解释器已经长期存在。UNIX 的管理员常用 shell 写一些简单的脚本，以进行系统维护工作，例如定期备份、文件系统管理等。shell 可以像胶水一样，将 UNIX 下的许多功能连接在一起。C 语言中许多上百行的程序，在 shell 下只用几行就可以完成。然而 shell 的本质是调用命令，并不是一种真正的语言。例如，shell 没有数值型的数据类型，加法运算都很复杂。总之，shell 无法全面调动计算机的功能。

Guido 希望有一种语言能够像 C 语言那样，既能全面调用计算机的功能接口，又能像 shell 那样轻松地编程。ABC 语言让 Guido 看到了希望。ABC 语言是由荷兰的数学和计算机研究所开发的。Guido 在该研究所工作，并参与了 ABC 语言的开发。ABC 语言以教学为目的，与当时的大部分语言不同，ABC 语言的目标是“让用户感觉更好”。ABC 语言希望语言变得容易阅读，容易使用，容易记忆，容易学习，以此激发人们学习编程的兴趣。尽管已经具备了良好的可读性和易用性，但 ABC 语言最终没能流行。究其原因，一是 ACB 语言编辑器需要高配置的硬件设备；二是语言本身存在一些设计上的缺陷，如可拓展性差、不能直接进行输入输出、与现实世界的理念脱节、所需空间较大等。

正是基于上述研究和发现，Guido 才决定开发一种既能满足要求又易于传播的程序设计语言，这就是设计 Python 的初衷。

### 1.4.2　Python 的共享

Python 是开源语言，是 FLOSS(自由/开放源码软件)之一。Python 的所有版本都是开源的(有关开源的定义可参阅 https://opensource.org)。这意味着使用者可以自由地发布该软件的副本、阅读其源代码、对其进行改动、将其中一部分用于新的自由软件中，而不涉及版权问题，因此越来越多的人愿意使用和开发 Python，这为 Python 的迅速发展奠定了良好的基础。

Python 的崛起也与其语言特征有关。Python 除具有大多数主流编程语言的优点(面向对象、语法丰富)外，其最直观的特点是简明优雅、易于开发，用尽量少的代码实现更多功能，故 Python 又被称为"内置电池"和"胶水语言"。Python 语言本身自带非常完善的标准库，包括网络编程、输入输出、文件系统、图形处理、数据库、文本处理等，使编程工作看起来像是"搭积木"。除了内置库外，开源社区和独立开发者长期为 Python 贡献了丰富的第三方库，所有资源都是自由共享的。另外，Python 具有可扩展性，它提供了丰富的 API 和工具，以便开发者轻松使用 C、C++等主流编程语言编写的模块来扩充程序。就像用胶水将其他编程语言编写的模块黏合过来，使整个程序同时兼备其他语言的优点，起到黏合剂的作用。

正是这种开源和共享特性促进了 Python 的快速发展。

### 1.4.3　对我们的启示

从 Python 的发展历程可以清楚地看到，创新和共享是其迅速发展的两大关键因素。

厚积薄发，创新发展，以"水滴石穿"的韧劲为创新提质。Python 的创始人 Guido 在多年的学习和工作中，对使用的开发工具中存在的问题进行挖掘、研究和提炼，从而创造了 Python 语言这一新生事物。

万众一心，共享成功，以"追求卓越"的闯劲为共享加分。Python 正是借助众人的力量，置身大众编程的洪流，同时迎合大数据、人工智能的开发热潮，从而迅速占领了编程语言的市场。

创新改变未来，共享席卷浪潮。中国梦是全民梦。要现实这个伟大的梦想，闭门造车、故步自封都是不可取的。要实现中华民族伟大复兴的中国梦，就必须具有强大的科技实力和创新能力，同时也要开放思想，锐意进取，推动共享理念在中国发展的进程，与大家共享成功之路。

## 1.5　本章小结

本章首先对 Python 的发展历程、优缺点和应用领域等进行简单的介绍。接下来阐述如何下载和安装 Python 编辑器，并通过一个实例介绍如何使用 Python 编辑器。第三部分介绍常用的 Python 集成开发环境——PyCharm。最后通过 Python 发展的历程，进行思政引导——创新发展的理念。搭建和使用 Python 编辑环境是本章学习的重点。

## 1.6 巩固训练

**【训练 1.1】** 下载并安装 Python 解释器。

**【训练 1.2】** 下载并安装 PyCharm 集成开发工具。

**【训练 1.3】** 使用 Python 自带的 IDLE 输出中国共产党第二十次全国代表大会的主题。运行结果如下：

```
中国共产党第二十次全国代表大会的主题是：高举中国特色社会主义伟大旗帜，全面贯彻新时代中国特色社会主义思想，弘扬伟大建党精神，自信自强、守正创新，踔厉奋发、勇毅前行，为全面建设社会主义现代化国家、全面推进中华民族伟大复兴而团结奋斗。
```

**【训练 1.4】** 使用 PyCharm 开发工具输出毛泽东著名励志名言。

运行结果如下：

```
一万年太久，只争朝夕。
天若有情天亦老，人间正道是沧桑。
踏遍青山人未老，风景这边独好。
男儿立志出乡关，学不成名誓不还！
更喜岷山千里雪，三军过后尽开颜。
                    ——毛泽东
```

# 第2章 Python语法基础

## 能力目标

【应知】 熟悉 Python 的关键字和标识符、变量的含义，了解 Python 的编程习惯。

【应会】 掌握 Python 语言的运算符和表达式、变量的使用、基本数据类型、标准输入和输出。

【难点】 运算符的优先级和结合性，print 函数的使用。

## 知识导图

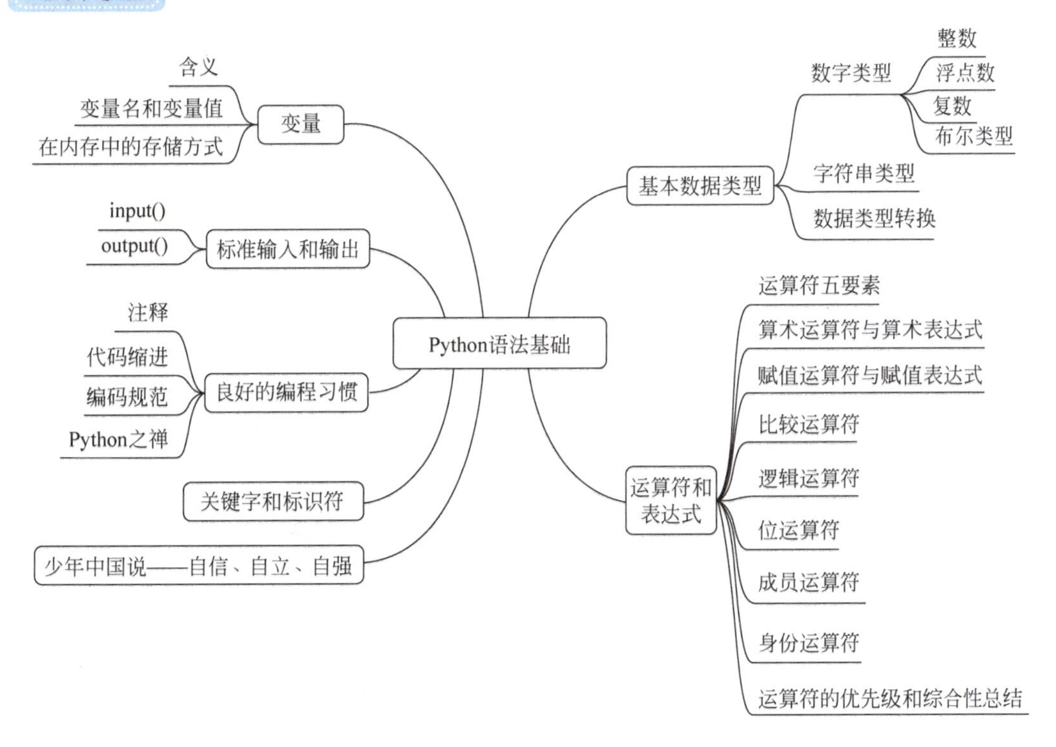


## 2.1 关键字

Python 预先定义了一部分有特定含义的单词，用于语言自身使用，这部分单词被称为关键字(keyword)或保留字。进行程序开发时，不能将关键字作为变量、函数、类、模块或其

他对象的名称使用，否则会引发异常。随着 Python 语言的发展，其预留的关键字也有所变化。Python 3.11 语言的关键字及其说明如表 2.1 所示。

表 2.1　Python 3.11 的关键字(35 个)及其说明

| 关键字 | 说　　明 | 关键字 | 说　　明 |
| --- | --- | --- | --- |
| and | 用于表达式运算，逻辑与操作 | if | 条件语句，与 else、elif 结合使用 |
| as | 用于类型转换 | import | 用于导入模块，与 from 结合使用 |
| assert | 断言，用于判断变量或条件表达式的值是否为真 | in | 判断变量是否在序列中 |
| async | 用于声明一个函数为异步函数 | is | 判断变量是否为某个类的实例 |
| wait | 用于声明程序被挂起 | lambda | 定义匿名函数 |
| break | 中断循环语句的执行 | nonlocal | 用于封装函数，且一般用于嵌套函数 |
| class | 用于定义类 | not | 用于表达式运算，逻辑非操作 |
| continue | 继续执行下一个循环 | None | 表示什么也没有，自身数据类型NoneType |
| def | 用于定义函数或方法 | or | 用于表达式运算，逻辑或操作 |
| del | 删除变量或序列的值 | pass | 空的类、方法或函数的占位符 |
| elif | 条件语句，与 if、else 结合使用 | raise | 异常抛出操作 |
| else | 条件语句，与 if、elif 结合使用，也用于异常和循环语句 | return | 用于从函数返回计算结果 |
| except | except 包含捕获异常后的操作代码块，与 try、finally 结合使用 | try | try 包含可能出现异常的语句，与 except、finally 结合使用 |
| finally | 用于异常语句，出现异常后，始终要执行 finally 包含的代码块，与 try、except 结合使用 | True | 布尔类型，表示真 |
| for | for 循环语句 | while | while 循环语句 |
| from | 用于导入模块，与 import 结合使用 | with | 简化 Python 语句 |
| False | 布尔类型，表示假 | yield | 用于从函数依次返回值 |
| global | 定义全局变量 | | |

可使用语句"help("keywords")"查看 Python 系统的关键字。运行结果如图 2.1 所示。

```
>>> help("keywords")

Here is a list of the Python keywords.  Enter any keyword to get more help.

False      class      from       or
None       continue   global     pass
True       def        if         raise
and        del        import     return
as         elif       in         try
assert     else       is         while
async      except     lambda     with
await      finally    nonlocal   yield
break      for        not
```

图 2.1　查看 Python 系统的关键字

说明：如果想详细了解某个关键字的具体信息和用法，可使用语句"help("关键字")"查看，如"help("for")"。

## 2.2 标识符

Python 中的标识符(identifier)是用于识别变量、函数、类、模块及其他对象的名称。其命名规则如下。

(1) 由大小写字母、数字和下画线组成,但只能由字母或下画线开头。

(2) 不能包含除下画线以外的其他任何特殊字符,如%、#、&、,等。

(3) 不能包含换行符、空格和制表符等空白字符。

(4) 不能使用 Python 的关键字和约定俗成的名称等,如 print。

(5) Python 区分字母大小写。如 Number 和 number 是两个不同的标识符。

例如,name、a、a_10、_name 等均为合法标识符。

10_name(以数字开头)、if(Python 关键字)、¥10(包含特殊字符)、sno-sname(包含特殊字符-)等均为不合法标识符。

## 2.3 变量

“变量”(variable)来源于数学,是计算机语言中能存储并计算结果或能表示值的抽象概念。例如,某个家庭的收入记录如图 2.2(a)所示。

这种表达存在两个问题:第一,必须记住每个数字代表的含义;第二,每个月都要重新计算一遍,无法简化或者统计。为解决这些问题,可将上述程序段修改为图 2.2(b)所示的程序段。

```
'''
某家庭的收支记录
月收入=15000
水费=200
电费=500
通信费=1000
伙食费=2000
房贷=8000
'''
print("这个家庭的月存款为",end='')
print(15000-200-500-1000-2000-8000)
```

(a)

```
#使用标签(变量)
income=15000              #表示月收入
water_rate=200            #表示水费
elec_charge=500           #表示电费
corres_fee=1000           #表示通信费
board_wages=2000          #表示伙食费
house_loan=8000           #表示房贷
print("这个家庭的月存款为",end='')
print(income-water_rate-elec_charge-corres_fee-board_wages-house_loan)
```

(b)

图 2.2 变量的示例

很明显,每个数字代表什么含义非常清楚,每月计算时只要对变量重新赋值即可。

### 2.3.1 变量的含义

变量,顾名思义就是可以改变的量(如例子中的 income、water_fee 等),也可理解为标签。变量根据其自身类型分配一段内存空间，变量名则是这段空间的标签。在使用变量时，不需要知道其在内存中的实际存储地址，只需告知 Python 编辑器此变量的标签，编辑器即可通过标签引用内存的实际内容，如图 2.3 所示。

图 2.3 变量的含义

## 2.3.2 变量名和变量值

在 Python 中，无须事先定义变量名及其类型，需要使用该变量时，直接为变量名赋值，语法格式为：

```
variable_name = variable_value
```

使用赋值号直接将变量值赋给变量名，即可创建各种类型的变量。其中变量值可以是常量，也可以是已经定义的变量名。

**说明：**

(1) 其功能是将变量值(variable_value)赋值给变量名(variable_name)。

(2) 变量名(variable_name)不能随意指定，必须满足标识符命名规则，同时应能"见名知意"。

(3) 在 Python 语言中，指定变量名的同时必须强制赋初值，否则编译器会报错。例如：

```
>>> a  #a 变量未赋初值,编译器报错:NameError: name 'a' is not defined
```

(4) Python 是一种动态类型语言，即变量的类型(详见 2.4 节)随变量值的变化而变化。例如：

```
>>> a = 10;
>>> print(type(a))            #运行结果为<class 'int'>
>>> a = "道路自信、理论自信、制度自信、文化自信"
>>> print(type(a))            #运行结果为<class 'str'>
```

内置函数 type 的功能是返回变量类型。

## 2.3.3 变量在内存中的存储

在高级语言中，变量是对内存及其地址的抽象。对于 Python 而言，Python 的一切变量都是对象，变量的存储采用语义引用的方式，存储的只是变量值所在的内存空间，而不是变量值本身。在定义和使用变量时，内存中将发生两个动作：一是先为变量值(通常为常量)开辟内存空间；二是将变量名与内存空间关联。即赋值语句是建立对象的引用，而不是为对象赋值，因此 Python 变量更像 C 语言的指针，而不是数据存储区域。图 2.4 所示为 Python 中变量存储与 C 语言中变量存储的区别。

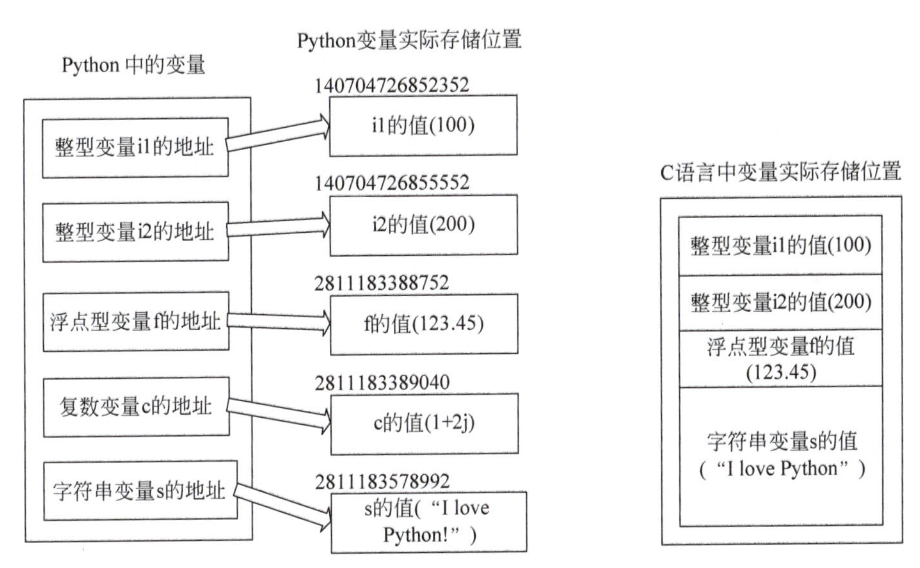


图 2.4 Python 中变量存储与 C 语言中变量存储的区别

## 2.4 基本数据类型

众所周知，面向对象语言的特点是“万物皆为对象”。世界纷繁复杂，万物多种多样，数字、文本、图形、图形等多种类型并存。计算机内存需要对这些类型各异的数据进行处理和存储。例如，存储一名学生的信息，其属性包括姓名、学号、性别、年龄、家庭住址等，则姓名、学号、家庭住址等属性可以用字符串类型存储，年龄可以用数字类型存储，性别既可以用字符串类型存储，也可以用布尔类型存储。当然，若要将一名学生的全部信息作为整体存储，就要用到列表、元组、字典等高级数据类型，而要存储若干名学生的信息，则要用到集合数据类型。Python 数据类型如图 2.5 所示。

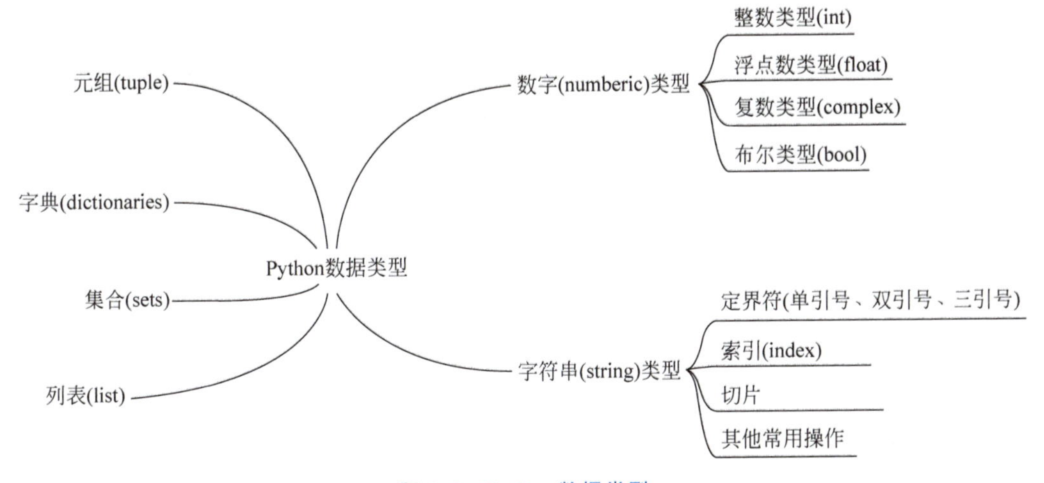


图 2.5 Python 数据类型

本章只介绍简单数据类型（数字类型、字符串类型），高级数据类型（列表、元组、字典以及集合）将在第 4 章介绍。

### 2.4.1 数字类型

Python 中的数字(numberic)类型与数学中的数字(digit)是一致的，可分为整数类型(int)、浮点数类型(float)、复数类型(complex)和布尔类型(bool)4 类。

#### 1. 整数类型

整数类型也称整型，用于表示整数数值，可以是正整数、负整数或 0。在 Python 3 中，整数类型是不限制大小的，但实际上由于机器内存的限制，使用的整数不可能无限大。

整数类型有 4 种表现形式。

(1) 二进制(bigit)整数——用 0 和 1 两个数码表示，基数为 2，逢二进一，并且以“0b”或“0B”开头，如 0b101(十进制数 5)、0B10001000(十进制数 136)。

(2) 八进制(octal)整数——用 0～7 共 8 个数码表示，基数为 8，逢八进一，并且以“0o”或“0O”开头，如 0o123(十进制数 83)、−0O2345(十进制数−1253)。

(3) 十进制(decimal)整数——最常用的进制形式，用 0～9 共 10 个数码表示，基数为 10，逢十进一。

(4) 十六进制(hexadecimal)整数——用 0～9 及 a/A、b/B……f/F 共 16 个数码表示，基数为 16，逢十六进一，并且以“0x”或“0X”开头，如 0x123(十进制数 291)、0X7e7(十进制数 2023)。例如：

```
>>> a = 2023
>>> print(a)              # 输出 2023
>>> print(bin(a))         # 输出 0b11111100111
>>> print(oct(a))         # 输出 0o3747
>>> print(hex(a))         # 输出 0x7e7
```

#### 2. 浮点数类型

Python 中的浮点数类型与数学中实数的概念一致，表示带有小数的数值，如 0.123、−123.456 等。浮点数类型有两种表示形式：小数表示法(如 1.0、2.3、−3.14 等)和指数表示法(如 56e4、12E-2 等)。

注意，用指数表示法表示小数时，指数 e/E 的前面必须有数值，后面必须是整数，否则会抛出异常。例如：

```
>>> a = e2              # NameError: name 'e2' is not defined
>>> b = 0.2e - 0.2      # SyntaxError: invalid syntax
```

#### 3. 复数类型

Python 中的复数类型与数学中复数的概念一致，都由实部和虚部组成，并使用 j 或 J 表示虚数部分。如 1.58+4j、0.237+0.8J 等。

#### 4. 布尔类型

布尔类型表示逻辑值真(True)和假(False)，在数学运算中对应 1 和 0。0、空字符串、空列表、空元组或空字典等，对应的布尔值都是 False。

**【实例 2.1】** 输出学生信息示例。

```
1    sno, sage, ssex = 202309001, 18, True      # 多个变量赋值
2    print("学生信息为:")
3    print("学号:" + str(sno))                  # 函数 str()表示将其他类型转换为字符串
4    print("年龄:" + str(sage))
5    if ssex == True:                           # 选择结构
6        print("性别:男")
7    else:
8        print("性别:女")
```

运行结果如下：

```
学生信息为:
学号:202309001
年龄:18
性别:男
```

说明：str 函数的功能是将参数类型转换为字符串类型，if 语句用于条件选择。

【实例 2.2】 复数的四则运算示例。

```
1    a, b = 1 + 2j, 2 + 3J                                      # 声明复数变量 a、b 并赋初值
2    print(str(a) + "+" + str(b) + "=" + str(a + b))            # 输出 a+b
3    print(str(a) + "-" + str(b) + "=" + str(a + b))            # 输出 a-b
4    print(str(a) + "*" + str(b) + "=" + str(a * b))            # 输出 a*b
5    print(str(a) + "/" + str(b) + "=" + str(a / b))            # 输出 a/b
```

运行结果如下：

```
(1+2j)+(2+3j)=(3+5j)
(1+2j)-(2+3j)=(-1-1j)
(1+2j)*(2+3j)=(-4+7j)
(1+2j)/(2+3j)=(0.6153846153846154+0.07692307692307691j)
```

## 2.4.2　字符串类型

字符串(string)，顾名思义就是一串字符，可以是计算机能表示的任意字符。在 Python 中，字符串用单引号(')、双引号(")或三引号(''')作为定界符(成对表示)。这 3 种形式只存在表示形式上的差别，在语义上是等价的。

例如：

```
>>> nationality1 = 'Chinese'
>>> nationality2 = "中国"
>>> oath = '''我爱中国!'''
```

说明：

(1) 字符串开始和结束的定界符必须一致。

(2) 字符串定界符可以嵌套。例如，'孔子曰："三人行，则必有我师。"'是合法的字符串。

(3) 单引号和双引号内的字符串通常写在一行，如有多行连续字符，则可使用三引号定界符。

【实例 2.3】 输出灯笼图形示例。

```
print('''
                $
           $    |    $
      ————————————————
        @@@@@@@@@@@@@@@@@@@
      /   |   |   |   |   \
     |    |   过年好   |    |
      \   |   |   |   |   /
        @@@@@@@@@@@@@@@@@@@@
          ————————————————
              **********
              $$$$$$$
              $$$$$$$
              |||||||
              |||||||
              |||||||

''')
```

运行结果如下：

(4) 输出字符串时不包含定界符，如果输出定界符本身，就要使用转义字符。

转义字符是以反斜杠“\”开头，且后面跟一个或几个字符，对一些特殊字符赋予另外含义的字符。常用的转义字符及其含义如表 2.2 所示。

表 2.2 常用的转义字符及其含义

| 转义字符 | 含　义 |
|---|---|
| \(在行尾时) | 续行符 |
| \\ | 反斜杠符号，代表反斜杠字符“\”本身 |
| \' | 单引号符号，代表单引号字符本身 |
| \" | 双引号符号，代表双引号字符本身 |
| \a | 响铃(BEL) |
| \b | 退格(BS)，将当前位置移到前一列 |
| \000 | 空字符(NUL) |
| \n | 换行(LF)，将当前位置移到下一行开头 |
| \v | 纵向制表符(VT)，跳到本列下一个 Tab 位置(Python 中，一个 Tab 位置为 4 个空格) |
| \t | 横向制表符(HT)，跳到本行下一个 Tab 位置 |
| \r | 回车(CR)，将当前位置移到本行开头 |
| \f | 换页，将当前位置移到下页开头 |
| \ddd | 1～3 位八进制数代表的任意字符 |
| \xdd | 1～2 位十六进制数代表的任意字符 |

【实例 2.4】 转义字符示例。

```
1    print("abcDD\bd\\eee")
2    print("Hello,Python\nPy\t\tthon!")
3    print("abcdefghijklm\rabc")
4    print("\117\113\x21")
```

运行结果如下：

```
abcDd\eee
Hello,Python
Py              thon!
abc
OK!
```

下面介绍字符串类型的常用操作。

### 1. 索引(index)

字符串是字符的有序集合，可通过其位置获得相应的元素值。在 Python 中，字符串的字符通过索引获取。其语法格式为：

```
string_name[index]
```

说明：

(1) 索引即下标，是一个整型数据。

(2) 索引可以从左向右(正向索引)，取值范围为 0～len(string_name)－1；也可以从右向左(反向索引)，取值范围为－1～－len(string_name)。

其中内置函数 len 表示字符串的长度。

【实例 2.5】 正向索引和反向索引示例。

```
1    s = 'Hello,Python!'
2    print("字符串\"" + s + "\"的长度为:" + str(len(s)))
3    print("正向索引:")
4    print("第 0 个元素:" + s[0])          #索引值从 0 开始
5    print("第 2 个元素:" + s[2])
6    print("第 10 个元素:" + s[10])
7    print("反向索引:")
8    print("最后一个元素:" + s[-1])
9    print("倒数第二个元素:" + s[-2])
10   print("倒数第五个元素:" + s[-5])
```

运行结果如下：

```
字符串"Hello,Python!"的长度为:13
正向索引:
第 0 个元素:H
第 2 个元素:l
第 10 个元素:o
反向索引:
最后一个元素:!
倒数第二个元素:n
倒数第五个元素:t
```

（3）索引值不能越界。例如，在上例中增加语句“print(s[14])”，会出现“IndexError: string index out of range”的错误。

### 2. 切片(slice)

切片也称分片，其功能是取出操作对象(字符串、列表、元组等)的一部分。其语法格式为：

```
string_name[start_index : end_index : step]
```

说明：

（1）step 默认值为 1。

（2）step 的值可以为正数，也可以为负数，其绝对值大小决定了切取字符的“步长”，而正负号决定了“切取方向”。当 step>0 时，切取方向从左向右，为正向切取；当 step<0 时，切取方向从右向左，为反向切取。但 step 不能等于 0，否则会出现“ValueError: slice step cannot be zero”的错误。

（3）start_index 表示起始索引(包含该索引本身)。该参数取默认值时，表示从对象“端点”开始取值，至于是“起点”还是“终点”，取决于切取方向。

（4）end_index 表示终止索引(不包含该索引本身)。该参数取默认值时，表示一直切取到对象的“端点”。

**【实例 2.6】** 正向切取示例。

```
1    s = "学 Python,大家一起在努力!"
2    print("字符串\"" + s + "\"的长度为:" + str(len(s)))
3    print(s[1:10:2])  # 正向切片且 step = 2
4    print(s[1:10])    # 正向切片且第三个参数取默认值,即 step = 1
5    print(s[:]) # 正向切片,且三个参数均为默认值,即 start_index = 0,end_index = len(s) - 1,step = 1
6    print(s[:5])  # 正向切片,且第一个参数和最后一个参数为默认值,即 start_index = 0,step = 1
7    print(s[4::]) # 正向切片,且后两个参数为默认值,即 end_index = len(s) - 1,step = 1
8    print("start_index > end_index" + s[4:1])  # 正向切片,且 start_index > end_index,输
9                                               # 出结果为空
10   print("start_index == end_index" + s[4:4]) # 正向切片,且 start_index == end_index,输
11                                              # 出结果为空
```

运行结果如下：

```
字符串"学 Python,大家一起在努力!"的长度为:16
Pto,家
Python,大家
学 Python,大家一起在努力!
学 Pyth
hon,大家一起在努力!
start_index > end_index
start_index == end_index
```

**【实例 2.7】** 反向切取示例。

```
1    s = "学 Python,大家一起在努力!"
2    print(s[9:0:-2])  # 反向切片且 step = -2
3    print(s[9:0:-1])  # 反向切片且 step = -1
4    print(s[::-1])    # 反向切片,且前两个参数均为默认值,即 start_index = len(s) - 1,end_
5                      # index = 0
```

```
6    print(s[:5:-1])   # 反向切片,且第一个参数为默认值,即 start_index = len(s) - 1
7    print(s[4::-1])   # 正向切片,且后两个参数为默认值,即 end_index = 0,step = -1
```

运行结果如下：

```
家,otP
家大,nohtyP
!力努在起一家大,nohtyP 学
!力努在起一家大,n
htyP 学
```

(5) 切片操作也可连续进行。如：

```
>>> s = "abcdefghijklmn"
>>> t = s[:8][2:5][-1:]
>>> print(t)
```

则字符串 t 的值为"e"。

其执行过程为：首先执行 s[:8](start_index=0, end_index=7, step=1),结果为字符串"abcdefgh"；其次执行 s[:8][2:5],是在 s[:8]结果字符串"abcdefgh"的基础上继续切片(start_index=2, end_index=4, step=1),结果为字符串"cde"；最后执行 s[:8][2:5][-1:],实际上是对字符串"cde"进行反向切片,结果为"e"。即可将上面程序段改为：

```
>>> s = "abcdefghijklmn"
>>> t1 = s[:8]
>>> print(t1)
>>> t2 = t1[2:5]
>>> print(t2)
>>> t3 = t2[-1:]
>>> print(t3)
```

(6) 切片的 3 个参数均可通过表达式表示。如：

```
>>> s = "Study hard and make progress every day"
>>> t = s[2 + 1:3 * 11:10 % 4]        # 等价于 t[3:33:2]
```

则字符串 t 的值为"d adadmk rgesee"。

(7) start_index、end_index、step 均可同时取正数,也可同时取负数,还可正负数混合使用。但必须遵循一个原则,即取值顺序必须相同,否则无法正确切取数据。

### 3. 其他常用的字符串运算

(1) 字符串连接：可使用“+”运算符连接两个或多个字符串。如：

```
>>> s1 = "行路难,行路难,"
>>> s2 = "多歧路,今安在?"
>>> s3 = "长风破浪会有时,"
>>> s4 = "直挂云帆济沧海。"
```

则 s1+s2+s3+s4 的结果为字符串"行路难,行路难,多歧路,今安在？长风破浪会有时,直挂云帆济沧海。"

(2) 重复输出字符串：可使用“*”将一个字符串输出多次。如：

```
>>> s = "Constant dropping wears the stone. "
>>> print(s * 3)
```

运行结果为：

```
Constant dropping wears the stone. Constant dropping wears the stone. Constant dropping wears
the stone.
```

(3) 判断是否包含给定字符或字符串：可使用 in 或 not in 判断字符串是否包含给定字符或字符串，返回布尔值 True 或 False。如：

```
>>> print('H' in 'Hello')              # 输出 True
>>> print('He' not in 'Hello')         # 输出 False
```

(4) 原始字符串符号 r/R

原始字符串指所有的字符串直接按照字面意思使用，没有转义特殊或不能输出的字符，即转义字符失效。其语法格式是在字符串的第一个引号前加字母 r 或 R。如：

```
>>> print("C:\Windows\System32\drivers\n-Us")
```

此语句的本意是输出目录，但由于转义字符的作用，实际运行结果为：

```
C:\Windows\System32\drivers
-Us
```

可使用：

```
>>> print(r"C:\Windows\System32\drivers\n-Us")
```

运行结果为：

```
C:\Windows\System32\drivers\n-Us
```

### 2.4.3 数据类型转换

使用 Python 处理数据时，不可避免地进行数据类型之间的转换，如整型和字符串之间的转换。转换包括隐式转换和显式转换，隐式转换也称自动转换，不需要特殊处理。显式转换也称数据类型的强制类型转换，通过内置函数实现。表 2.3 列出了 Python 中常用的数据类型转换函数。

表 2.3 Python 中常用的数据类型转换函数

| 函数 | 描述 | 实例 |
|---|---|---|
| int(x) | 将 x 转换为一个十进制整数 | int(3.1415926) → 3 |
| float(x) | 将 x 转换为一个浮点数 | float(3) → 3.0 |
| complex(real[,imag]) | 创建一个复数 | complex(1,2) → (1+2j) |
| str(x) | 将 x 转换为字符串 | str(3.1415926) → '3.1415926' |
| repr(x) | 将 x 转换为表达式字符串 | repr("name") → "'name'" |
| eval(x) | 计算字符串中的有效 Python 表达式，并返回一个对象 | eval("3*8") → 24 |
| chr(x) | 将整型 x 转换为一个字符 | chr(10) → '\n' |
| ord(x) | 将字符 x 转换为对应的整数值 | ord('\n') → 10 |
| hex(x) | 将整数 x 转换为对应的十六进制字符串 | hex(100) → '0x64' |
| oct(x) | 将整数 x 转换为对应的八进制字符串 | oct(100) → '0o144' |

### 2.4.4 常用数学函数和字符串函数

Python 提供了丰富的集成了内置函数的模板库，可对各种数据进行处理。表 2.4 列出了常用的内置数学函数和字符串函数（关于函数的具体概念在第 5 章中详细介绍）。

表 2.4 Python 中常用的内置数学函数和字符串函数

| 函数 | 描述 | 实例 |
| --- | --- | --- |
| abs(x) | 求数值 x 的绝对值 | abs(-1.2) → 1.2 |
| min(x1,x2,…,xn) | 求数值 x1,x2,…,xn 的最小值 | min(10,20,5,-3,100) → -3 |
| max(x1,x2,…,xn) | 求数值 x1,x2,…,xn 的最大值 | max(10,20,5,-3,100) → 100 |
| sqrt(x) | 求数值 x 的算术平方根 | math.sqrt(10) → 3.1622776601683795 |
| ceil(x) | 对数值 x 向上取整数 | math.ceil(-3.5) → -3 |
| floor(x) | 对数值 x 向下取整数 | math.floor(-3.5) → -4 |
| len(str) | 求字符串 str 的长度 | len("I love China!") → 13 |
| str.upper() | 将字符串 str 全部大写 | "I love China!".upper() → 'I LOVE CHINA!' |
| str.lower() | 将字符串 str 全部小写 | "I love China!".lower() → 'i love china!' |
| str.find(c) | 在字符串 str 中查找字符串 c，如果有，返回索引位置，如果没有，则返回-1 | "I love China!".find("China") → 7<br>"I love China!".find("china") → -1 |
| str.replace(old,new) | 将字符串 str 中 old 字符串用 new 字符串代替 | "I love China!".replace("China","Python") → 'I love Python!' |
| str.strip() | 去除字符串 str 两侧的空格 | " China ".strip() → 'China' |

## 2.5 运算符和表达式

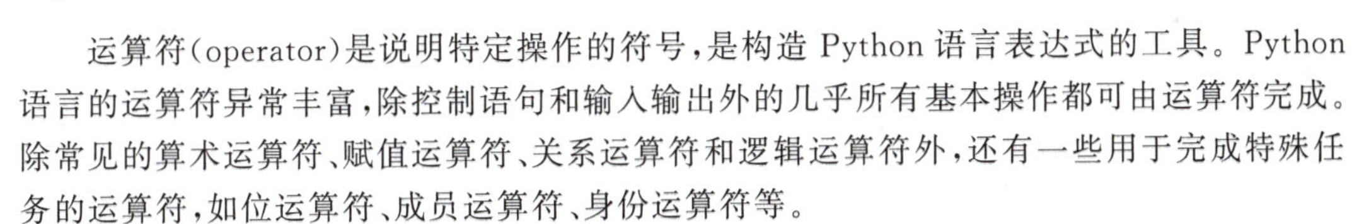

运算符（operator）是说明特定操作的符号，是构造 Python 语言表达式的工具。Python 语言的运算符异常丰富，除控制语句和输入输出外的几乎所有基本操作都可由运算符完成。除常见的算术运算符、赋值运算符、关系运算符和逻辑运算符外，还有一些用于完成特殊任务的运算符，如位运算符、成员运算符、身份运算符等。

使用运算符将不同类型的常量、变量、函数或表达式按照一定的规则连接起来的式子，称表达式（expression）。如 5+3 为算术表达式、5<10 为关系表达式等。

### 2.5.1 运算符五要素

对于每个运算符，需要从 5 个方面把握，简称为运算符五要素。

（1）运算符符号及其运算规则，即运算符的功能。如“+”作为算术运算符，可实现两个数相加。

（2）运算对象的类型和个数。

（3）运算结果的类型。

（4）运算符的优先级。

（5）运算符的结合性。

## 2.5.2 算术运算符与算术表达式

算术运算符也称数学运算符,主要用于对数字进行数学计算,如加、减、乘、除等。表 2.5 列出了 Python 支持的基本算术运算符。

表 2.5 Python 支持的基本算术运算符

| 运算符 | 描述 | 实例 |
|---|---|---|
| + | 加:两个对象相加 | 10.23+30 的结果为 40.23 |
| - | 负号:得到一个负数 | a=10,则-a 为-10 |
| | 减:两个对象相减 | 123.45-80 的结果为 43.45 |
| * | 乘:两个对象相乘 | 8*3.6 的结果为 28.8 |
| / | 除:两个对象相除 | 1/2 的结果为 0.5 |
| % | 求余或者取模:返回除法的余数 | 10%4 的结果为 2 |
| // | 取整除:返回商的整数部分,其为向下取整 | 9//2 的结果为 4,-9//2 的结果为-5 |
| ** | 幂:求两个对象的幂 | 2**5 的结果为 32 |

说明:

(1) "-"运算符作为负数符号时,为一元运算符,其余全为二元运算符。*、/、%、//的优先级高于+、-,结合性均为左结合。

(2) 使用除法(/或者//)运算符和求模(%)运算符时,除数不能为 0,否则将出现"ZeroDivisionError: division by zero"的错误。

(3) Python 中可对浮点数进行取模运算,这与 C/C++语言不同。取模的数学定义为:对于两个数 a 和 b(b≠0),a%b 定义为 a-n*b,其中 n 为不超过 a/b 的最大整数。如 3.5%2 的结果为 1.5。

【实例 2.8】 扑克牌计算二十四点示例。

```
1   a, b, c, d = 2, 3, 12, 12
2   if (((b - a) * c) + d == 24):
3           print("算式为:((3.2) * 12) + 12")
```

运行结果如下:

```
算式为:((3.2) * 12) + 12
```

## 2.5.3 赋值运算符与赋值表达式

赋值符号"="就是赋值运算符,其作用是将一个数(常量、变量或表达式等)赋值给另一个变量。用赋值运算符将一个变量与一个表达式连接的式子称"赋值表达式"。如"s=3",表示将常量 3 赋值给变量 s,则 s 的数据类型为数字类型,式子"s=3"就是赋值表达式。Python 中最基本的赋值运算符是"=",结合其他运算符,还能扩展出更强大的复合赋值运算符。表 2.6 列出了 Python 中常用的赋值运算符。

表 2.6 Python 中常用的赋值运算符

| 运算符 | 描 述 | 实 例 |
| --- | --- | --- |
| = | 简单赋值运算符：将右侧操作数赋给左侧变量 | c=a+b 等价于 a+b 的值赋给变量 c |
| += | 加法赋值运算符：将两个操作数相加的和赋给左侧变量 | c+=a 等价于 c=c+a |
| -= | 减法赋值运算符：将两个操作数相减的差赋给左侧变量 | c-=a 等价于 c=c-a |
| *= | 乘法赋值运算符：将两个操作数相乘的积赋给左侧变量 | c *=a 等价于 c=c * a |
| /= | 除法赋值运算符：将两个操作数相除的商赋给左侧变量 | c/=a 等价于 c=c/a |
| %= | 求模赋值运算符：将两个操作数相除的余数赋给左侧变量 | c%=a 等价于 c=c%a |
| **= | 求幂赋值运算符：将两个操作数的幂赋给左侧变量 | c **=a 等价于 c=c ** a |
| //= | 取整赋值运算符：将两个操作数相除的商取整赋给左侧变量 | c//=a 等价于 c=c//a |

说明：

(1) 所有的赋值运算符均为二元运算符，结合性为右结合。

(2) 赋值运算符优先级最低。

(3) 注意区分赋值运算符与数学中的等号，后者在计算机语言中用“==”表示。

【实例 2.9】 赋值运算符示例。

```
1   a, b = 2, 3
2   c = a + b   # 简单赋值运算符，将 a+b 的值 5 赋给 c，c 的值为 5(后面出现的 c 的初始值均为 5)
3   c += a      # 加法赋值运算符，将 c+a 的值 7 赋给 c，c 的值为 7
4   c -= a      # 减法赋值运算符，将 c-a 的值 3 赋给 c，c 的值为 3
5   c * = a     # 乘法赋值运算符，将 c*a 的值 10 赋给 c，c 的值为 10
6   c / = a   # 除法赋值运算符，将 c/a 的值 2.5 赋给 c，c 的值为 2.5，此时 c 的数据类型为 float
7   c % = a     # 求模赋值运算符，将 c%a 的值 1 赋给 c，c 的值为 1
8   c ** = a    # 幂赋值运算符，将 c**a 的值 25 赋给 c，c 的值为 25
9   c //= a     # 整除赋值运算符，将 c//a 的值 2 赋给 c，c 的值为 2
```

## 2.5.4 比较运算符

比较运算也称关系运算，用于对常量、变量或表达式的结果进行大小、真假等比较。如果比较成立，则返回布尔值 True(真)，反之返回 False(假)。比较运算符经常用在选择语句或循环语句中，作为条件判断的依据。表 2.7 列出了 Python 中常用的比较运算符。

表 2.7 Python 中常用的比较运算符

| 运算符 | 描 述 |
| --- | --- |
| > | 大于，如果左操作数大于右操作数，则返回 True，否则返回 False |
| < | 小于，如果左操作数小于右操作数，则返回 True，否则返回 False |
| == | 等于，如果左操作数等于右操作数，则返回 True，否则返回 False |
| != | 不等于，如果左操作数不等于右操作数，则返回 True，否则返回 False |
| >= | 大于或等于，如果左操作数大于或等于右操作数，则返回 True，否则返回 False |
| <= | 小于或等于，如果左操作数小于或等于右操作数，则返回 True，否则返回 False |

说明：

(1) 所有的比较运算符均为二元运算符，结合性为右结合。

(2) 比较运算符优先级高于算术运算符和赋值运算符。

【实例 2.10】 比较运算符示例。

```
1    print("80 是否大于 70?", 80 > 70)
2    print("24 * 6 是否等于 144?", 24 * 6 == 144)
3    print("90 是否小于或等于 80?", 90 <= 80)
4    print("True 是否等于 False?", True == False)
```

运行结果如下：

```
80 是否大于 70? True
24 * 6 是否等于 144? True
90 是否小于或等于 80? False
True 是否等于 False? False
```

（3）在 Python 中，若判断一个变量的值是否介于两个值之间，可采用类似“值 1 <变量< 值 2”的形式。

【实例 2.11】 比较运算符示例：根据学生成绩（百分制）打印对应等级。

```
1    print("请输入学生的百分制成绩:", end = '')
2    score = float(input( ))
3    if 0 <= score < 60:
4        print("对应的等级为 E")
5    if 60 <= score < 70:
6        print("对应的等级为 D")
7    if 70 <= score < 80:
8        print("对应的等级为 C")
9    if 80 <= score < 90:
10       print("对应的等级为 B")
11   if 90 <= score <= 100:
12       print("对应的等级为 A")
```

三次运行结果如下：

| 请输入学生的百分制成绩:100<br>对应的等级为 A | 请输入学生的百分制成绩:65.5<br>对应的等级为 D | 请输入学生的百分制成绩:78.5<br>对应的等级为 C |
|---|---|---|

## 2.5.5 逻辑运算符

逻辑运算符是用于表示日常生活中“并且”“或者”“除非”等逻辑关系的运算符。常用的逻辑运算符有与(and)、或(or)和非(not)。表 2.8 列出了 Python 中常用的逻辑运算符。

表 2.8 Python 中常用的逻辑运算符

| 运算符 | 含 义 | 说 明 |
|---|---|---|
| and | 逻辑与运算，等价于数学中的“且” | a and b，当 a、b 两个表达式都为真时，结果才为真，否则为假 |
| or | 逻辑或运算，等价于数学中的“或” | a or b，当 a、b 两个表达式都为假时，结果才为假，否则为真 |
| not | 逻辑非运算，等价于数学中的“非” | not a，当 a 为真时，结果为假；a 为假时，结果为真 |

说明：

（1）逻辑非运算符是一元运算符，逻辑与、逻辑或运算符是二元运算符，结合性均为左结合。

（2）逻辑运算符的优先级相对较低，仅高于赋值运算符。

(3) 逻辑运算符一般与关系运算符结合使用，作为选择语句或循环语句条件判断的依据。

(4) Python 逻辑运算符可用于操作任何类型的表达式，同时，逻辑运算结果也不一定是布尔类型，可以是任意数据类型（这与其他语言不同）。例如：

```
>>> type(10 and 20)          #结果为<class 'int'>
```

(5) 在 Python 中，and 和 or 不一定计算右边表达式的值，按照逻辑关系，有时可能只计算左边表达式的值，就能得到最终结果。另外，and 和 or 运算符会将其中一个表达式作为最终结果，而不是将 True 或 False 作为最终结果。

【实例 2.12】 逻辑运算符示例。

```
1    url = "http://www.jsnu.edu.cn"
2    print(100 and url)                # 左操作数为真,需要计算右操作数,两者都为真
3    print(100 or url)                 # 左操作数为真,不需要计算右操作数
4    print(False and print(url))       # 左操作数为假,不需要计算右操作数
5    print(True and print(url))        # 左操作数为真,需要计算右操作数,两者都为真
6    print(False or print(url))        # 左操作数为假,需要计算右操作数,后者为真
7    print(True or print(url))         # 左操作数为真,不需要计算右操作数
```

运行结果如下：

| | |
|---|---|
| http://www.jsnu.edu.cn | #第 2 行输出结果 |
| 100 | #第 3 行输出结果 |
| False | #第 4 行输出结果 |
| http://www.jsnu.edu.cn | #第 5 行输出结果 |
| None | #第 5 行输出结果（后面的 None 是由于 print()函数本身没有返回值） |
| http://www.jsnu.edu.cn | #第 6 行输出结果 |
| None | #第 6 行输出结果 |
| True | #第 7 行输出结果 |

【实例 2.13】 按照如下男性民航飞行员报考(部分条件)判断报考者是否符合要求。

身高和体重：身高为 169～185 cm，体重不低于 50 kg。

视力：双眼没有做过任何手术，任何一只眼睛裸视力(按 C 字视力表)不低于 0.3，无色盲、色弱、斜视，无较重的沙眼或倒睫。

```
1    height = int(input("请输入身高:"))
2    weight = float(input("请输入体重:"))
3    vision = float(input("请输入C字视力表视力:"))
4    if height >= 169 and height <= 185 and weight >= 50 and vision >= 0.3:
5        print("恭喜,你符合报考飞行员的条件")
6    else:
7        print("抱歉,你不符合报考飞行员的条件")
```

两次运行结果如下：

| | |
|---|---|
| 请输入身高:180<br>请输入体重:60<br>请输入 C 字视力表视力:0.4<br>恭喜,你符合报考飞行员的条件 | 请输入身高:170<br>请输入体重:49<br>请输入 C 字视力表视力:0.5<br>抱歉,你不符合报考飞行员的条件 |

说明：

(1) input 函数用于接收用户从键盘输入的字符序列。由于 input 函数返回类型为字符串类型，故需要进行强制类型转换。

(2) if...else...条件判断语句是程序控制流程中的选择结构，用于判断是否满足某种条件，3.2 节将进行详细介绍。

(3) 条件运算符和逻辑运算符组合的表达式的计算结果类型为布尔类型，可通过语句“type(height >=169 and height <= 185 and weight >=50 and vision >=0.3)”进行测试。

## 2.5.6 位运算符

Python 位运算是按照数据在内存中的二进制位(bit)进行计算的，因为计算机电路设计都是基于二进制的，所以在二进制层面效率较高，一般用于底层开发(算法设计、驱动、图像处理、单片机等)，在 Web 开发、Linux 运维等应用的开发中并不常见。

位运算只能操作整数类型，要先将执行运算的整数转换为二进制，才能计算。Python 中常见的位运算符如表 2.9 所示。

表 2.9 Python 中常见的位运算符[设 a=0011 1100(十进制数 60)，b=0000 1101(十进制数 13)]

| 运算符 | 描述 | 运算法则 | 实例 |
|---|---|---|---|
| & | 按位与运算符 | 两个操作数的二进制对应位都为 1 时，结果数位为 1，否则为 0 | (a & b)输出结果为 0b1100，十进制数 12 |
| \| | 按位或运算符 | 两个操作数的二进制对应位都为 0 时，结果数位为 0，否则为 1 | (a \| b)输出结果为 0b111101，十进制数 61 |
| ^ | 按位异或运算符 | 两个操作数的二进制对应位相同时，结果数位为 0，否则为 1 | (a ^ b)输出结果为 0b110001，十进制数 49 |
| ～ | 按位取反运算符 | 将操作数的二进制数位由 1 修改为 0，或者由 0 修改为 1 | (～a )输出结果为－0b111101，十进制数－61 |
| << | 按位左移运算符 | 将操作数的二进制向左移动指定位数，左边溢出位丢弃，右侧空位用 0 补齐，相当于乘以 2 的 n 次幂 | (a << 2)输出结果为 0b11110000，十进制数 240 |
| >> | 按位右移运算符 | 将操作数的二进制向右移动指定位数，右边溢出位丢弃，左侧空位根据正负数补齐，相当于除以 2 的 n 次幂 | (a >> 2)输出结果为 0b1111，十进制数 15 |

说明：

(1) 除按位取反运算符“～”外，其余位运算符均为二元运算符，结合性均为左结合。

(2) 所有的位运算的运算结果均为整数类型。

【实例 2.14】 位运算符示例：不使用加法运算符完成两个整数相加。

```
1    #定理:设 a,b 为两个二进制数,则 a + b = a^b + (a&b)<< 1
2    a = int(input("请输入 a:"))      # 加数
3    b = int(input("请输入 b:"))      # 加数
4    t1 = a & b
5    t2 = a ^ b
6    while (t1):
7        t_a = t2
```

```
8        t_b = t1 << 1
9        t1 = t_a & t_b
10       t2 = t_a ^ t_b
11   print(str(a) + "+" + str(b) + "=" + str(t2))
```

运行结果如下：

```
请输入 a:10
请输入 b:20
10 + 20 = 30
```

## 2.5.7 成员运算符

Python 成员运算符可用于判断一个元素是否在某个序列中。例如，可用于判断一个字符是否属于某个字符串、某个对象是否在某个列表中等。常用的成员运算符有 in 和 not in。二者均为二元运算符，判断左操作数是否在右操作数中，如果是，则返回布尔值 True，否则返回 False。

【实例 2.15】 成员运算符示例。

```
1    # in 或 not in 用于字符串
2    str = "Failure teaches success. "          # 失败乃成功之母
3    word = input("请输入一个单词:")
4    if word in str:
5        print("输入的单词 %s 包含在字符串中" % word)
6    else:
7        print("输入的单词 %s 不包含在字符串中" % word)
8
9    # in/not in 作用于列表
10   name_list = ["张三", "李四", "王五", "赵六"]
11   name = input("请输入一个学生的姓名:")
12   if name in name_list:
13       print("输入学生的姓名 %s 存在于 list 中" % name)
14   else:
15       print("输入学生的姓名 %s 不存在于 list 中" % name)
```

运行结果如下：

```
请输入一个单词:thing
输入的单词 thing 不包含在字符串中
请输入一个学生的姓名:张三
输入学生的姓名张三存在于 list 中
```

说明：列表 list 和 print 的格式化输出将在 2.6.2 节中详细介绍。

## 2.5.8 身份运算符

Python 身份运算符主要用于判断两个变量是否引自同一对象。常用的身份运算符有 is 和 not is。二者均为二元运算符，判断两个操作数是否引自同一对象，如果是，则返回布尔值 True，否则返回 False。

【实例 2.16】 身份运算符示例。

```
1    import time                     # 引入 time 模块
2    t1 = time.localtime( )          # 获取系统当前时间
3    t2 = time.localtime( )
4    print(t1)
5    print(t2)
6    print(id(t1))
7    print(id(t2))
8    print(t1 == t2)
9    print(t1 is t2)
```

运行结果如下：

```
time.struct_time(tm_year = 2023, tm_mon = 4, tm_mday = 23, tm_hour = 11, tm_min = 8, tm_sec =
22, tm_wday = 6, tm_yday = 113, tm_isdst = 0)
time.struct_time(tm_year = 2023, tm_mon = 4, tm_mday = 23, tm_hour = 11, tm_min = 8, tm_sec =
22, tm_wday = 6, tm_yday = 113, tm_isdst = 0)
1514369770432
1514369770304
True
False
```

说明：

(1) “is”与“==”有本质的区别。前者用于对比两个变量引用的是否为同一对象，后者用于比较两个变量的值是否相等。

(2) 函数 time.localtime 用于获取当前系统时间，精确到秒级，如 print(t1)的结果为时间元组“time.struct_time(tm_year=2023, tm_mon=4, tm_mday=23, tm_hour=11, tm_min=8, tm_sec=22, tm_wday=6, tm_yday=113, tm_isdst=0)”。其中，tm_year 表示年份，tm_mon 表示月份，tm_mday 表示日期，tm_hour 表示 24 小时制中的小时，tm_min 表示分钟，tm_sec 表示秒，tm_wday 表示一周中的第几天，tm_yday 表示一年中的第几天，tm_isdst 表示是否为夏令时。

(3) 因为程序运行较快，所以 t1 和 t2 得到的时间是一致的，故“t1==t2”的结果为 True。虽然 t1 和 t2 的值相等，但每次调用 localtime，都会返回不同的对象，其内存地址不同，故“t1 is t2”的结果为 False。

## 2.5.9 运算符的优先级和结合性总结

Python 支持几十种运算符，被划分为近 20 个优先级。优先级和结合性不尽相同。表 2.10 列出了 Python 运算符的优先级和结合性。

表 2.10 Python 运算符的优先级和结合性一览表(优先级由高到低)

| 运　算　符 | 说　　明 | 优先级 | 结合性 |
| --- | --- | --- | --- |
| () | 小括号 | 19 | 无 |
| [] | 索引运算符 | 18 | 左 |
| . | 属性访问 | 17 | 左 |
| ** | 乘方 | 16 | 左 |

续表

| 运　算　符 | 说　　明 | 优先级 | 结合性 |
|---|---|---|---|
| ～ | 按位取反 | 15 | 右 |
| +/- | 符号运算符(正号或负号) | 14 | 右 |
| *、/、//、% | 乘除 | 13 | 左 |
| +、- | 加减 | 12 | 左 |
| >>、<< | 位移 | 11 | 左 |
| & | 按位与 | 10 | 右 |
| ^ | 按位异或 | 9 | 左 |
| \| | 按位或 | 8 | 左 |
| ==、!=、>、>=、<、<= | 比较运算符 | 7 | 左 |
| is、is not | 身份运算符 | 6 | 左 |
| in、not in | 成员运算符 | 5 | 左 |
| not | 逻辑非 | 4 | 右 |
| and | 逻辑与 | 3 | 左 |
| or | 逻辑或 | 2 | 左 |
| = | 赋值运算符 | 1 | 右 |

说明：

(1) 当一个表达式中出现多个运算符时，Python会先比较各运算符的优先级，按照优先级由高到低的顺序依次执行；若优先级相同，再根据结合性决定先执行哪个运算符：如果是左结合性，就先执行左边的运算符；如果是右结合性，就先执行右边的运算符。

(2) 不要将一个表达式写得过于复杂，如果一个表达式过于复杂，可尝试将其拆分开书写。

(3) 不宜过度依靠运算符的优先级控制表达式的执行顺序，避免可读性太差，应尽量使用()控制表达式的执行顺序。

## 2.6 标准输入和输出

标准输入输出是指用户根据需要通过键盘输入字符，经过程序编译和运行，将结果输出至计算机屏幕。Python通过内置函数input和print实现标准输入输出。

### 2.6.1 标准输入函数input

Python提供内置函数input，使用户通过键盘输入一个字符串。其语法格式为：

```
input(prompt = None, /)
```

其中，prompt为提示字符串，可以省略，如input，屏幕没有任何提示。但通常需要给用户一个提示信息，告知用户需要输入什么数据，故input的使用格式通常为：

```
variable_name = input(prompt)
```

例如：

```
>>> age = input("请输入学生年龄:")
```

执行时屏幕上会显示“请输入学生年龄：”，并将输入数据存储在变量 age 中，供后续代码使用。

注意：在 Python 3 中，无论是输入数字，还是字符串，input 函数都返回字符串，即 age 的数据类型为 string 类型。如果使用数字进行计算，则应对字符串进行强制类型转换。例如：

```
>>> age = input("请输入学生年龄:")
>>> age = age + 1
```

则编译器会提示：

```
TypeError: can only concatenate str (not "int") to str
```

【实例 2.17】 模拟超市现金支付找零示例。

```
1    pay = float(input("请付款 85.5 元:"))
2    print("收您" + str(pay), ",找零" + str(pay - 85.5))
```

运行结果如下：

```
请付款 85.5 元:100
收您 100.0 ,找零 14.5
```

### 2.6.2 标准输出函数 print

print 函数用于打印输出，是 Python 中使用频率最高的函数，其语法格式为：

```
print(value, ..., sep = ' ', end = '\n', file = sys.stdout, flush = False)
```

其中，

value,…：表示输出的对象，可输出多个对象，需要用逗号分隔。

sep：分隔符，默认以空格分隔。

end：结束换行符。用于设定以什么结尾，默认值为换行符“\n”。

file：输出的目的对象，默认为标准输出(可改为其他类似文件的对象)

flush：是否立即输出到 file 指定的流对象中。

#### 1. 标准输出

print 函数可输出多项内容，各输出项间要用逗号分隔。如输出古诗《静夜思》，可采用不同的方法。

【实例 2.18】 输出古诗《静夜思》示例。

```
1    # 输出古诗《静夜思》- 方法 1
2    print(" 静夜思")
3    print("      李白")
4    print("床前明月光,")
5    print("疑似地上霜。")
6    print("举头望明月,")
7    print("低头思故乡。")
8
9    # 输出古诗《静夜思》- 方法 2
```

```
10    print("\t\t 静夜思")
11    print("\t\t\t 李白")
12    print("床前明月光,", end = " ")  # 使用参数 end = " ",将默认结束符改为空格
13    print("疑似地上霜。")
14    print("举头望明月,", end = " ")
15    print("低头思故乡。")
16
17    # 输出古诗《静夜思》- 方法 3
18    title = '静夜思'
19    author = "李白"
20    print("\t" + title + "\n\t\t\t" + author)
21    print("床前明月光,", end = " ")
22    print("疑似地上霜。")
23    print("举头望明月,", end = " ")
24    print("低头思故乡。")
```

运行结果如下：

```
静夜思
    李白
床前明月光，
疑似地上霜。
举头望明月，
低头思故乡。
        静夜思
                李白
床前明月光，疑似地上霜。
举头望明月，低头思故乡。
    静夜思
                李白
床前明月光，疑似地上霜。
举头望明月，低头思故乡。
```

### 2. 格式化占位符(%-formating)输出

占位符也称字符串格式化符号，是早期 Python 提供的格式化方法。与 C 语言类似，Python 常用的格式化占位符如表 2.11 所示。

表 2.11 Python 常用的格式化占位符

| 占位符 | 说　明 |
|---|---|
| %c | 格式化字符及其 ASCII 码 |
| %s | 格式化字符串 |
| %d | 格式化十进制整数 |
| %u | 格式化无符号整数 |
| %o | 格式化八进制整数 |
| %x/%X | 格式化十六进制整数 |
| %f | 格式化浮点数字，可以指定小数的精度，默认保留 6 位小数 |
| %e/%E | 格式化浮点数字，用科学计数法(指数计数法)表示数字 |
| %g/%G | 在保证 6 位有效数字的前提下，使用小数方法表示，否则使用指数表示法 |

【实例 2.19】 格式化占位符输出示例。

```
1   # 整数占位符
2   a, b = 100, 200
3   print("十进制数为 %d" % a)                # 输出结果:十进制数为 100
4   print("八进制数为 %o" % a)                # 输出结果:八进制数为 144
5   print("十六进制数为 %x" % a)              # 输出结果:十六进制数为 64
6   print("右对齐: %8d" % a)                  # 输出结果:右对齐:     100
7   print("左对齐: % - 8d, %d" % (a, b))      # 输出结果:左对齐:100     ,200
8   # 浮点数示例
9   f = 123.456789123
10  print("\n 小数形式 %f" % f)          # 默认输出 6 位小数,输出结果:小数形式 123.456789
11  print("指数形式 %e" % f)             # 输出结果:指数形式 1.234568e + 02
12  print("指数形式 %E" % f)             # 输出结果:指数形式 1.234568E + 02
13  print("保证 6 位有效数字 %g" % f)    # 输出结果:保证 6 位有效数字 123.457
14  print("保留两位小数 %.2f" % f)       # 输出结果:保留两位小数 123.46
15  print("设定宽度 %15f" % f)           # 输出结果:设定宽度      123.456789
16  # 默认右对齐,即前面补空格 输出结果:设定宽度和保留小数位数 123.457
17  print("设定宽度和保留小数位数 %8.3f" % f)
18  # 左对齐,即后面补空格 输出结果:设定宽度和保留小数位数 123.457 end
19  print("设定宽度和保留小数位数 % - 8.3fend" % f)
20  # 字符串示例
21  s = "abcd"
22  print("\n 原样输出 %s" % s)        # 输出结果:原样输出 abcd
23  print("设置宽度 %8s" % s)          # 默认右对齐,即前面补空格 输出结果:设置宽度    abcd
24  print("设置宽度 % - 8send" % s)    # 左对齐,即后面补空格 输出结果:设置宽度 abcd    end
```

3. 格式化(format)输出

自 Python 2.6 版本开始,字符串类型(str)提供了 format 方法,对字符串进行格式化,是用{}和:替代 print 中格式化占位符的%。其语法格式为:str.format(args)。其中 str 用于指定字符串的显示样式;args 用于指定要进行格式转换的项,如有多项,各项之间用逗号分隔。例如:

```
>>> print("Hello {}, this course name is {}".format('everyone', 'Python'))
```

format 的占位符与%-formating 类似,不再一一列出。

【实例 2.20】 格式化 format 输出示例。

```
1   # 以不同形式显示数和字符串
2   print("十进制整数形式:{:d}".format(1000000))
3   print("加千分位的十进制整数形式:{:,}".format(123456789))
4   print("二进制整数形式:{:b}".format(123))
5   print("八进制整数形式:{:o}".format(123))
6   print("十六进制整数形式:{:x}".format(123))
7   print("十六进制整数形式:{:X}".format(123))
8   print("小数形式的浮点数:{:f}".format(123.456789123))    # 默认输出 6 位小数
9   print("指数形式的浮点数:{:e}".format(123.456789123))
10  # 最小宽度为 10,小数位数 2 位,默认右对齐,前面补空格
11  print("设置宽度和小数位数浮点数:{:10.2f}".format(123.456789123))
12  # 最小宽度为 10,小数位数 2 位,默认右对齐,设置前面补 0
13  print("设置宽度和小数位数浮点数:{:010.2f}".format(123.456789123))
```

```
14    # 最小宽度为 10,小数位数 2 位,左对齐,设置后面补 0
15    print("设置宽度和小数位数浮点数:{:0<10.2f}".format(123.456789123))
16    print("正常输出字符串:{:s}".format("abcdefg"))
17    print("设置宽度的字符串:{:10s}".format("abcdefg"))    # 最小宽度为 10,字符串默认左
18                                                        # 对齐,后面补空格
19    print("设置宽度的字符串:{:>10s}".format("abcdefg"))  # 最小宽度为 10,设置默认右对
20                                                        # 齐,前面补空格
```

运行结果如下：

```
十进制整数形式:1000000
加千分位的十进制整数形式:123,456,789
二进制整数形式:1111011
八进制整数形式:173
十六进制整数形式:7b
十六进制整数形式:7B
小数形式的浮点数:123.456789
指数形式的浮点数:1.234568e+02
设置宽度和小数位数浮点数:    123.46
设置宽度和小数位数浮点数:0000123.46
设置宽度和小数位数浮点数:123.460000
正常输出字符串:abcdefg
设置宽度的字符串:abcdefg
设置宽度的字符串:   abcdefg
```

#### 4. 格式化字符串常量 f-string(formatted string literals)输出

f-string 也称格式化字符串常量，是 Python 3.6 新引入的一种字符串格式化方法，该方法源于 PEP 498-Literal String Interpolation，主要目的是使格式化字符串的操作更加简便。f-string 在形式上是以 f 或 F 修饰引领的字符串(f'XXX'或者 F'XXX')，以大括号{}表明被替换的字段。f-string 本质上并不是一个字符串常量，而是一个在运行时运算求值的表达式。f-string 在功能方面不逊于传统的%-formating 语句和 str.format 函数，同时性能优于二者，且使用更加简洁明了，因此对于 Python 3.6 及以后的版本，推荐使用 f-string 进行字符串格式化。

f-string 语法格式为：

```
f '<text> { <expression> <optional !s, !r, or !a> <optional : format specifier> } <text> ... '
```

其中，f (或 F) 为目标字符串前缀；<text> 表示占位符的上下文；类似于 str.format，目标字符串中的占位符(一种运行时计算的表达式)也使用了大括号 { }，其中必须加入表达式 <expression>，可选参数标志!s 表示调用表达式的 str(默认)，!r 表示调用表达式的 repr 函数，!a 表示调用表达式的 ascii 函数。最后，使用 format 协议格式化目标字符串。例如：

```
>>> name = 'Anny'
>>> age = 8
>>> school = 'primary school '
>>> print(f"{name} is {age} years old, she is in {school}.")   # 格式字符串前缀 f 或 F, 中间插
                                                              # 入占位符 {variable}
```

f-string 的大括号{}内可以填入变量、表达式或调用函数，Python 编译器求出其结果并填入返回的字符串。例如：

```
>>> s = "I love China!"
>>> print(f"源字符串:{s}")
>>> print(f"转换为小写字符:{s.lower()}")
```

说明：

（1）f-string 大括号内的引号不能与大括号外的引号定界符冲突，否则会出现“SyntaxError: invalid syntax”的错误。如 print(f'I'm a {"student"}')。可将其修改为 print(f"I'm a {'student'}")。

（2）f-string 大括号外可以使用转义字符，但大括号内不能使用，否则会出现“SyntaxError: f-string expression part cannot include a backslash”的错误。如 print(f"English:\t{'No sweet without sweat!'}")是正确的，而 print(f"English:\t{'no sweet \twithout sweat!'}")是错误的。

（3）f-string 还可用于输出多行字符串。

（4）f-string 可以自定义格式，如对齐、设定宽度、符号、补零、精度、进制等。其语法格式为{content: format}。

其中 content 为替换并填入字符串的内容；format 为格式描述符，与前面格式化 print 类似，采用默认格式时不必指定{: format}。表 2.12 列出了 Python 中常用的 f-string 格式描述符。

表 2.12　Python 中常用的 f-string 格式描述符

| 格式描述符 | 含义和作用 |
|---|---|
| < | 左对齐(字符串默认对齐方式) |
| > | 右对齐(数值默认对齐方式) |
| ^ | 居中对齐 |
| # | 切换数字显示方式 |
| 0width.precision | width 表示最小宽度，precision 表示精度，0 表示高位或低位用 0 补齐(默认为空格) |
| , | 使用逗号“,”作为千分位分隔符 |

【实例 2.21】 f-string 输出示例。

```
1   #整数示例
2   a = 123
3   print(f'十进制整数:{a:d}')          # d表示输出十进制
4   print(f'二进制整数:{a:b}')          # b表示输出二进制
5   print(f'二进制整数:{a:#b}')         # b表示输出二进制，#表示显示前导符
6   print(f'八进制整数:{a:o}')          # o表示输出八进制
7   print(f'八进制整数:{a:#o}')         # b表示输出八进制，#表示显示前导符
8   print(f'十六进制整数:{a:x}')        # x表示输出十六进制
9   print(f'十六进制整数:{a:#x}')       # x表示输出十六进制，#表示显示前导符
10  print(f'设置宽度:{a:8d}')       #8d表示整数的最小宽度为8，默认为右对齐，高位补空格
11  print(f'设置宽度，高位补0:{a:08d}') #08d表示整数的最小宽度为8，默认为右对齐，高位补0
12  print(f'设置宽度:{a:<8d}')      #<8d表示整数的最小宽度为8，采用左对齐，低位补空格
13  print(f'设置宽度，低位补0:{a:<08d}') #08d表示整数的最小宽度为8，采用左对齐，低位补0
14  print(f'设置宽度:{a:^8d}')      #<8d表示整数的最小宽度为8，采用居中对齐，两侧补空格
15  print(f'设置宽度:{a:^08d}')         #08d表示整数的最小宽度为8，采用居中对齐，两侧补0
16  # 浮点数类型实例
17  a = 12345.4567891011
```

```
18    print(f"小数形式:{a:f}")          # 小数形式,默认输出六位小数
19    print(f"指数形式:{a:e}")          # 指数形式,默认输出六位小数
20    print(f"g形式:{a:g}")             # 保证六位有效数字的前提下,优先采用小数形式
21    print(f"指定宽度和小数位数:{a:15.4f}")     # 指定最小宽度为10,小数位数为2,默认采
22                                             # 用右对齐,且高位补空格
23    print(f"指定宽度和小数位数:{a:015.4f}")    # 指定最小宽度为10,小数位数为2,高位补
24                                             # 0,默认采用右对齐
25    print(f"指定宽度和小数位数:{a:<015.4f}")   # 指定最小宽度为10,小数位数为2,高位补
26                                             # 0,采用左对齐
27    print(f"千位分隔符,:{a:,f}")                #千位分隔符,
28    print(f"千位分隔符_:{a:_f}")                #千位分隔符_
```

运行结果如下:

```
十进制整数:123
二进制整数:1111011
二进制整数:0b1111011
八进制整数:173
八进制整数:0o173
十六进制整数:7b
十六进制整数:0x7b
设置宽度: 123
设置宽度,高位补0:00000123
设置宽度:123
设置宽度,低位补0:12300000
设置宽度: 123
设置宽度:00123000
小数形式:12345.456789
指数形式:1.234546e+04
g形式:12345.5
指定宽度和小数位数: 12345.4568
指定宽度和小数位数:0000012345.4568
指定宽度和小数位数:12345.456800000
千位分隔符,:12,345.456789
千位分隔符_:12_345.456789
```

## 2.7 良好的编程习惯

### 2.7.1 注释

所谓注释,就是对某行或某段代码进行解释或说明。其目的是提高代码的可读性,使人易于理解;注释不会被编译器执行。另外,注释也是调试程序的重要方式。在一定条件下,可注释不希望编译或执行的某些代码,再进行必要的调试,以提高代码的执行效率。

Python 3 中的注释分为行注释和块注释两类。

#### 1. 行注释

行注释也称单行注释。在 Python 中,将"#"作为行注释的符号。其语法格式为:

```
# 注释内容
```

通常习惯在“#”后面加一个空格。例如：

```
# name 表示学生姓名
>>> name = "张三"        # 通常在赋值号的两侧各加一个空格以增强可读性
```

注释行既可放在代码的前一行，也可放在代码的右侧。

### 2. 块注释

块注释也称多行注释或三引号注释。在Python中，将(''' ··· ''')或者(""" ... """)作为块注释的符号，即三引号之间的任何语句都将被编译器忽略。其语法格式为：

```
'''
注释语句组
'''
```

或者

```
"""
注释语句组
"""
```

块注释通常置于Python文件、模块、类或函数前面，用于解释功能、版权等信息。

写程序的同时要尽可能详尽地注释，但也要注意：

(1) 注释应当浅显、明白、有意义，能充分解释变量的含义、代码的功能及用途等。

(2) 注释不是程序员指南，也不是标准函数库的参考手册。也就是说，注释不是源代码的翻译，其主要任务是答疑解惑，而不是增加程序的行数。在逻辑复杂、流程冗长的地方添加注释是绝对有必要的。

## 2.7.2 代码缩进

其他编程语言(如C++、Java等)用户可根据个人喜好随意放置代码。如图2.6所示的两段C++语言代码：

```
int a = 10;
if (a > 0)
cout << a << " is a positive number!\n";
else
cout << a << " is a negative number!\n";
```

```
int a = 10;
if (a > 0)
    cout << a << " is a positive number!\n";
else
    cout << a << " is a negative number!\n";
```

图2.6 C++语言代码片段

两段代码都可以编译、执行，但第一段由于没有缩进，明显比第二段缺乏层次感，可读性较差。特别是代码较长时，不仅不易于理解，调试也容易出错。

Python强制要求缩进，同级别代码的缩进量必须相同。对于类定义、函数定义、流程控制语句、异常处理语句等，通过采用代码缩进和冒号“:”区分层次。例如，上述C++代码改用Python为：

```
1  a = 10
2  if a > 0:
3      print(str(a) + " is a positive number!")
4  else:
5      print(str(a) + " is a negtive number!")
```

即行尾的冒号与下一行的缩进表示一个代码段的开始，而缩进结束表示一个代码段的结束。

需要注意，Python 中如果同级别代码段的缩进量不一致，则出现“Syntax error”的语法错误。例如，上述代码如改写为：

```
1    a = 10
2    if a > 0:
3    print(str(a) + " is a positive number!")
4    else:
5         print(str(a) + " is a negtive number!")
```

则会抛出“IndentationError: expected an indented block”的异常。

为避免这种异常，通常的做法是将 4 个空格作为同级别代码段的缩进量。

### 2.7.3　编码规范

孟子曰：“不以规矩，不能成方圆。”同样，编写 Python 代码时，也必须遵循一定的编码规范。这样既可增加代码的可读性，也可发现隐藏的问题(bug)，提高代码性能，对代码的理解与维护起到至关重要的作用。

Python 采用 PEP8(Python Enhancement Proposal 8，Python 增强建议书第 8 版)。现在许多 IDE(如 PyCharm)会自动提示用户遵守 PEP8。下面列出 PEP8 中常用的准则，如果需要掌握更加详尽的 Python 编码规范，可参考 PEP8 官方文档(https://www.Python.org/dev/peps/pep-0008)。

(1) 缩进：每个语句块使用 4 个空格(尽可能不使用 Tab 键)作为缩进量。

(2) 每行代码的最大长度为 79 个字符。如果超过最大长度，建议使用圆括号“()”将多行内容隐式地连接。

(3) 使用必要的空行增加代码的可读性。如用两个空行分割顶层函数和类定义，类中的方法用一个空行分割等。

(4) 核心 Python 发行版中的代码应使用 UTF8(或者 Python 2 中的 ASCII)。

(5) 若导入多个库函数，应该分开依次导入；导入总是放在文件的顶部，在任何模块注释和文档字符串之后，在模块全局变量和常量之间；导入应该按照标准库、第三方库、本地应用程序/特定库的次序进行。应避免通配符导入(import * )。

(6) 尽可能避免使用无关的空格，如括号或大括号内，逗号、分号或冒号前面加空格等。

(7) 进行必要的注释。

(8) 命名应规范。

- 模块尽量使用小写字母命名，首字母保持小写，尽量不使用下画线。
- 类名使用驼峰(CamelCase)命名风格，首字母大写，私有类可用一个下画线开头。
- 函数名一律小写，如有多个单词，可用下画线隔开。
- 私有函数可用一个下画线开头。
- 变量名尽量小写，常量名尽量大写，如有多个单词，可用下画线隔开。

### 2.7.4　Python 之禅

编程语言 Perl 曾在互联网领域长期占据统治地位，但过于强调“解决问题的灵活性”导致大型项目难以维护。鉴于Perl语言遇到的问题，一位名叫Tim Peters的程序员撰写了“Python之禅”，虽非出自Python创始人之手，但已被官方认可为编程规则。

在解释器或者命令窗口中直接输入“import this”并按回车键，会直接输出“Python之禅”的内容：

```
The Zen of Python, by Tim Peters                    # Python之禅 by Tim Peters

Beautiful is better than ugly.                      # 优美胜于丑陋。
Explicit is better than implicit.                   # 明了胜于晦涩。
Simple is better than complex.                      # 简洁胜于复杂。
Complex is better than complicated.                 # 复杂胜于凌乱。
Flat is better than nested.                         # 扁平胜于嵌套。
Sparse is better than dense.                        # 稀疏胜于紧凑。
Readability counts.                                 # 可读性至关重要。
Special cases aren't special enough to break the rules.
# 即便是特例,也不可违背以上规则。
Although practicality beats purity.                 # 尽管实用性破坏代码的纯粹。
Errors should never pass silently.
Unless explicitly silenced.
#除非刻意追求,错误不应跳过。
In the face of ambiguity, refuse the temptation to guess.
There should be one -- and preferably only one -- obvious way to do it.
Although that way may not be obvious at first unless you're Dutch.
# 面对歧义条件,拒绝尝试猜测。
# 解决问题的最优方案应该有且只有一个。
# 虽然这并不容易,因为你不是 Python 之父
Now is better than never.                           # 动手胜于空想。
Although never is often better than *right* now.    # 空想胜于不想。
If the implementation is hard to explain, it's a bad idea.
# 难以解释的实现方案,不是好方案。
If the implementation is easy to explain, it may be a good idea.
# 易于解释的实现方案,才是好方案。
Namespaces are one honking great idea -- let's do more of those!
# 命名空间是一种绝妙的理念,多多益善!
```

## 2.8 少年中国说——自信、自立、自强

### 2.8.1 思政导入

《少年中国说》是清朝末年梁启超(1873—1929)所作的散文，写于戊戌变法失败后的1900年。戊戌变法失败后，梁启超逃亡日本，但他并没有就此放弃变法图强的努力，到日本的当年就创办了《清议报》，通过媒介竭力推动维新运动的继续。当时帝国主义制造舆论，污蔑中国是“老大帝国”。为了驳斥帝国主义分子的无耻滥言，也纠正国内一些自暴自弃、崇洋媚外的奴性心理，唤起人民的爱国热情，激起民族自尊心和自信心，梁启超适时写下了《少年中国说》。文中极力歌颂少年的朝气蓬勃，热切希望出现“少年中国”，具有强烈的号召力和进取精神，寄托了作者对少年中国的热爱和期望。

在《少年中国说》中，梁启超写道：中国而为牛为马为奴为隶，则烹脔鞭棰之惨酷，惟我少年当之。中国如称霸宇内，主盟地球，则指挥顾盼之尊荣，惟我少年享之。于彼气息奄奄

与鬼为邻者何与焉？彼而漠然置之，犹可言也。我而漠然置之，不可言也。使举国之少年而果为少年也，则吾中国为未来之国，其进步未可量也。使举国之少年而亦为老大也，则吾中国为过去之国，其澌亡可翘足而待也。故今日之责任，不在他人，而全在我少年。少年智则国智，少年富则国富，少年强则国强，少年独立则国独立，少年自由则国自由，少年进步则国进步，少年胜于欧洲则国胜于欧洲，少年雄于地球则国雄于地球。红日初升，其道大光。河出伏流，一泻汪洋。潜龙腾渊，鳞爪飞扬。乳虎啸谷，百兽震惶。鹰隼试翼，风尘翕张。奇花初胎，矞矞皇皇。干将发硎，有作其芒。天戴其苍，地履其黄。纵有千古，横有八荒。前途似海，来日方长。美哉我少年中国，与天不老！壮哉我中国少年，与国无疆！

不难发现，《少年中国说》（节选）中频繁出现许多关键字。接下来通过 Python 字符串的相关理论知识进行词频统计。词频是文献计量学中传统且具有代表性的一种内容分析方法，也是文本处理考量的一种尺度。词频统计为学术研究提供了新的方法和视野，是文本挖掘的重要手段。

## 2.8.2　案例任务、分析和实现

根据给定的《少年中国说》（节选），输出讲话片段中“中国”、“少年”和“进步”3 个词出现的次数，以及第一次和最后一次出现的位置。

文章片段是字符串，可使用字符串类型表示，再利用 Python 提供的字符串检索方法 count 统计字符串中关键字出现的次数。

源代码如下：

```
1   text = '''中国而为牛为马为奴为隶，则烹脔鞭棰之惨酷，惟我少年当之。中国如称霸宇内，主
2   盟地球，则指挥顾盼之尊荣，惟我少年享之。于彼气息奄奄与鬼为邻者何与焉?彼而漠然置之，
3   犹可言也。我而漠然置之，不可言也。使举国之少年而果为少年也，则吾中国为未来之国，其
4   进步未可量也。使举国之少年而亦为老大也，则吾中国为过去之国，其澌亡可翘足而待也。
5   故今日之责任，不在他人，而全在我少年。少年智则国智，少年富则国富，少年强则国强，少年
6   独立则国独立，少年自由则国自由，少年进步则国进步，少年胜于欧洲则国胜于欧洲，少年雄
7   于地球则国雄于地球。红日初升，其道大光。河出伏流，一泻汪洋。潜龙腾渊，鳞爪飞扬。乳
8   虎啸谷，百兽震惶。鹰隼试翼，风尘翕张。奇花初胎，矞矞皇皇。干将发硎，有作其芒。天戴
9   其苍，地履其黄。纵有千古，横有八荒。前途似海，来日方长。美哉我少年中国，与天不老!壮
10  哉我中国少年，与国无疆!'''
11  num1 = text.count('中国')
12  num2 = text.count('少年')
13  num3 = text.count('进步')
14  print(" " * 10 + "出现次数 " + " 第一次出现位置 " + " 最后一次出现位置")
15  print("   中国" + " " * 7 + str(num1) + " " * 10 + str(text.find('中国')) + " " *
16  11 + str(text.rfind('中国')))
17  print("   少年" + " " * 7 + str(num2) + " " * 10 + str(text.find('少年')) + " " *
18  11+ str(text.rfind('少年')))
19  print("   进步" + " " * 7 + str(num3) + " " * 10 + str(text.find('进步')) + " " *
20  11 + str(text.rfind('进步')))
```

运行结果如下：

```
          出现次数    第一次出现位置    最后一次出现位置
中国         6             0                  369
少年         16            23                 371
进步         3             120                224
```

### 2.8.3 总结、启示和拓展

上述案例从实际出发，利用词频的概念和字符串查找的知识实现了关键词出现次数的统计。虽然该案例比较简单，但随着后续章节的学习，可以增加更多功能和效果，比如找出给定关键字出现的所有位置，分离词汇并统计各词汇的词频从而找出关键词等。

青年强，则国家强。当代中国青年生逢其时，施展才干的舞台无比广阔，实现梦想的前景无比光明。作为新时代青年，要坚定不移听党话、跟党走，怀抱梦想又脚踏实地，敢想敢为又善作善成，立志做有理想、敢担当、能吃苦、肯奋斗的新时代好青年，让青春在全面建设社会主义现代化国家的火热实践中绽放绚丽之花。

## 2.9 本章小结

本章从对 Python 关键字和标识符的介绍入手，分别介绍了 Python 变量的使用、基本数据类型（主要包括数字类型——整型、浮点型、复数类型和布尔类型、字符串类型）、运算符（算术运算符、赋值运算符、比较运算符、逻辑运算符、位运算符、成员运算符和身份运算符）和表达式，介绍了标准输入和输出函数的使用及编程时的一些良好习惯；最后结合《少年中国说》（节选）进行思政引导——自信、自立、自强。本章内容是 Python 的语法基础，需要重点掌握，多加练习，为后续编程奠定良好的理论基础。

## 2.10 巩固训练

**【训练 2.1】** 宋·洪迈在《容斋四笔·得意失意诗》中写道："久旱逢甘雨，他乡遇故知；洞房花烛夜，金榜题名时。"编写程序，输出人生四大喜事。运行结果如下：

```
☺人生四大喜事☺
久旱逢甘雨——第一喜
他乡遇故知——第二喜
洞房花烛夜——第三喜
金榜题名时——第四喜
```

**【训练 2.2】** 模拟成语填空游戏。运行结果（其中斜体字为所填字）如下：

```
  拒
  人
  千
忙  偷闲
请输入所缺字:里
  拒
  人
  千
忙里偷闲
```

**【训练 2.3】** 输入体重、身高和年龄，根据公式计算正常女性一天的基础代谢。计算公式为：女性的基础代谢=655+(9.6×体重)+(1.7×身高)−(4.7×年龄)，体重单位：kg，身高单位：cm。

【训练 2.4】 模拟打印超市购物小票。输入商品名称、价格、数量，算出应付金额。用户输入大额面值，实现找零和抹零功能，最后打印购物小票。假设只购买一种物品，运行结果如 2.7 所示。

【训练 2.5】 输入藏头诗，打印藏头诗句。输入和输出结果如图 2.8 所示。

```
Python超市收银系统
商品名称:egg
商品单价:2.56
数量:1.89
应付金额:4.84
实收:10
Python超市购物小票
商品名称  单价      数量
egg       2.56      1.89
应付:4.84
实收:10.0
找零5.2
```

图 2.7　超市购物小票示意图

```
请输入藏头诗:
伟哉造物真豪纵,
大鹏一举九万里。
变化纵横出新意,
革去方惊造化权。
藏头句为:
伟大变革
```

图 2.8　打印藏头诗示意图

【训练 2.6】 输入直角三角形的底和高，用勾股定理计算斜边长，并输出该三角形的斜边长。提示：需使用 math 模块中的 sqrt 函数求算术平方根，且输出结果保留两位小数。

# 第3章 流程控制

## 能力目标

【应知】 理解选择和循环的意义和基本实现语句。

【应会】 掌握单分支、双分支及多分支选择结构语句的使用方法；掌握实现无限循环操作的 while 语句、实现遍历操作的 for...in 语句、用于提前结束循环的 break 和 continue 语句。

【难点】 嵌套语句的使用，穷举法和迭代法的使用。

## 知识导图

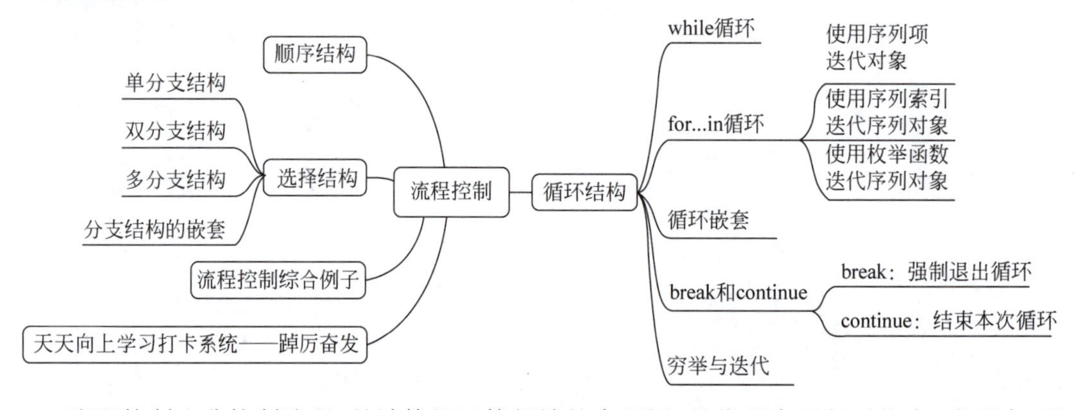


流程控制也称控制流程，是计算机运算领域的专用语，是指程序运行时指令(或程序、子程序、代码段)运行或求值的顺序。流程控制对于任何一门编程语言都是至关重要的，它提供了控制程序执行的方法。Python 语言提供了顺序结构、选择结构和循环结构 3 种流程控制。

## 3.1 顺序结构

顺序结构是程序中最简单的流程控制结构，按照代码出现的先后顺序依次执行。程序中的代码大多是顺序执行的，其结构流程图如图 3.1 所示。

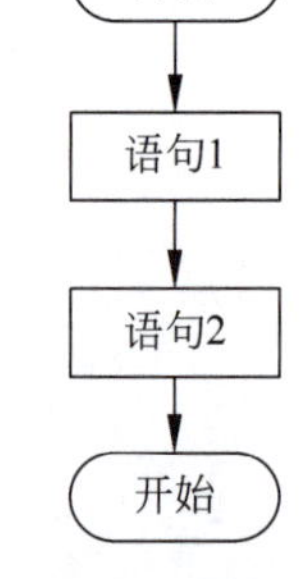


图 3.1 顺序结构流程图

本章之前编写的代码大多采用顺序结构。

【实例 3.1】 输出指定格式的日期。

```
1    # 处理日期和时间的模块库 datetime.date 是表示日期的类,datetime.datetime 是表示日期
2    # 时间的类
3    import datetime
4    # datetime.date.today()用于获取当前的日期,返回格式为 YYYY-mm-dd。
5    today = datetime.date.today()
6    oneday = datetime.timedelta(1)    # datetime.timedelta()表示两个时间之间的时间差
7    yesterday = today - oneday
8    tomorrow = today + oneday
9    print("今天是:" + str(today))
10   # strftime()函数接收时间元组,并返回可读字符串表示的时间,格式由参数 format 决定。
11   print("昨天是:" + yesterday.strftime("%y/%m/%d"))
12   print("明天是:" + tomorrow.strftime("%m-%d-%Y"))
```

其中,%Y：四位数的年份表示(0000～9999)。

%y：两位数的年份表示(00～99)。

%m：两位数的月份表示(01～12)。

%d：月份内的某一天(1～31)。

运行结果如下：

```
今天是:2023-09-26
昨天是:23/09/25
明天是:09-27-2023
```

## 3.2　选择结构

选择结构也称分支结构,用于判断给定条件,再根据判定结果控制程序流程。例如,日常生活中常见的登录即为选择结构,用户先输入用户名和密码,系统在数据库中查找并匹配。如果两者都与数据库中的记录保持一致,则登录成功,可以继续下面的操作;否则要重新输入或退出系统。Python 中常用的分支结构有单分支、双分支和多分支 3 种类型。

### 3.2.1　单分支结构

单分支结构是指只有一个分支,满足判断条件则执行相应语句。现实生活中的“如果天下雨,地会就湿”对应的就是单分支结构。

其结构化流程图如图 3.2 所示。

其语法结构为：

```
if 条件表达式:
    语句块
```

执行过程为：先判断条件,如果执行结果为真,则执行后续语句块,否则什么也不执行。

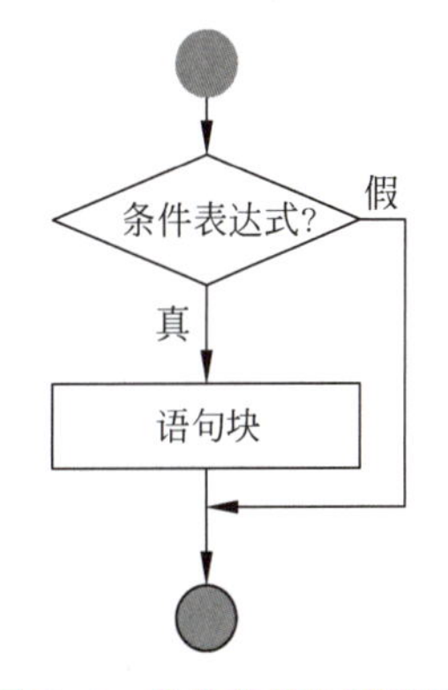


图 3.2　单分支结构流程图

说明：

(1)“条件表达式”可以是逻辑表达式、条件表达式、算术表达式等任意类型的表达式,只要能判断非零或非空即可。“语句块”可以是一条语句,也可以是多条语句。多条语句时,需保证

缩进对齐一致。

(2)“条件表达式”后面一定要加冒号“:”,这是初学者易犯错的地方。

【实例 3.2】 根据出生年份判断是否为成年人。

```
1    import datetime
2    year = int(input("请输入出生年份:"))
3    if datetime.date.today( ).year - year >= 18:   # datetime.date.today( ).year 表示获取
4                                                   # 当前日期的年份
5        print("是成年人!")
```

运行结果如下：

| 请输入出生年份:2015 | 请输入出生年份:2005<br>是成年人! |
|---|---|

【实例 3.3】 两个整数升序排列并输出。

```
1    a, b = input("input a,b:").split(" ")   # 一行输入多个数,用空格分开
2    print("排序前:" + a + "," + b)
3    if int(a) > int(b):
4            a, b = b, a    # 交换 a,b 两个数
5    print("排序后:" + a + "," + b)
```

运行结果如下：

```
input a,b:3 2
排序前:3,2
排序后:2,3
```

说明：在 Python 中,可直接使用语句“a, b = b, a”交换两个值,而在其他高级语言中必须引入中间变量实现交换,即“t=a, a=b, b=t”,这正是 Python 语言的精妙之处。

拓展：可以尝试实现 3 个整数升序排列,更多数的排序需采用其他高级数据类型实现。

## 3.2.2 双分支结构

若条件成立时需要执行某些操作,不成立时需执行另一些操作,则需采用双分支结构。例如身份验证时,密码正确可以登录系统,密码错误则要重新输入。其结构化流程图如图 3.3 所示。

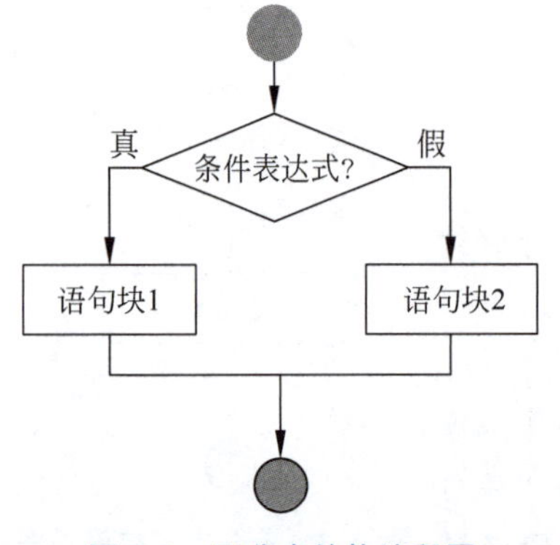


图 3.3 双分支结构流程图

对应的语法结构为：

```
if 条件表达式:
        语句块 1
else:
        语句块 2
```

其执行过程为：先判断条件表达式,如果结果为真或非零,则执行语句块 1,否则执行语句块 2。

注意：

(1) 双分支结构中的 else 语句不能独立存在,即有 else,一定有相应的 if,但有 if,不一定有 else。

(2) else 后面不需要加也不宜加条件表达式。

**【实例 3.4】** 求两个数中的较大者(此例题可使用 4 种方法实现)。

方法 1:使用单分支结构

```
1    a, b = input("input a,b:").split(" ")
2    max = int(a)
3    if (int(max) < int(b)):
4            max = int(b)
5    print("较大的数为:" + str(max))
```

方法 2:使用双分支结构

```
1    a, b = input("input a,b:").split(" ")
2    if (int(a) > int(b)):
3            print("较大的数为:" + a)
4    else:
5            print("较大的数为:" + b)
```

方法 3:使用三目运算符

```
1    a, b = input("input a,b:").split(" ")
2    max = int(a) if int(a) > int(b) else int(b)
3    print("较大的数为:" + str(max))
```

方法 4:使用内置函数 max

```
1    a, b = input("input a,b:").split(" ")
2    print("较大的数为:" + str(max(a, b)))
```

三目运算符也称三元运算符,其语法格式为:

```
(True_statements) if (expression) else (False_statements)
```

运算规则为:先对逻辑表达式 expression 求值,如果逻辑表达式返回 True,则执行并返回 True_statements 的值;如果逻辑表达式返回 False,则执行并返回 False_statements 的值。

很明显,三目运算符是双分支结构的一种紧凑表现形式。“条件为真的语句”和“条件为假的语句”可包含多条,语句格式有两种。

(1) 多条语句以英文**逗号**隔开,每条语句都会执行,程序返回多条语句的返回值组成的元组。如:

```
>>> a, b = input("input a,b:").split(" ")
>>> s = "No cross, no crown.", "a 大于 b" if a > b else "a 小于或等于 b"
>>> print(s)
```

当输入 10、20 时,运行结果为:

```
('No cross, no crown.', 'a 小于或等于 b')
```

(2) 多条语句以英文**分号**隔开,每条语句都会执行,程序只返回第一条语句的值。如:

```
>>> a, b = input("input a,b:").split(" ")
>>> s = "No cross, no crown."; "a 大于 b" if a > b else "a 小于或等于 b"
>>> print(s)
```

当输入 10、20 时,运行结果为:

```
No cross, no crown.
```

另外,三目运算符支持嵌套,通过嵌套三目运算符,可进行更复杂的判断。

### 3.2.3 多分支结构

在很多情况下,供用户选择的操作有多种,例如,根据空气质量指数判断天气状况并提供生活建议,或者根据百分制成绩判断成绩等级等。使用程序语句实现时,就可以使用多分支结构进行处理。其结构化流程图如图 3.4 所示。

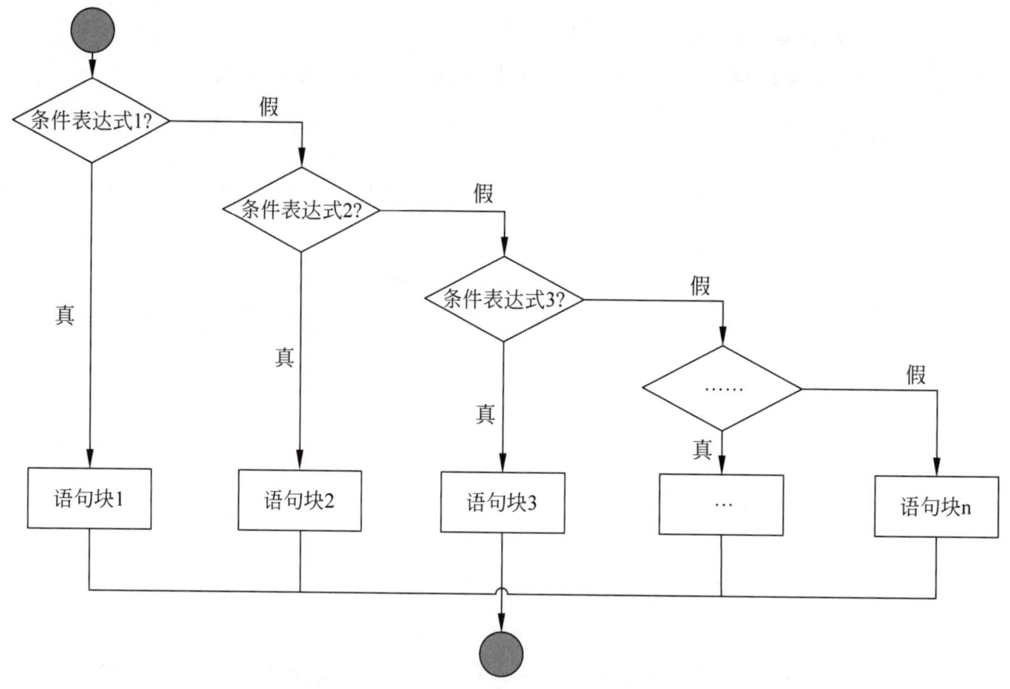


图 3.4　多分支结构流程图

对应的语法格式为：

```
if 条件表达式 1:
        语句块 1
elif    条件表达式 2:
        语句块 2
elif    条件表达式 3:
        语句块 3
…
else:
        语句块 n
```

执行过程为：先判断条件表达式 1，如果结果为真，则执行语句块 1；否则判断条件表达式 2，如果结果为真，则执行语句块 2……只有在所有表达式都为假的情况下，才执行 else 后的语句块 n。

【实例 3.5】 计算阶梯电价（阶梯电价是按照用户消费的电量分段定价，用电价格随用电量增加呈阶梯状逐级递增的一种电价定价机制，目的是减少资源浪费，提高能源利用效率。2023 年徐州市居民阶梯电价收费规则为：当每月用电量 0～230 度时为第一档，电价是 0.5283 元/度；当每月用电量 231～400 度时为第二档，电度单价在一档单价基础上加 0.05 元/度；当每月用电量为 401 度及以上时，电度单价在一档基础上加 0.3 元/度）。计算结果保留两位小数。

```
1    x = float(input("请输入每月用电量:"))
2    if x < 0:
3        print("输入错误!")
4    else:
5        if x <= 230:
6            y = 0.5283 * x
```

```
7        elif x <= 400:
8            y = (0.5283 + 0.05) * x
9        else:
10           y = (0.5283 + 0.3) * x
11   print("本月电费为 %.2f 元" % (y))
```

运行结果如下：

| 请输入每月用电量:-1<br>输入错误! | 请输入每月用电量:200<br>本月电费为 105.66 元 | 请输入每月用电量:400<br>本月电费为 231.32 元 | 请输入每月用电量:601<br>本月电费为 497.81 元 |
|---|---|---|---|

【实例 3.6】 根据空气质量指数进行生活建议。

空气质量指数(air quality index,AQI)是根据空气中的各种成分占比,将监测的空气浓度简化为单一概念型数值的形式,将空气污染程度和空气质量状况分级表示,用于反映城市的短期空气质量状况和变化趋势。具体数值及等级如表 3.1 所示。

表 3.1 AQI 数值、对应等级及生活建议

| AQI 数值 | 对应等级 | 生活建议 |
|---|---|---|
| 0～50 | 一级 优 | 空气清新,适宜参加户外活动 |
| 51～100 | 二级 良 | 可以正常进行户外活动 |
| 101～150 | 三级 轻度污染 | 敏感人群减少体力消耗大的户外活动 |
| 151～200 | 四级 中度污染 | 对敏感人群影响较大,减少户外活动 |
| 201～300 | 五级 重度污染 | 所有人适当减少户外活动 |
| >300 | 六级 严重污染 | 尽量不要留在户外 |

源代码如下：

```
1    x = int(input("请输入 AQI 数值:"))
2    if x < 0:
3        print("输入错误!")
4    else:
5        if x <= 50:
6            s = "一级,优,空气清新,适宜参加户外活动。"
7        elif x <= 100:
8            s = "二级,良,可以正常进行户外活动。"
9        elif x <= 150:
10           s = "三级,轻度污染,敏感人群减少体力消耗大的户外活动。"
11       elif x <= 200:
12           s = "四级,中度污染,对敏感人群影响较大,减少户外活动。"
13       elif x <= 300:
14           s = "五级,重度污染,所有人适当减少户外活动。"
15       else:
16           s = "六级,严重污染,尽量不要留在户外。"
17   print("空气质量为" + s)
```

运行结果如下：

```
请输入 AQI 数值:200
空气质量为四级,中度污染,对敏感人群影响较大,减少户外活动。
```

【实例 3.7】 学期末,李老师要根据学生的百分制总成绩给出对应等级：成绩 90 分以

上(包含90分)等级为“优秀”,成绩90～75分(包含75分)等级为“良好”,成绩75～60分(包含60分)等级为“及格”,60分以下为“不及格”。其中“Python程序设计”课程的百分制总成绩计算方法为：总成绩＝平时成绩×10％＋实验成绩×30％＋期末成绩×60％(备注：平时成绩、实验成绩和期末成绩满分均为100分)。请输入某位学生的平时成绩、实验成绩和期末成绩,输出总成绩及对应等级。

源代码如下：

```
1   usual, expe, final = input("请输入平时成绩、实验成绩和期末成绩(用","分隔):").split(',')
2   usual, expe, final = eval(usual), eval(expe), eval(final)
3   total = usual * 0.1 + expe * 0.3 + final * 0.6
4   print("该生最终成绩为" + str(total), end = ',')
5   if total > 100 or total < 0:
6           print("您的输入有误!")
7   elif total >= 90:
8           print("优秀")
9   elif total >= 75:
10          print("良好")
11  elif total >= 60:
12          print("及格")
13  else:
14          print("不及格")
```

运行结果如下：

```
请输入平时成绩、实验成绩和期末成绩(用","分隔):100,90,90
该生最终成绩为91.0,优秀
```

### 3.2.4 分支结构的嵌套

分支结构的嵌套是指实际开发过程中,在一个分支结构中嵌套另一个分支结构。基本语法格式如下：

```
if 条件表达式1:
    语句块1
    if 条件表达式2:
        语句块2
    else:
        语句块3
else:
    if 条件表达式3:
        语句块4
```

从语法角度讲,选择结构可有多种嵌套形式。程序员可根据需要选择合适的嵌套结构,但一定要注意控制不同级别代码块的缩进量,因为缩进量决定代码块的从属关系。

**【实例3.8】** 分段函数求值 $f(x)=\begin{cases} x & x\leqslant 1 \\ 2x-1 & 1<x<10 \\ 3x-11 & x\geqslant 10 \end{cases}$。

源代码如下：

```
1   x = float(input("input x:"))
2   if x <= 1:
```

```
3           y = x
4       else:
5           if x < 10:
6               y = 2 * x - 1
7           else:
8               y = 3 * x - 11
9       print("x = " + str(x) + ",f(x) = " + str(y))
```

运行结果如下：

| input x:0.5<br>x = 0.5,f(x) = 0.5 | input x:5<br>x = 5.0,f(x) = 9.0 | input x:20<br>x = 20.0,f(x) = 49.0 |
|---|---|---|

也可以不使用嵌套语句，而使用多分支结构实现。

```
1   x = float(input("input x:"))
2   if x <= 1:
3       y = x
4   elif x < 10:
5       y = 2 * x - 1
6   else:
7       y = 3 * x - 11
8   print("x = " + str(x) + ",f(x) = " + str(y))
```

很明显，多分支结构比分支嵌套可读性更强，Python之禅中有一句话："Flat is better than nested"，扁平胜于嵌套，所以能扁平化时尽量不要嵌套。

## 3.3 循环结构

如果需要重复执行某条或某些指令，例如"中国诗词大赛"中的"飞花令"，选手要根据给定的关键字，在规定的时间内轮流背诵含关键字的诗句，直至时间结束。重复执行类似动作就是循环结构。Python提供两种循环结构语句：while循环和for...in循环。前者根据条件返回值的情况决定是否执行循环体，后者采用遍历的形式指定循环范围。要更灵活地操纵循环语句的流向，还需使用break、continue和pass等语句。

### 3.3.1 while循环

while循环也称无限循环，是由条件控制的循环运行方式，一般用于循环次数难以提前确定的情况。while循环的语法格式为：

```
while 条件表达式:
    循环体
[else:
语句块]
```

其中，"条件表达式"可以是任意非空或非零的表达式，"循环体"可以是单条语句或语句块，方括号内的else子句可以省略。

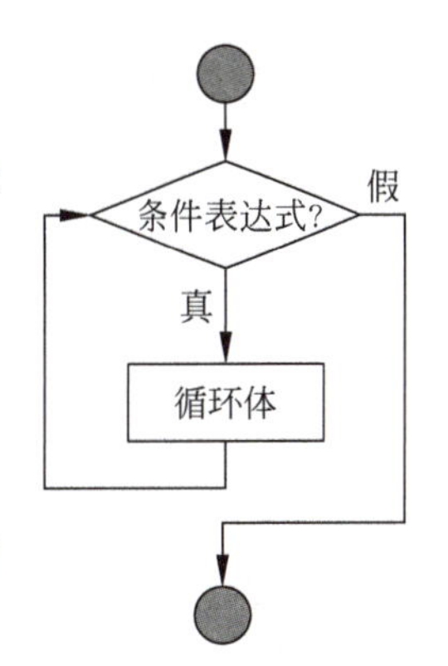

图3.5 while循环结构流程图

流程图如图3.5所示。

执行过程：先判断条件表达式，如果结果为真，则执行循环体，继续进行条件判断；否则循环结束。

【实例 3.9】 求 $\sum_{i=1}^{100} i$。

算法分析：设计循环算法需要考虑循环三要素：循环初值、结束条件和增量(步长)。本例中，循环变量为 i，初值为 1，结束条件或终值为 100，步长为 1。另外，还需要一个变量存储累加和，其初值为 0。对应的结构化流程图如图 3.6 所示。

源代码如下：

```
1    sum, i = 0, 0
2    while i <= 100:
3        sum += i
4        i = i + 1
5    print("sum = " + str(sum))
```

运行结果如下：

```
sum = 5050
```

拓展：$1+3+\cdots+99$、$\prod_{i=1}^{100} i$、$\sum_{i=1}^{n} i$、$\sum_{i=m}^{n} i$ 等类似累加和或累乘积的计算。

【实例 3.10】 求若干名学生某门课程的平均成绩。

算法分析：循环变量为学生人数，初值为 0，终值为学生人数 n，步长为 1。循环体累加每名学生的成绩，循环结束后求成绩和的平均值。其结构化流程图如图 3.7 所示。

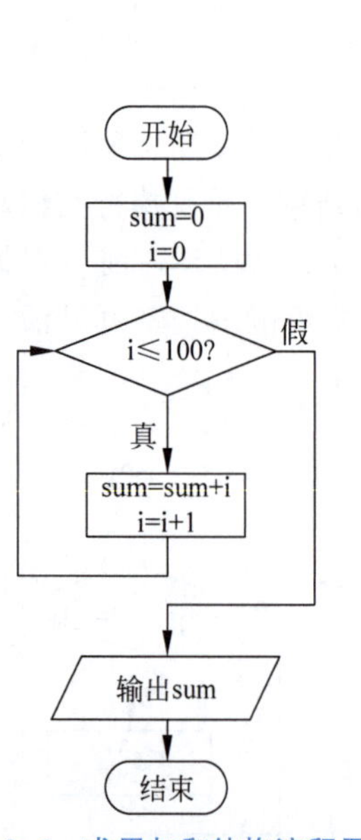


图 3.6 求累加和结构流程图

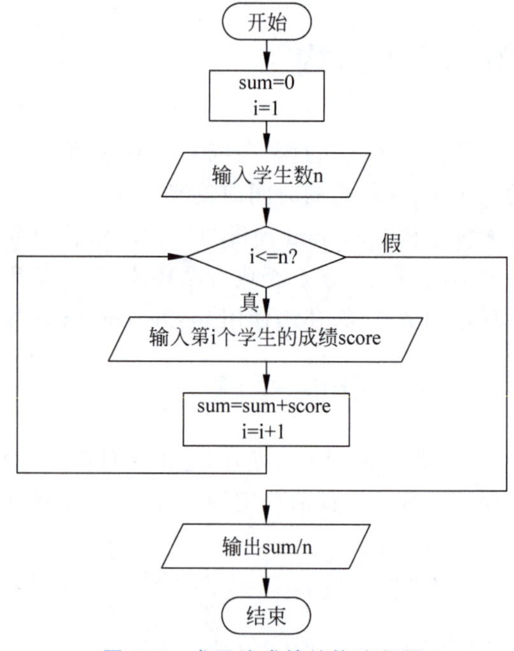


图 3.7 求平均成绩结构流程图

源代码如下：

```
1    sum,i = 0,1
2    n = int(input("请输入学生人数:"))
```

```
3    while i <= n:
4        score = float(input("NO " + str(i) + ": "))
5        sum += score
6        i = i + 1
7    print("平均成绩为 " + str(sum / n) + "分。")
```

运行结果如下：

```
请输入学生人数:5
NO 1: 100
NO 2: 85.5
NO 3: 98.7
NO 4: 95
NO 5: 65
平均成绩为 88.84 分。
```

循环结构中也可使用 else 子句，表示不满足循环条件时程序的执行流程。

【实例 3.11】 循环结构中使用 else 子句示例。

```
1    count = 0
2    while count < 5:
3        print(str(count) + " is less than 5.")
4        count = count + 1
5    else:
6        print(str(count) + " is not less than 5.")
```

运行结果如下：

```
0 is less than 5.
1 is less than 5.
2 is less than 5.
3 is less than 5.
4 is less than 5.
5 is not less than 5.
```

可见，当循环条件“count＜5”满足时，执行循环体，当不满足循环条件时，执行“print (str(count)＋" is not less than 5.")”。

## 3.3.2 for...in 循环

Python 中的另一种循环结构是 for...in 循环语句，其与 Java、C++ 等编程语言中的 for 语句不同，更像是 shell 或脚本语言中的 for 循环，可遍历列表、元组、字符串等序列成员，也可用于列表解析和生成器表达式中。

### 1. 使用序列项迭代序列对象

通过 for...in 循环可迭代序列对象的所有成员，并在迭代结束后自动结束循环，其语法如下：

```
for iterating_var in list:
    循环体
```

其中，iterating_var 为迭代变量，list 为序列(字符串、列表、元组、字典、集合)。执行时，迭代变量依次取序列中元素的值，直至取完，退出循环。

对应的结构化流程图如图 3.8 所示。

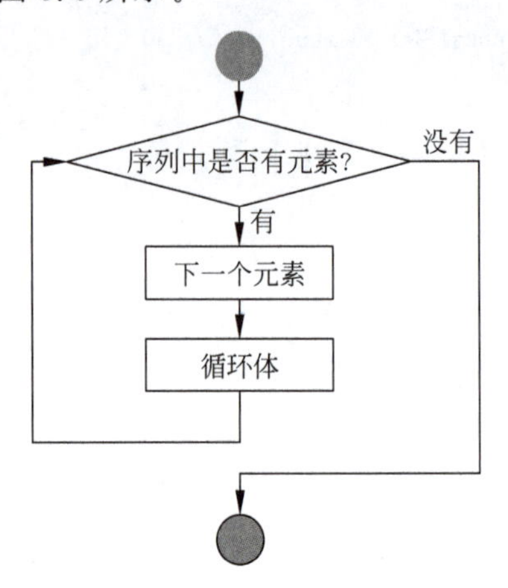


图 3.8　迭代序列 for...in 循环结构流程图

【实例 3.12】　统计字符串中各类字符的个数。

算法分析：使用迭代变量遍历序列(字符串)中的每个元素，分别判断其所属类型，并将对应个数加 1，直至遍历结束。结构化流程图如图 3.9 所示。

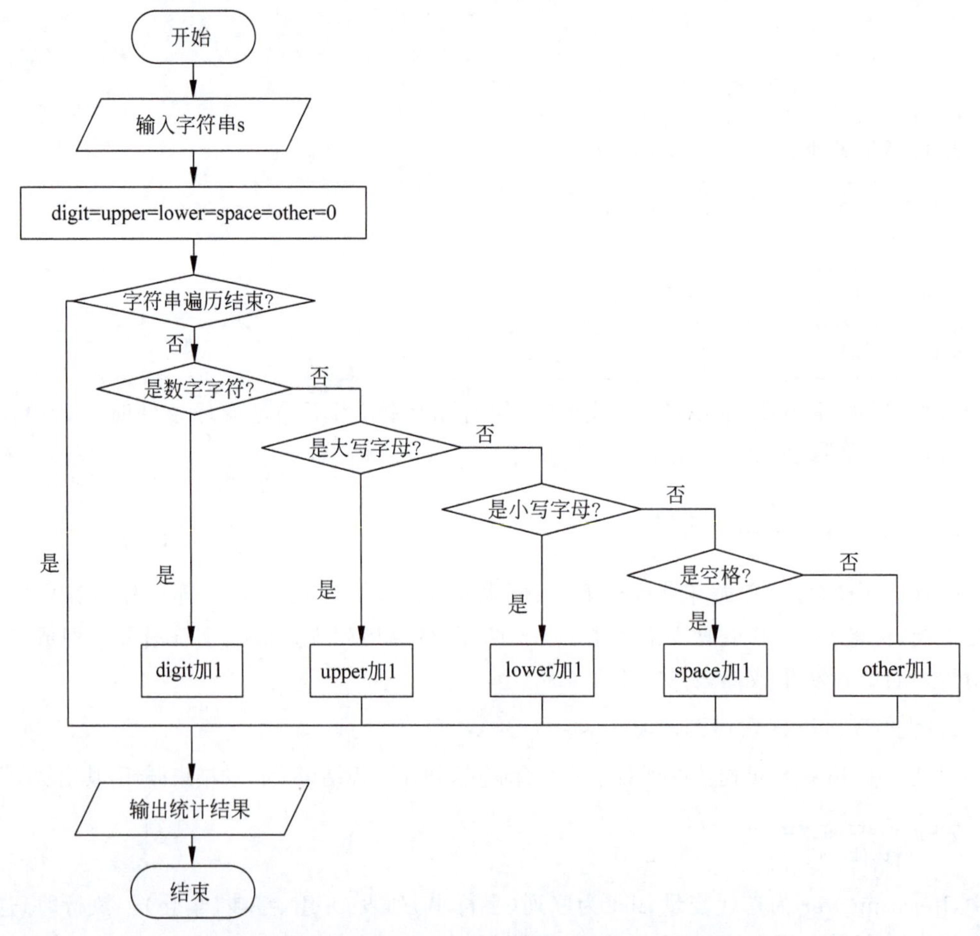


图 3.9　统计字符串中各类字符个数的结构流程图

源代码如下：

```
1    s = input("请输入一个字符串:")
2    digit,upper,lower,space,other = 0,0,0,0,0   # 数字字符,大写字符,小写字符,空格字符,
3                                                # 其他字符的个数
4    for i in s:
5        if i >= '0' and i <= '9':      #判断 i 是否为数字字符
6            digit = digit + 1
7        elif i >= 'A' and i <= 'Z':    #判断 i 是否为大写字母
8            upper = upper + 1
9        elif i >= 'a' and i < 'z':     #判断 i 是否为小写字母
10           lower = lower + 1
11       elif i == ' ':                 #判断 i 是否为空格字符
12           space = space + 1
13       else:                          #其他字符
14           other = other + 1
15   print("数字字符:%d\n大写字母:%d\n小写字母:%d\n空格字符:%d\n其他字符:%d\n"
16   %(digit,upper,lower,space,other))
```

运行结果如下：

```
请输入一个字符串:Life is short, we need Python!
数字字符:0
大写字母:2
小写字母:21
空格字符:5
其他字符:2
```

其中，实现字符分类的循环体也用内置函数代替，如：

```
1    if i.isdigit( ):            #判断 i 是否为数字字符
2        digit = digit + 1
3    elif i.isupper( ):          #判断 i 是否为大写字母
4        upper = upper + 1
5    elif i.islower( ):          #判断 i 是否为小写字母
6        lower = lower + 1
7    elif i.isspace( ):          #判断 i 是否为空格字符
8        space = space + 1
9    else:
10       other = other + 1
```

内置函数 i.isdigit、i.isupper、i.islower、i.isspace 分别用于判断 i 是否为数字字符、大写字母、小写字母和空格字符。

### 2. 使用序列索引迭代序列对象

在 for…in 循环结构中，也可使用序列索引遍历列表，语法格式如下：

```
for index in range(len(list)):
    循环体
```

其中，index 为序列的索引项，内置函数 range 为计数函数，len 获取序列长度。

**【实例 3.13】** 统计字符串中各类字符的个数(range 版)。

```
1    s = input("请输入一个字符串:")
2    digit = upper = lower = space = other = 0   # 数字字符、大写字母、小写字母、空格和其
```

```
3                                                   # 他字符的个数
4    for i in range(len(s)):
5        if s[i].isdigit( ):                        # 判断 i 是否为数字字符
6            digit = digit + 1
7        elif s[i].isupper( ):                      # 判断 i 是否为大写字母
8            upper = upper + 1
9        elif s[i].islower( ):                      # 判断 i 是否为小写字母
10           lower = lower + 1
11       elif s[i].isspace( ):                      # 判断 i 是否为空格字符
12           space = space + 1
13       else:
14           other = other + 1
15   print("数字字符:%d\n大写字母:%d\n小写字母:%d\n空格字符:%d\n其他字符:%d\n"
16    %(digit, upper, lower, space, other))
```

运行结果如下：

```
请输入一个字符串:I am a student, I am 20 years old!
数字字符:2
大写字母:2
小写字母:20
空格字符:8
其他字符:2
```

使用 range 函数可得到用于迭代的索引列表，使用索引下标“[]”可以方便快捷地访问序列对象。另外，还可使用 range 函数实现类似 Java、C++等传统编程语言的 for 循环结构，即从循环三要素角度出发设计循环结构，语法格式为：

```
range([start,] end[, step=1])
```

其中，range 函数会返回一个整数序列，可选项 start 为序列初值(循环变量初值)，end 为序列终止值(循环变量终值，且不含 end 本身)，可选项 step 为步长或增量，默认为 1。

**【实例 3.14】** 求 $\sum_{i=1}^{100} i$(range 版)。

```
1   sum = 0
2   for i in range(1, 101, 1):
3       sum = sum + i
4   print("sum=" + str(sum))
```

运行结果如下：

```
sum=5050
```

显然，此时的 for…in 循环与 while 循环完全等价。

### 3. 使用枚举函数迭代序列对象

Python 内置函数 enumerate 用于将一个可遍历的数据对象(列表、元组或字符串)组合为一个索引序列，同时列出数据和下标，一般用于 for…in 循环中。其语法格式为：

```
for index, iterating_var in enumerate(list, start_index=0):
    循环体
```

其中，index 返回索引计数，iterating_var 为与索引计数相对应的索引对象成员，list 为待遍历的序列对象，start_index 为返回的起始索引计数，默认值为 0。

【实例 3.15】 打印学生花名册。

```
1    name_list = ["李白", "孟浩然", "王维", "李绅"]   # name_list 的数据类型为列表 list
2    for index, name in enumerate(name_list):
3        print(index, name)
```

运行结果如下：

```
0 李白
1 孟浩然
2 王维
3 李绅
```

## 3.3.3 循环嵌套

允许在一个循环结构中嵌入另一个循环结构，称为循环嵌套。在 Python 中，for...in 循环结构和 while 循环结构都可进行循环嵌套。如：

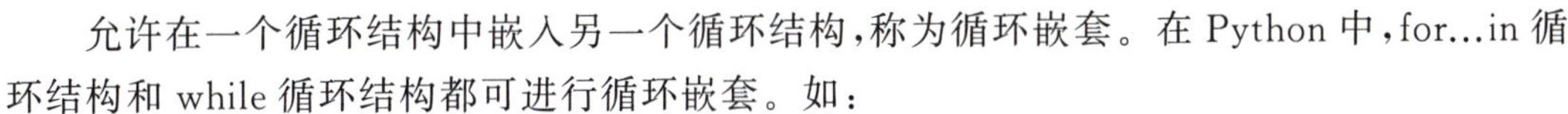

```
while condition_expression 1:
    for index in range(len(list)):
        循环体
```

for...in 循环结构可嵌入 while 循环结构，while 循环结构也可嵌入 for...in 循环结构，还可以根据自身需要任意嵌套。

【实例 3.16】 打印九九乘法表(下三角形)。

算法分析：从结构看，九九乘法表是二维形式，单重循环无法实现。从内容看，第一个乘数每行一致，第二个乘数同行每列依次加 1，故使用两重循环。外循环控制第一个乘数(迭代变量从 1 到 9)，内循环控制第二个乘数。因为要求按照下三角形打印，所以内循环迭代变量只能从 1 到 i。结构化流程图如图 3.10 所示。

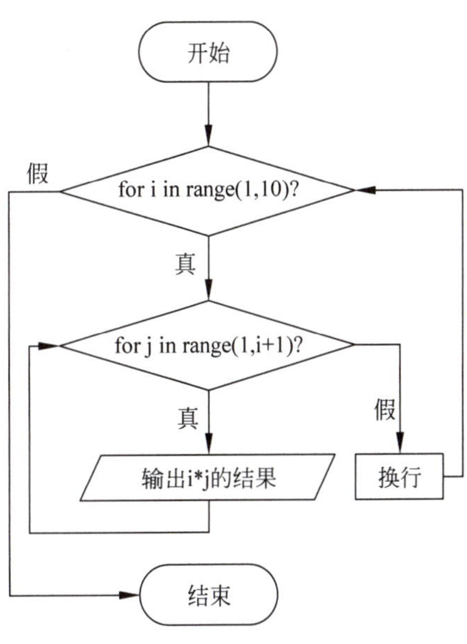


图 3.10 打印九九乘法表结构流程图

源代码如下：

```
1    for i in range(1, 10):
2        for j in range(1, i + 1):
3            print(str(i) + "*" + str(j) + "=" + str(i * j), end = " ")
4        print()        # 每行末尾换行
```

运行结果如下：

```
1 * 1 = 1
2 * 1 = 2 2 * 2 = 4
3 * 1 = 3 3 * 2 = 6 3 * 3 = 9
4 * 1 = 4 4 * 2 = 8 4 * 3 = 12 4 * 4 = 16
5 * 1 = 5 5 * 2 = 10 5 * 3 = 15 5 * 4 = 20 5 * 5 = 25
```

```
6 * 1 = 6 6 * 2 = 12 6 * 3 = 18 6 * 4 = 24 6 * 5 = 30 6 * 6 = 36
7 * 1 = 7 7 * 2 = 14 7 * 3 = 21 7 * 4 = 28 7 * 5 = 35 7 * 6 = 42 7 * 7 = 49
8 * 1 = 8 8 * 2 = 16 8 * 3 = 24 8 * 4 = 32 8 * 5 = 40 8 * 6 = 48 8 * 7 = 56 8 * 8 = 64
9 * 1 = 9 9 * 2 = 18 9 * 3 = 27 9 * 4 = 36 9 * 5 = 45 9 * 6 = 54 9 * 7 = 63 9 * 8 = 72 9 * 9 = 81
```

**拓展**：打印上三角九九乘法表、钻石等图形。

**【实例 3.17】** 求 1!+2!+…+20!。

**算法分析**：求 n!要用循环结构实现，累加和也要用循环结构实现，故采用双重循环。外循环计算累加和，内循环求 n!。结构化流程图如图 3.11 所示。

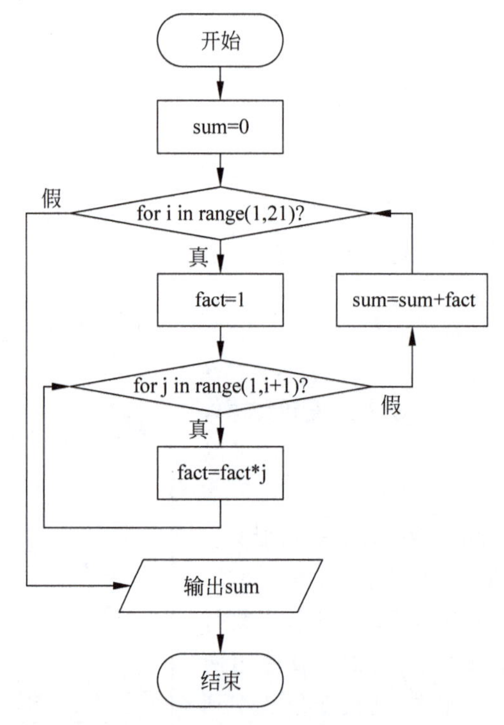


图 3.11　阶乘和结构流程图

源代码如下：

```
1    sum = 0  # 累加和
2    for i in range(1, 21):                 #外循环,用于累加和
3        fact = 1                           # 存放 n!
4        for j in range(1, i + 1):          #内循环,用于计算 i!
5            fact = fact * j
6        sum = sum + fact
7    print("sum = " + str(sum))
```

运行结果如下：

```
sum = 2561327494111820313
```

观察运行过程可以发现，双重循环计算累加和时，每次都是从 1 开始计算 n!。事实上 n!=(n−1)!*n，故可使用单重循环实现。优化后的代码如下：

```
1    sum = 0                            # 累加和
2    fact = 1                           # 存放 n!
3    for i in range(1, 21):
4        fact = fact * i                #直接使用 n!=(n-1)! * n 计算 n!
5        sum = sum + fact
6    print("sum = " + str(sum))
```

循环结构中可嵌套另一循环结构，也可嵌套选择结构，反之亦然。

【实例 3.18】 列出 1～200 之间的所有素数，要求每行输出 10 个数(标志变量版)。

算法分析：素数是只能被 1 和本身整除的自然数。判断 n 是否为素数的方法为：依次除以 2～$\sqrt{n}$，如果能整除，则不是素数。这个过程需使用单重循环嵌套选择结构实现。而列出 1～200 之间的所有素数也需要循环实现，故使用双重循环完成。流程图如图 3.12 所示。

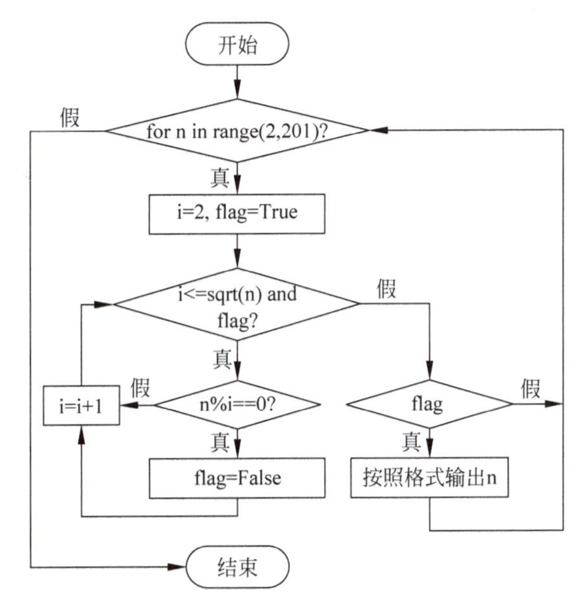


图 3.12　实例 3.18 结构流程图

源代码如下：

```
1    import math                          # math 模型库,sqrt()函数需要使用
2    count = 0                            #累计素数个数
3    for n in range(2, 201):              #外循环遍历 2～200
4        i,flag = 2,True
5        while i <= math.sqrt(n) and flag: #内循环判断每个数是否为素数
6            if n % i == 0:               #如果能够整除,则不是素数,将 flag 置为 False
7                flag = False
8            i = i + 1
9        if flag:                         #如果是素数,则打印
10           count = count + 1
11           print(n, end = "\t")
12           if count % 10 == 0:          #控制每行 10 个
13               print()
```

运行结果如下：

```
2    3    5    7    11   13   17   19   23   29
31   37   41   43   47   53   59   61   67   71
73   79   83   89   97   101  103  107  109  113
127  131  137  139  149  151  157  163  167  173
179  181  191  193  197  199
```

说明：本实例中外循环使用 for...in 结构，内循环使用 while 结构，并在内循环中嵌入分支结构进行整除判断。引入标志变量 flag 标志 n 是否为素数（默认值为 True），一旦判断能够整除（即不是素数），则修改 flag 值为 False，内循环条件执行为否，退出内循环。引入计数变量 count 记录每行打印个数。

### 3.3.4　break 和 continue

在循环结构中，大多数情况下当循环条件满足时，会一直执行循环体，直至循环条件不满足。但有时需要在某种条件下提前结束循环，实现方法有两种：一是使用标志变量，如实例 3.18 中的 flag，通过 flag 值的变化，在循环未正常结束时提前退出循环；二是使用 break 实现。

break 语句可以终止当前循环。一般与 if 语句搭配使用，表示在某种条件下提前结束循环。

【实例 3.19】　break 语句示例。

```
1    n = int(input("n:"))
2    for i in range(1, 11):
3        if i == n:
4            break
5    print(i, end = ",")
```

运行结果如下：

| n:5<br>1,2,3,4, | n:20<br>1,2,3,4,5,6,7,8,9,10, |
|---|---|

从运行结果可以看出，当 i 的迭代次数小于 10 时，循环会提前结束。

注意：使用嵌套循环时，break 语句只跳出最内层的循环。

【实例 3.20】　列出 1～200 的所有素数，要求每行输出 10 个数（break 版）。

```
1     import math                          # math 模型库,sqrt()函数需要使用
2     count = 0
3     for n in range(2, 201):              #外循环遍历数据
4         i = 2
5         while i <= math.sqrt(n):         #内循环判断是否为素数
6             if n % i == 0:               #能整除,则不是素数,判断结束
7                 break
8             i = i + 1
9         if i > math.sqrt(n):             #是素数
10            count = count + 1
11            print(n, end = "\t")
12            if count % 10 == 0:          #控制每行 10 个
13                print()
```

说明：结束内循环有两种途径：①n 是素数，正常结束，即所有的 n%i!=0，此时 i>sqrt(n)；②n%==0，即 n 不是素数，提前结束循环。所以 break 版与标志变量版在输出素数时条件正好相反。

有时只在一定条件下不执行本次循环体，而继续执行下一轮循环，此时需使用另一种语句——continue。

continue 是另一种提前结束循环的语句，与 break 不同，continue 只结束本次循环，继续后续操作。

【实例 3.21】 continue 语句示例。

```
1    n = int(input("n:"))
2    for i in range(1, 11):
3        if i == n:
4            continue
5        print(i, end = ",")
```

运行结果如下：

| n:5<br>1,2,3,4,6,7,8,9,10, | n:20<br>1,2,3,4,5,6,7,8,9,10, |
|---|---|

从运行结果可以看出，当 n<10 时，不执行本次循环，而继续执行后续循环。

【实例 3.22】 break 与 continue 语句的区别示例。

```
1     import random
2     n = random.randint(0, 10)
3     print("您选择的是", n)
4     for i in range(1,11):
5         if i == n:
6             print(i, "结束了。")
7             break
8         if i % 3 != 0:
9             print(i, "继续!")
10            continue
11        print('I love Python!')
```

运行结果如下：

|  |  |
|---|---|
| 您选择的是 4 | |
| 1 继续! | # 满足 i%3!=0，执行 continue，进行下一次循环 |
| 2 继续! | |
| I love Python! | # 两个判断条件都不满足 |
| 4 结束了。 | # 满足 i==n，执行 break，退出循环 |

此程序段的执行过程也可用图 3.13 表示。

## 3.3.5 穷举与迭代

### 1. 穷举

穷举法也称枚举法或列举法，是计算机求解问题时常用的算法，用于解决通过公式推导、规则演绎等方法不能解决的问题。其基本思想是：不重复、不遗漏地列举所有可能的情

```
1   import random
2
3   n = random.randint(0, 10)
4   print("您选择的是", n)
5   for i in range(1,11):
6       if i == n:
7           print(i, "结束了。")
8           break
9       if i % 3 != 0:
10          print(i, "继续！ ")
11          continue
12      print('I love Python!')
```

图 3.13　break 与 continue 语句的区别示意图

况，以便从中寻找满足条件的结果。采用穷举法解决实际问题时，主要使用循环结构嵌套选择结构实现——循环结构用于列举所有可能的情况，而选择结构用于判断当前条件是否为所求解，其一般框架为：

```
for 循环变量 x 的所有可能的值:
    if x 满足指定条件:
        x 即为所求解
```

【实例 3.23】（百钱买百鸡）我国古代数学家张丘建在《算经》一书中提出的数学问题：鸡翁一值钱五，鸡母一值钱三，鸡雏三值钱一。百钱买百鸡，问鸡翁、鸡母、鸡雏各几何？

算法分析：假设有 x 只鸡翁（即公鸡），y 只鸡母（即母鸡），则鸡雏（小鸡）有（100－x－y）只。根据题意，一只公鸡需要五钱，一只母鸡需要三钱，一只小鸡需要一钱，故可以列方程 $5*x+3*y+\frac{1}{3}*(100-x-y)=100$。这是一个不定式方程，不能利用普通的公式推导得出结论，最常用的解法是枚举，将所有可能的情况一一列举出来。流程图如图 3.14 所示。

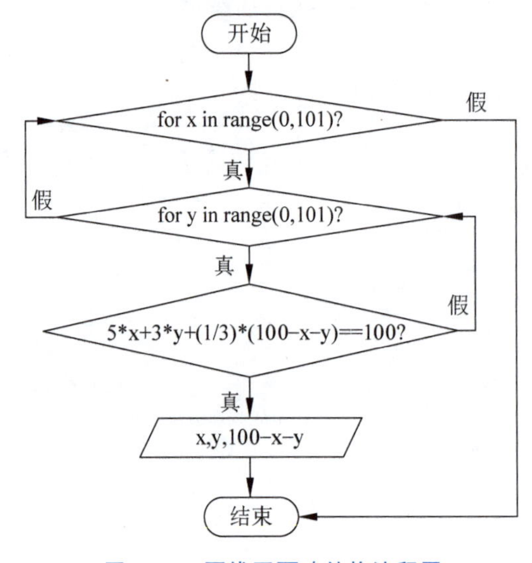


图 3.14　百钱买百鸡结构流程图

```
1   for x in range(101):
2       for y in range(101):
3           if 5 * x + 3 * y + (1/3) * (100 - x - y) == 100:
4               print(x, y, (100 - x - y))
```

运行结果如下：

```
0 25 75
4 18 78
8 11 81
12 4 84
```

当然,此程序可以优化。由题意可知,公鸡最多20只,母鸡最多33只,所以可将程序优化为:

```
1    for x in range(21):
2        for y in range(34):
3            if 5 * x + 3 * y + (1/3) * (100 - x - y) == 100:
4                print(x, y, (100 - x - y))
```

### 2. 迭代

迭代是另一种常用的循环算法,其利用计算机运行速度快,适合重复操作的特点,使计算机对一组语句进行重复操作,且后一次的操作数基于前一次的执行结果。用迭代法求解实际问题时,需要考虑两方面的问题。

(1) 确定迭代变量:由旧值直接或间接递推而来的变量就是迭代变量。

(2) 建立迭代关系式:迭代关系式即“循环不变式”,是一个直接或间接由旧值递推出新值的表达式。

**【实例3.24】** (斐波那契数列)意大利著名的数学家斐波那契在《计算之书》中提出了一个有趣的兔子问题:一对成年兔子每个月恰好生下一对小兔子(一雌一雄)。年初时,只有一对小兔子。第一个月结束时,它们成长为成年兔子,第二个月结束时,这对成年兔子将生下一对小兔子。这种成长与繁殖的过程会一直持续,并假设生下的小兔子都不会死,那么一年之后共有多少对小兔子?(为清楚描述数列,打印前20项)

**算法分析:**斐波那契数列(Fibonacci sequence),又称黄金分割数列、兔子数列。从问题的描述可以发现,年初时只有一对小兔子,第二个月这对小兔子长成中兔子(兔子总数为1对);第三个月中兔子长成大兔子并生下一对小兔子(兔子总数为2对);第四个月小兔子长成中兔子,大兔子再生下一对小兔子(兔子总数为1+1+1=3对)……可用表3.2描述这个过程。

表3.2 斐波那契数列的变化过程

| 月数 | 小兔子对数 | 中兔子对数 | 大兔子对数 | 兔子总数 |
|---|---|---|---|---|
| 1 | 1 | 0 | 0 | 1 |
| 2 | 0 | 1 | 1 | 1 |
| 3 | 1 | 0 | 1 | 2 |
| 4 | 1 | 1 | 1 | 3 |
| 5 | 2 | 1 | 2 | 5 |
| 6 | 3 | 2 | 3 | 8 |
| … | … | … | … | … |

可以看出,斐波那契数列为1,1,2,3,5,8,…从第三个数开始,后一个数为前两个数之和。可使用迭代法求解,迭代表达式为:

$$F(n)=\begin{cases}1 & n=1 \parallel n=2\\ F(n-1)+F(n-2) & n>2\end{cases}$$

其中,n为1或2时为迭代出口。

流程图如图3.15所示。

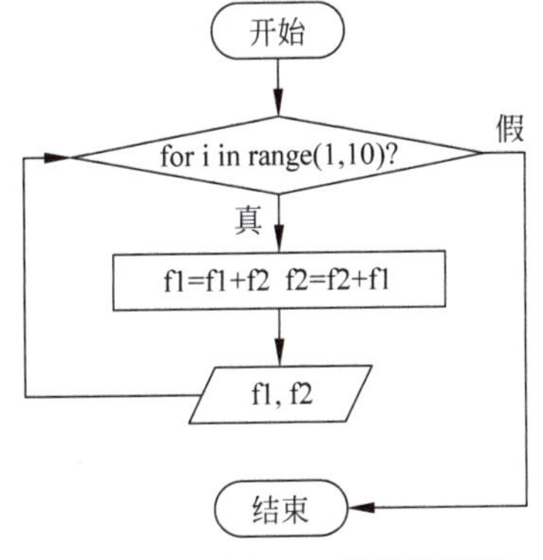

图3.15 实例3.24结构流程图

```
1    f1 = f2 = 1                    # 迭代变量的初值
2    print(f1, f2, end = " ")       # 先输出前两个数
```

```
3    for f_index in range(1, 10):          # 每次输出两个数,一共输出 10 个数
4        f1 = f1 + f2                      # 迭代表达式,后一个数为前两个数的和
5        f2 = f2 + f1
6        print(f1, f2, end = " ")
```

运行结果如下：

```
1 1 2 3 5 8 13 21 34 55 89 144 233 377 610 987 1597 2584 4181 6765
```

## 3.4 流程控制综合例子

【实例 3.25】 设计小型的加减乘除测试程序(由系统随机给出 10 道加减乘除运算题目,运算数和运算符都由系统随机给出,系统自动给出答题结果和运算时间)。

算法分析：此实例需要循环与多分支结构嵌套,循环负责控制题目数量,分支结构检测加减乘除并进行相应计算。流程图如图 3.16 所示。

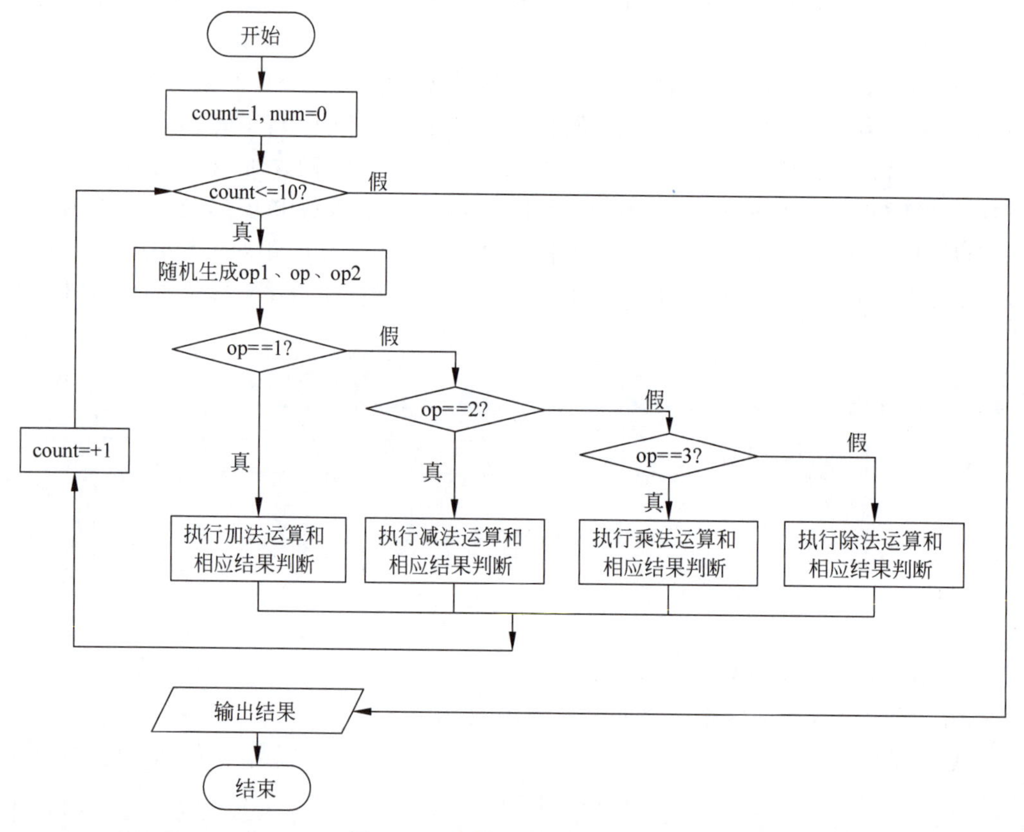


图 3.16 实例 3.25 结构流程图

源代码如下(为简单起见,将操作数规定为不大于 10 的数)：

```
1    import random                         # 随机函数库
2    import time                           # 时间库
3    count, num = 1, 0                     # 分别表示题目数量,答对的题目数量
```

```
4    begin_time = time.time()          # 取当前系统时间,单位为秒
5    while count < 11:
6        op1 = random.randint(1, 11) # 随机生成一个不大于 10 的整数,作为第一个操作数
7        op2 = random.randint(1, 11) # 随机生成一个不大于 10 的整数,作为第二个操作数
8        op = random.randint(1, 4)   # 随机生成一个不大于 4 的数,作为操作符
9        if op == 1:                 # 加法运算
10           print("第" + str(count) + "题:" + str(op1) + "+" + str(op2) + "=",end = "")
11           result = int(input())
12           if result == op1 + op2:
13               print("正确!")
14               num = num + 1           # 答对题目数量加 1
15           else:
16               print("错误!")
17       elif op == 2:                   # 减法运算
18           if op1 < op2:               # 保证被减数>减数
19               op1, op2 = op2, op1
20           print("第" + str(count) + "题:" + str(op1) + "-" + str(op2) + "=",end = "")
21           result = int(input())
22           if result == op1 - op2:
23               print("正确!")
24               num = num + 1           # 答对题目数量加 1
25           else:
26               print("错误!")
27       elif op == 3:                   # 乘法运算
28           print("第" + str(count) + "题:" + str(op1) + "×" + str(op2) + "=",end = "")
29           result = int(input())
30           if result == op1 * op2:
31               print("正确!")
32               num = num + 1           # 答对题目数量加 1
33           else:
34               print("错误!")
35       else:
36           while op1 % op2 != 0:       # 保证整除
37               op1 = random.randint(1,11)# 随机生成一个不大于 10 的数,作为第一个操作数
38               op2 = random.randint(1,11)# 随机生成一个不大于 10 的数,作为第二个操作数
39               if op1 < op2:           # 保证被除数>除数
40                   op1, op2 = op2, op
41           if op1 < op2:               # 保证被除数>除数
42               op1, op2 = op2, op
43           print("第" + str(count) + "题:" + str(op1) + "÷" + str(op2) + "=",end = "")
44           result = int(input())
45           if result == op1 // op2:    # 为简单起见,采用整除
46               print("正确!")
47               num = num + 1           # 答对题目数量加 1
48           else:
49               print("错误!")
50       count = count + 1
51   end_time = time.time()              # 获取系统当前时间
52   print("答对" + str(num) + "道题目, 得分" + str(10 * num) + "分,", end = '')
53   print("用时为 %.2f 秒." % float(end_time - begin_time))     # 两次时间差为运行时间
```

运行结果如下：

```
第 1 题:7 + 2 = 9
正确!
第 2 题:5 × 4 = 20
正确!
第 3 题:7 × 2 = 14
正确!
第 4 题:10 - 5 = 5
正确!
第 5 题:10 + 9 = 19
正确!
第 6 题:8 ÷ 4 = 2
正确!
第 7 题:10 - 6 = 4
正确!
第 8 题:10 - 7 = 3
正确!
第 9 题:5 + 8 = 13
正确!
第 10 题:11 - 2 = 9
正确!
答对 10 道题目，得分 100 分，用时为 17.33 秒。
```

**【实例 3.26】** 模拟“剪刀石头布”五局三胜猜拳游戏：选手和计算机轮流猜拳五次，三次胜利才算赢。

**算法分析**：选手输入选项（“剪刀”“石头”“布”），计算机随机给出选项，按照游戏规则——“布”>“石头”>，“石头”>“剪刀”，“剪刀”>“布”进行评判和计数，一旦一方满足五局三胜，则游戏结束。流程图如图 3.17 所示。

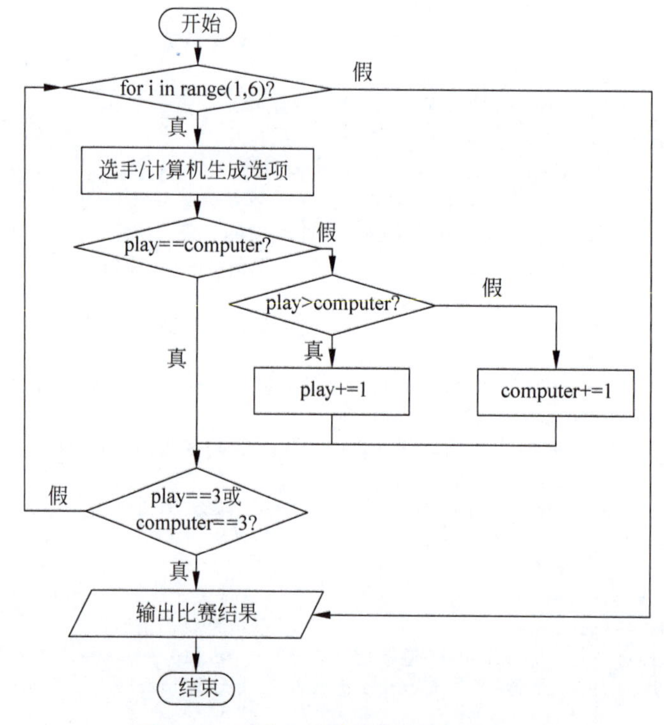


图 3.17　五局三胜猜拳游戏结构流程图

源代码如下：

```
1   import random                   # 随机函数库
2   count1 = count2 = 0            # count1 和 count2 分别表示选手和计算机获胜的次数
3   for i in range(1, 6):          # 最多进行五局
4       print("第%d局:" % i)
5       play = input("选手:")# 选手输入选项并进行分类"剪刀"-->1,"石头"-->2,"布"-->3
6       play = 1 if play == "剪刀" else (2 if play == "石头" else 3)  # 三目运算符嵌套
7       computer = random.randint(1, 3) # 计算机随机生成选项:1.-剪刀,2.-石头,3.-布
8       # 三目运算符嵌套输出计算机选项,可读性较差
9       print("计算机:剪刀") if computer == 1 else (print("计算机:石头") if computer ==
10      2 else print("计算机:布"))
11      if play == computer: # 进行判断并计数
12          print("选项一样")
13      elif (play == 1 and computer == 2) or (play == 2 and computer == 3) or ( play ==
14      3 and computer == 1):
15                                         # "剪刀"<"石头","石头"<"布","布"<"剪刀"
16          print("计算机赢")
17          count2 += 1
18      else:
19          print("选手赢")
20          count1 += 1
21      if count1 == 3 or count2 == 3:              # 三胜退出
22          break
23  #输出最终结果
24  if count1 > count2:
25      print("最终选手胜出")
26  elif count1 < count2:
27      print("最终计算机胜出")
28  else:
29      print("平局")
```

运行结果如下：

```
第 1 局:
选手:剪刀
计算机:布
选手赢
第 2 局:
选手:石头
计算机:布
计算机赢
第 3 局:
选手:剪刀
计算机:石头
计算机赢
第 4 局:
选手:石头
计算机:石头
选项一样
第 5 局:
选手:布
计算机:剪刀
计算机赢
最终计算机胜出
```

【实例3.27】 用1、3、5、8几个数字，能组成的互不相同且无重复数字的三位数各是多少(每行输出10个数字)？总共有多少个？（蓝桥杯全国软件大赛青少年创意编程Python组）

算法分析：使用穷举法解决问题，循环结构列出所有可能，选择结构进行判断。

源代码如下：

```
1   data = [1, 3, 5, 8]              # 列表存储数字,列表的内容在后续章节中详细介绍
2   count = 0                        # 满足条件的数的个数
3   for i in data:                   # 穷举法进行判断,循环结构穷举所有可能
4       for j in data:
5           for k in data:
6               if i != j and j != k and k != i:   # 选择结构进行判断是否满足给定条件
7                   count += 1                     # 个数加1
8                   print(100 * i + 10 * j + k, end = " ")   # 输出数字
9                   if count % 10 == 0:            # 每行10个
10                      print( )
11  print("\n一共" + str(count) + "个数字互不相同且无重复数字的三位数")
```

运行结果如下：

```
135 138 153 158 183 185 315 318 351 358
381 385 513 518 531 538 581 583 813 815
831 835 851 853
一共24个数字互不相同且无重复数字的三位数
```

## 3.5 天天向上学习打卡系统——踔厉奋发

### 3.5.1 思政导入

1951年国庆节来临之际，中央人民政府政务院邀请全国各地的英模人物进京参加国庆观礼。受邀代表中，有位名叫马毛姐的16岁安徽姑娘，特别引人注目。因为她是年龄最小的代表，受到毛泽东主席的亲切接见。主席不仅关切地询问她念书情况，还送她一本精美的笔记本，并在扉页上题词：“好好学习，天天向上。”随即，这8个字的题词迅速在全国传播开来，成为天下少年共同的读书誓言。

其实，“好好学习，天天向上”来源于中国儒家经典《礼记·大学》。汤之《盘铭》曰：苟日新，日日新，又日新。原本说的是洗澡问题，如果今日洗去了一身的污垢，以后每天都要把污垢洗干净，如此坚持天天洗。商汤王将这句“苟日新，日日新，又日新”刻在洗澡盆上，说明这不仅仅是洗澡问题，引申为精神上的洗礼、品德上的修炼、思想上的改造。同样地，《庄子·知北游》提出“澡雪而精神”，《礼记·儒行》中也有“澡身而浴德”的说法。

### 3.5.2 案例任务

天天向上学习打卡系统是一个具有日期显示、学习经验值计算和进一步建议功能的模拟系统。在“显示日期”模块中，显示当天的日期和星期。在“计算学习经验值”模块中，设置

标准学习时长为 8 小时，根据用户设定的打卡周期，计算每天的学习经验值并进行累计。在“进一步建议”模块中，根据学习经验值进行学习推荐：如果每天学习时长少于标准时长的80%，则建议“您的学习时间偏少，需要加强时间利用率，提高学习效率！”如果每天学习时长大于标准时长的 120%，则建议“您的学习时间偏多，需要注意休息，加强体育锻炼！”

## 3.5.3 案例分析和实现

根据任务描述，程序实现可分为如下几步。

1. 通过 datatime 库获取当天日期，并输出相关信息。

2. 根据用户输入的打卡天数 n，进行 n 次循环。在每次循环中，根据用户输入的当天学习时长进行学习经验值的计算(学习经验值＝当天学习时长/标准时长)，并累加学习时长和学习经验值。

3. 根据学习经验值进行进一步学习时长建议。

流程图如图 3.18 所示。

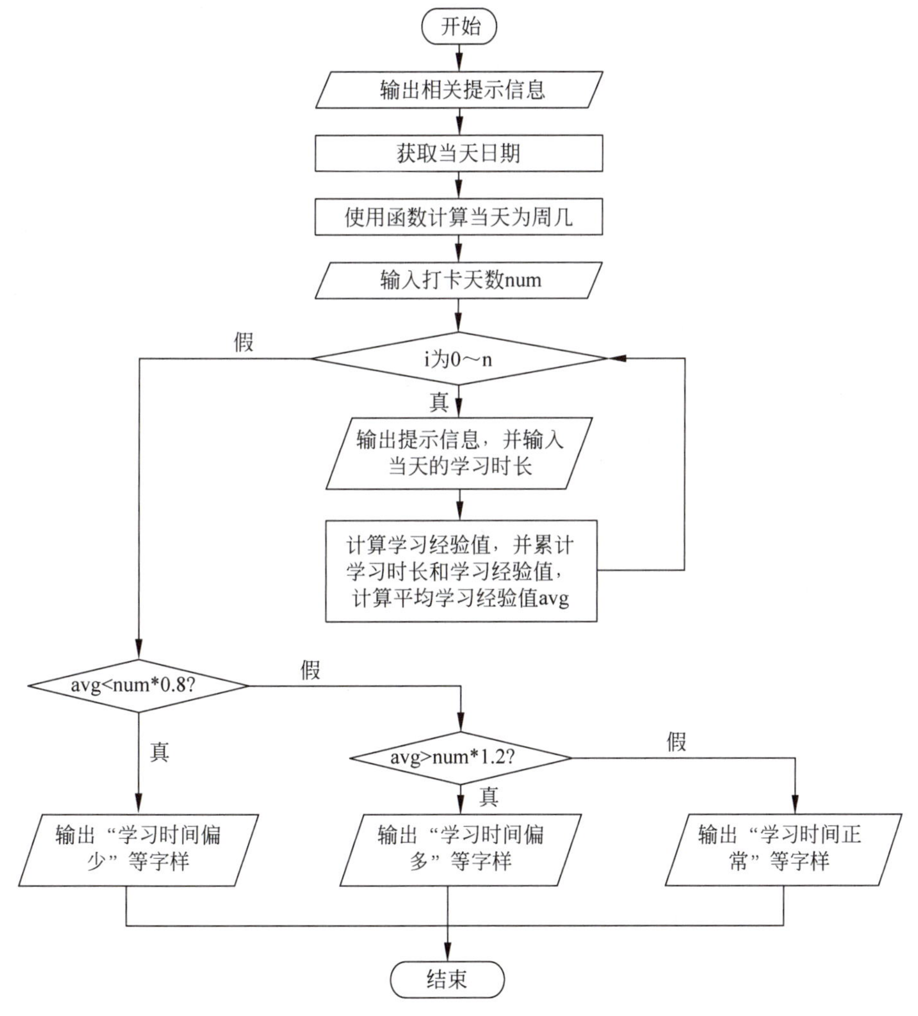


图 3.18 天天向上学习打卡系统结构流程图

源代码如下：

```
1     import datetime                                   #导入日期时间库
2     print('-'*11+'苟日新,日日新,又日新。'+'-'*11)
3     print("欢迎您使用天天向上学习打卡系统,标准学习时长为8小时/天。")
4     sum,avg=0,0                                       #分别表示学习总时长和总学习经验值
5     flag = False
6     today=datetime.date.today()                       #获取当天日期
7     print("今天是"+today.strftime("%Y年%m月%d日"),end=",星期")
8     week=today.isoweekday()                           #计算当天为周几
9     if week==1:
10        print("一。")
11    elif week==2:
12        print("二。")
13    elif week==3:
14        print("三。")
15    elif week == 4:
16        print("四。")
17    elif week==5:
18        print("五。")
19    elif week==6:
20        print("六。")
21    else:
22        print("日。")
23    num=int(input("请输入您需要打卡的天数:"))
24    after_nday=today+datetime.timedelta(days=num)     #当天日期后num天
25    print("需要打卡的时间段为:"+today.strftime("%Y年%m月%d日")+"~"+after_nday.
26    strftime("%Y年%m月%d日"))
27    for i in range(num):
28        this_day=today+datetime.timedelta(days=i);
29        count=float(input("请输入"+this_day.strftime("%Y年%m月%d日")+"学习时
30        长(小时):"))
31        sum+=count                                    #累计学习时长
32        value=count/8                                 #计算学习经验值
33        print("您今天的学习经验值为%.2f。"%value)
34        avg+=value                                    #累计学习经验值
35    print(f"恭喜您,完成这次监督学习!\n您{num:d}天的总学习时长为{sum:.2f}小时,获得总
36    学习经验值{avg:.2f}。")
37    # 根据学习经验值进行建议
38    if avg<num*0.8:
39        print("您的学习时间偏少,需要加强时间利用率,提高学习效率!")
40    elif avg>num*1.2:
41        print("您的学习时间偏多,需要注意休息,加强体育锻炼!")
42    else:
43        print("您的学习时间把握非常好,继续保持!")
```

运行结果如下：

```
----------- 苟日新,日日新,又日新。 -----------
欢迎您使用天天向上学习打卡系统,标准学习时长为8小时/天。
今天是2023年05月05日,星期五。
请输入您需要打卡的天数:5
需要打卡的时间段为:2023年05月05日~2023年05月10日
请输入2023年05月05日学习时长(小时):5
```

```
您今天的学习经验值为 0.62。
请输入 2023 年 05 月 06 日学习时长(小时):6
您今天的学习经验值为 0.75。
请输入 2023 年 05 月 07 日学习时长(小时):7
您今天的学习经验值为 0.88。
请输入 2023 年 05 月 08 日学习时长(小时):8
您今天的学习经验值为 1.00。
请输入 2023 年 05 月 09 日学习时长(小时):9
您今天的学习经验值为 1.12。
恭喜您,完成这次监督学习!
您 5 天的总学习时长为 35.00 小时,获得总学习经验值 4.38。
您的学习时间把握非常好,继续保持!
```

### 3.5.4 总结和启示

本案例模拟天天向上学习打卡系统,使用标准库 datetime 显示当前日期和相关星期信息,使用循环结构模拟 n 天的打卡过程,使用选择结构进行进一步学习建议,即综合使用前面两章所学知识进行设计和模拟。通过这个案例,可以很好地理解和掌握数据类型和程序控制结构。当然,该案例实现功能较为简单,但是随着后续知识的讲授和掌握,大家可以使用列表或字典存储学习时长、学习经验值等相关信息,也可以使用文件或数据库存放学习建议等,从而实现更复杂、更真实的打卡系统。

"日新月异,天行健,君子以自强不息。""好好学习,天天向上"是一种向上、阳光的心态和状态。在这个瞬息万变的时代,科技日新月异,知识更新周期快,需持续学习,与时俱进,自我迭代,使每日的自己优于昨日的自己。蓝图已经绘就,号角已经吹响。我们要踔厉奋发、勇毅前行,努力创造更加灿烂的明天。

## 3.6 本章小结

本章详细介绍了 Python 的流程控制,主要包括顺序结构、单分支选择结构、双分支选择结构、多分支选择结构、while 循环结构、for...in 循环结构、break 语句和 continue 语句的概念和用法。在讲解过程中,结合大量实例,生动形象地演示了每种结构和语句的使用。最后结合天天向上学习打卡系统进行思政引导——踔厉奋发。在学习本章内容时,可以模仿实例,梳理算法流程,动手实践,熟练掌握 Python 流程控制语句的使用。

## 3.7 巩固训练

**【训练 3.1】** 编写程序,判断用户输入的年份是否为闰年(判断闰年的条件是:能被 400 整除或能被 4 整除但不能被 100 整除)。

**【训练 3.2】** 已知三角形边长,利用海伦公式求三角形面积和周长(海伦公式:若三角形的三条边长为 a、b、c,则 p=(a+b+c)/2,面积 area=$\sqrt{p*(p-a)*(p-b)*(p-c)}$)。

**【训练 3.3】** 某小学的学优生评定标准如下:语文、数学、英语和科学四科的总分不低于 380 分，且每科成绩不低于 95 分。编程判断某位同学是否为学优生。

**【训练 3.4】**（简易版个税计算器）设某公司员工小王每月税前工资为 salary，五险一金等扣除为 insurance，其他专项扣除为 other，请编程计算小王每月应缴纳税额 tax 和实发工资 payroll(结果保留两位小数)。

注：应缴纳税额＝税前收入－5000(起征点)－五险一金扣除－其他扣除

个人所得税＝应缴纳税额×适用税率－速算扣除数

实发工资＝税前工资－个人所得税－五险一金

税率表如表 3.3 所示。

表 3.3　最新居民个人工资、薪金所得税税率表

| 级数 | 应纳税所得额 | 预扣率(%) | 速算扣除数 |
|---|---|---|---|
| 1 | 不超过 3000 元的部分 | 3 | 0 |
| 2 | 超过 3000 元至 12000 元的部分 | 10 | 210 |
| 3 | 超过 12000 元至 25000 元的部分 | 20 | 1410 |
| 4 | 超过 25000 元至 35000 元的部分 | 25 | 2660 |
| 5 | 超过 35000 元至 55000 元的部分 | 30 | 4410 |
| 6 | 超过 55000 元至 80000 元的部分 | 35 | 7160 |
| 7 | 超过 80000 元的部分 | 45 | 15160 |

**【训练 3.5】** 幸运 52 猜数游戏(模仿幸运 52 中猜价钱游戏，编写程序，计算机随机产生一个正整数，让用户猜，并提醒用户猜大了还是猜小了，直到用户猜对为止，计算用户猜对一个数所用的秒数)。

**【训练 3.6】** 求出所有的水仙花数(水仙花数是指一个 3 位数，其每位数字的 3 次幂之和等于其本身。例如：1＊1＊1＋5＊5＊5＋3＊3＊3＝153)。

**【训练 3.7】** 模拟打印超市购物小票。输入商品名称、价格、数量，算出应付金额。用户输入大额面值，实现找零和抹零功能，最后打印购物小票。运行结果如图 3.19 所示。

```
Python超市收银系统
商品个数:2
商品名称  单价        数量
egg 5.85 1.89
milk 48.5 1
应付金额:59.56
实收:100
Python超市购物小票
共购买2件商品
商品名称  单价        数量
egg        5.85      1.89
milk            48.5       1.0
应付:59.56
实收:100.0
找零40.4
```

图 3.19　打印超市购物小票

**【训练 3.8】** 有一个分数数列 $\frac{2}{1},\frac{3}{2},\frac{5}{3},\frac{8}{5},\frac{13}{8},\cdots$，编程计算此数列的前 20 项之和(结果保留两位小数)。

**【训练 3.9】** 每行 10 个输出所有的 4 位"回文数"("回文数"是一种特殊的数字，从左边读和从右边读的结果是一模一样的)。

**【训练 3.10】** 编程实现：输出 1～ 1000 中包含 3 的数字。如果 3 是连在一起的(如 233)，则在数字前加 &；如果此数字是质数，则在数字后加上＊(例如，3，13＊，23＊，&33，43＊…&233＊…)。

# 第4章 高级数据类型

## 能力目标

【应知】 Python 中常见的列表、元组、字典、集合等高级数据类型。

【应会】 列表、元组、字典、集合等高级数据类型的定义及其使用方法。

【重点】 各种数据类型的使用。

【难点】 列表生成式、字典、可变数据类型与不可变数据类型。

## 知识导图

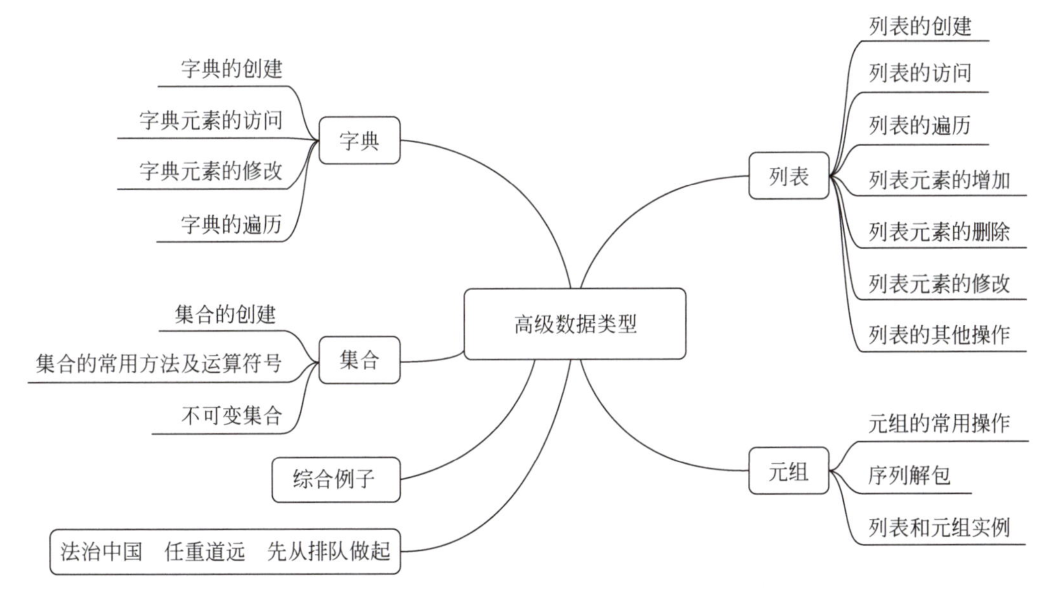


Python 除支持前边讲过的数值类型(包括 int、float、complex)、字符串类型(str)、布尔类型(bool)外,还支持列表(list)、元组(tuple)、字典(dict)、集合(set)等高级数据类型,这些高级数据类型可用于存放多个数据元素。其中列表和元组及前面学习的字符串类型通常称为序列类型,序列类型采用相同的索引体系,索引号从左到右依次递增,第一个索引号为 0。还可以反向访问,从右到左,初始值为-1,依次递减。关于序列的索引和切片操作可参考 2.4.2 节字符串部分。

本章将详细讲解 Python 中的列表(list)、元组(tuple)、字典(dict)、集合(set)4 种高级数据类型的用法。

# 4.1 列表

列表(list)是 Python 中用于存储多个数据对象的一种容器,是一种有序的可变序列,其中的元素可以是任何类型,且元素的类型可以互不相同。从形式上看,是由一对英文中括号括起来的多个数据元素,元素之间用英文逗号分隔开。例如:

```
[0, 1, 2, 3, 4, 5, 6, 7, 8, 9]                                    #存储 10 个整型数据的列表
['星期一', '星期二', '星期三', '星期四', '星期五', '星期六', '星期日']    #存储一个星期
['李小明', 19, True]
```

## 4.1.1 列表的创建

列表的创建方法有 3 种。

### 1. 定义法

可直接使用英文中括号将元素括起来,例如:

```
>>> lista = []                          #创建一个名为 lista 的空列表
>>> listb = [1,2,3]                     #创建一个名为 listb,且有 3 个整型数据的列表
>>> listc = [True,False,1,'name']       #创建一个名为 listc,且有 4 个不同数据类型的列表
```

### 2. list 函数

可以使用 list()函数创建列表,任意可迭代数据类型或序列数据均可作为函数的参数,例如:

```
>>> listd = list()                #创建空列表,等价于 listd = []
>>> liste = list('0123456789')    #等价于 liste = ['0', '1', '2', '3', '4', '5', '6', '7', '8', '9']
>>> listf = list(listb)           #等价于 listf = [1,2,3]
>>> listg = list(range(10))       #等价于 listg = [0, 1, 2, 3, 4, 5, 6, 7, 8, 9]
```

### 3. 列表生成式

列表生成式是 Python 中用于快速创建新列表的一种简洁而强大的方法,通过使用一行代码生成一个新的列表,而无须编写传统的循环结构。其语法格式如下:

```
new_list = [expression for item in iterable if condition]
```

其中各部分的含义如下。

expression:用于计算新列表中每个元素的表达式。

item:迭代过程中当前的元素。

iterable:可迭代的对象,如列表、元组、集合、字符串等。

condition(可选):用于筛选元素的条件,只有当条件为 True 时,对应的 expression 才会加入新列表。

相比通过循环创建列表的方法,列表生成式更易于理解和编写,可提高代码的可读性和简洁性。例如:

```
>>> lst = [x ** 2 for x in range(10) if x % 2 == 0]
>>> numbers = [x for x in range(1, 11)]               #生成一个包含 1~10 整数的列表
>>> squares = [x ** 2 for x in range(1, 11)]          #生成一个包含 1~10 平方数的列表
```

```
>>> words = ["apple", "banana", "cherry", "date", "elderberry"]
>>> long_words = [word for word in words if len(word) > 3]   #从一个字符串列表中筛选出长度大
#于3的字符串
>>> numbers = [1, 2, 3, 4, 5, 6, 7, 8, 9, 10]
>>> even_numbers = [x for x in numbers if x % 2 == 0] #从一个列表中筛选出偶数
>>> numbers = [1, 2, 3, 4, 5, 6, 7, 8, 9, 10]
>>> new_numbers = [x * 2 if x % 2 == 0 else x * 3 for x in numbers]  #将偶数变为2的倍数、
                                                                     #奇数变为3的倍数:
>>> words = ["apple", "banana", "cherry", "date", "elderberry"]
>>> word_lengths = [len(word) for word in words]        #生成一个包含字符串长度的列表
```

## 4.1.2　列表的访问

可直接使用列表名输出整个列表，也可通过列表的索引获取指定的元素，列表的索引与字符串类似。例如：

```
>>> list1 = ['Monday','Tuesday','Wednesday','Thursday','Friday','Saturday','Sunday']
>>> print(list1[2])       #获取索引值为2的元素,结果为'Wednesday'
>>> print(list1[1:6]) #列表的切片,输出['Sunday', 'Monday', 'Tuesday', 'Wednesday', 'Thursday']
>>> print(list1)          #获取整个列表值
```

【实例 4.1】　随机输出励志金句。

```
1    import random                                 #导入随机类库
2    # 定义列表 positive,存储励志金句
3    positive = ['一个人最大的挑战,是如何克服自己的缺点。',
4                '天才是百分之一的灵感加上百分之九十九的努力。',
5                '环境永远不会十全十美,消极的人受环境控制,积极的人却控制环境。',
6                '没有礁石,就没有美丽的浪花;没有挫折,就没有壮丽的人生。',
7                '精彩的人生总有精彩的理由,笑到最后的才会笑得最甜。',
8                '你若不想做,会找一个或无数个借口;你若想做,会想一个或无数个办法。',
9                '请一定要有自信。你就是一道风景,没必要在别人风景里仰视。,'
10               '穷则思变,差则思勤!',
11               '没有比人更高的山,没有比脚更长的路。']
12   number = random.choice(positive)      #在列表 positive 中随机选择一个元素
13   print(number)
```

运行结果如下：

```
环境永远不会十全十美,消极的人受环境控制,积极的人却控制环境。
```

## 4.1.3　列表的遍历

列表的遍历是指一次性、不重复地访问列表中的所有元素。在遍历过程中可结合其他操作一起完成，如查找、统计等。常用的列表遍历方法有3种。

### 1. for 循环

【实例 4.2】　使用列表实现“唐宋八大家”的输出(for 循环版)。

```
1    #列表的元素可以是字符串
2    list_writer = ['韩愈','柳宗元','苏洵','苏辙','苏轼','曾巩','欧阳修','王安石']
3    print("唐宋八大家:",end = '')
```

```
4    for name in list_writer:
5        print(name,end=" ")
```

运行结果如下:

```
唐宋八大家:韩愈  柳宗元  苏洵  苏辙  苏轼  曾巩  欧阳修  王安石
```

第 2 行代码 list_writer=['韩愈','柳宗元','苏洵','苏辙','苏轼','曾巩','欧阳修','王安石']创建了一个列表对象,列表中的元素是 8 个字符串。第 4～5 行利用一个 for 循环实现了输出列表中元素的功能。其中第 4 行代码表示遍历列表 list_writer,name 会依次取该列表中的元素。

### 2. for 循环配合 enumerate 函数

for 循环遍历列表时,可以配合 enumerate 函数获取元素的索引。enumerate 函数可将一个列表组成一个索引序列,从而在遍历列表的同时得到索引。

【实例 4.3】 使用列表实现"唐宋八大家"的输出(enumerate 版)。

```
1    list_writer = ['韩愈', '柳宗元', '苏洵', '苏辙', '苏轼', '曾巩', '欧阳修', '王安石']
2    print("唐宋八大家:")
3    for index, name in enumerate(list_writer):
4        print(index + 1, name)
```

运行结果如下:

```
唐宋八大家:
1    韩愈
2    柳宗元
3    苏洵
4    苏辙
5    苏轼
6    曾巩
7    欧阳修
8    王安石
```

### 3. while 循环

可使用 while 循环实现列表的遍历。

【实例 4.4】 使用列表实现"唐宋八大家"的输出(while 循环版)。

```
1    list_writer = ['韩愈', '柳宗元', '苏洵', '苏辙', '苏轼', '曾巩', '欧阳修', '王安石']
2    print("唐宋八大家:",end='')
3    index = 0
4    while index < len(list_writer):
5        print(list_writer[index])
6            index += 1
```

运行结果与实例 4.2 相同。

## 4.1.4 列表元素的增加

列表是一个可变序列。列表创建后,其元素可以增加、删除和修改。常见的元素增加方法有如下 3 种。

### 1. append()方法

append()方法可向列表末尾添加新的元素,其语法格式如下:

```
list.append(elem)
```

其中,elem 表示要添加到列表末尾的新元素。

append()方法将 elem 添加到列表末尾,相当于在列表的最后插入一个元素。例如:

```
>>> list1 = ["北京市", "上海市", "天津市"]
>>> list1.append("重庆市")  #list1:[ '北京市','上海市','天津市','重庆市']
>>> list1 = ['泉山区','云龙区','鼓楼区']
>>> list1.append(['铜山区','贾汪区'])  #list1: ['泉山区','云龙区','鼓楼区',['铜山区',
                                       #'贾汪区']]
```

### 2. extend()方法

extend()方法用于将一个可迭代对象中的元素逐个添加到列表末尾,从而扩展列表,其语法格式如下:

```
list.extend(iterable)
```

其中,iterable 表示要添加元素的可迭代对象,如列表、元组、字符串等。

例如:

```
>>> list2 = ['泉山区','云龙区','鼓楼区']
>>> list2.extend(['铜山区','贾汪区'])# ['泉山区','云龙区','鼓楼区','铜山区','贾汪区']
>>> list2 = ['a', 'b']
>>> list2.extend(('c', 'd'))          # ['a', 'b', 'c', 'd']
>>> list2.extend('ef')                # ['a', 'b', 'c', 'd', 'e', 'f']
```

extend()方法通过添加多个元素的方式扩展列表,适合将多个可迭代对象元素合并到一个列表时使用。

extend()方法与 append()方法的区别在于:

- append()只能添加一个元素,而 extend()可添加多个元素。
- append()只能接受一个参数,而 extend()可接受若干个可迭代对象作为参数。

### 3. insert()方法

insert()方法用于将一个元素插入列表中的指定索引位置,其语法格式如下:

```
list.insert(index, elem)
```

- index:要插入的索引位置。
- elem:要插入的元素。

此方法将 elem 插入列表中的 index 索引位置。例如:

```
>>> list3 = ['富强','民主','文明','自由','平等','公正','法治','爱国','敬业','诚信','友善']
>>> list3.insert(3,'和谐')        #表示在索引值为 3 的位置插入值为'和谐'的数据元素
```

则 list3 为['富强','民主','文明','和谐','自由','平等','公正','法治','爱国','敬业','诚信','友善']。

## 4.1.5　列表元素的删除

常见的元素删除方法有如下 4 种。

### 1. del 命令

del 命令删除列表中指定索引值的元素。例如：

```
>>> list1 = ["北京市", "上海市", "天津市","重庆市"]
>>> del list1[2]              #删除索引值为 2 的元素,即删除"天津市"
>>> del list1[0:2]            #删除索引值为 0 和 1 的元素,即删除"北京市"和"上海市"
>>> del list1                 #删除整个列表
```

### 2. pop()方法

pop()方法用于删除并返回列表中的一个元素，其语法格式如下：

```
list.pop(index)
```

其中，index 表示要删除并返回的元素在列表中的位置。如果不指定 index，默认删除并返回列表中的最后一个元素。例如：

```
>>> list1 = ["北京市", "上海市", "天津市","重庆市"]
>>> list1.pop(2)        #删除索引值为 2 的元素,即删除"天津市",输出结果为"天津市"
>>> list1.pop()         #删除索引值为 -1 的元素,即删除"重庆市",输出结果为"重庆市"
```

可以看出 pop()方法删除元素的同时返回对应元素，而 del 命令只删除元素，并不返回元素。

### 3. remove()方法

remove()方法用于删除列表中指定值的第一个匹配项，其语法格式如下：

```
list.remove(value)
```

其中 value 是列表中待删除的元素值。例如：

```
>>> list1 = ["北京市", "上海市", "天津市","重庆市", "天津市"]
>>> list1.remove('天津市')  #删除第一次出现的元素'天津市',删除后 list1 为:['北京市', '上海
                            #市', '重庆市', '天津市']
```

### 4. clear()方法

用于清空列表中的所有元素，其语法格式如下：

```
list.clear()
```

clear()方法不会直接删除列表变量，而是清空列表中的每个元素。例如：

```
>>> list1 = ["北京市", "上海市", "天津市","重庆市", "天津市"]
>>> list1.clear()
>>> print(list1)
[]
```

## 4.1.6　列表元素的修改

列表元素的修改只需通过索引值获取该元素值，再为其重新赋值即可。例如：

```
>>> list1 = ["北京市", "南京市", "天津市", "重庆市"]
>>> list1[1] = '上海市'  #将索引值为 1 的元素修改为'上海市',此时 list1 为['北京市', '上海
                        #市', '天津市', '重庆市']。
```

## 4.1.7　列表元素的排序

可使用 Python 提供内置函数 sorted 或列表对象的 sort()方法对列表元素进行排序，其语法格式为：

```
list_name.sort(key = None, reverse = False)
sorted(list_name,key = None, reverse = False)
```

其中，key 用于指定排序时依据的键函数，默认值为 None，如果指定了 key 参数，则列表中的每个元素均调用 key 函数，并将返回值用于排序。reverse 表示排序方式，如果其为 True，则表示降序排序，默认值为 False，表示升序排序。

sort()方法和 sorted 函数的不同之处在于前者会改变原列表中元素的排列顺序，后者会建立一个原列表的副本，该副本为排序后的列表，而原列表保持不变。

**【实例 4.5】** sort()方法和 sorted 函数使用示例。

```
1   list1 = [1,10,4,2,5, - 1,100]
2   list1.sort()
3   print("升序:",list1)                   #输出: 升序: [ - 1, 1, 2, 4, 5, 10, 100]
4   list1 = [1,10,4,2,5, - 1,100]
5   list1.sort(reverse = True)
6   print("降序:",list1)                   #输出: 降序: [100, 10, 5, 4, 2, 1, - 1]
7   list1 = [1,10,4,2,5, - 1,100]
8   list2 = sorted(list1)
9   print("原列表:",list1)                 #输出: 原列表: [1, 10, 4, 2, 5, - 1, 100]
10  print("新列表:",list2)                 #输出: 新列表: [ - 1, 1, 2, 4, 5, 10, 100]
```

**注意：**采用 sort()方法对列表进行排序时，不支持中文排序。

## 4.1.8　列表的其他操作

与字符串一样，也可对列表进行多种操作，如表 4.1 所示。

表 4.1　列表的常用操作(假设 list1=[1,2,3,4,5,6,7,8,9,10])

| 操作 | 格　式 | 说　明 | 示　例 |
|---|---|---|---|
| 索引 | list_name[index] | 获取指定索引值 index 的列表元素 | list1[3]的值为 4 |
| 切片 | list_name[start:end:step] | 截取区间[start,end)的元素值，同样分为正向切片和反向切片 | list1[1:4] # [2, 3, 4] 正向切片<br>list1[9:2:-2] # [10, 8, 6, 4] 反向切片且步长为 2 |
| 连接 | list_name1+list_name2 | 将后一个列表追加在前一个列表尾部，形成新的列表 | list1=[1,2,3,4]<br>list2=list("abcd")<br>list3=list1+list2 #[1, 2, 3, 4, 'a', 'b', 'c', 'd'] |
| 统计长度 | len(list_name) | 统计列表元素个数 | len(list1) #10 |

续表

| 操作 | 格　式 | 说　明 | 示　例 |
|---|---|---|---|
| 获取次数 | list_name. count(obj) | 获取指定元素在列表中出现的次数 | list2=list('abcdabcdaaa')<br>list2. count('a') # 5 |
| 获取首次索引 | list_name. index(obj) | 获取指定元素第一次出现的位置 | list2=list('abcdabcdaaa')<br>list2. index('a') # 0 |
| 统计和 | sum(list_name[,start]) | 统计数值列表中各元素的和 | sum(list1) #55 |
| 最大值 | max(list_name) | 求数值列表中各元素的最大值 | max(list1) #10 |
| 最小值 | min(list_name) | 求数值列表中各元素的最小值 | min(list1) #1 |

## 4.2 元组

元组(tuple)是另一种将多种不同类型的数据存放在一起的高级数据结构，是一种有序的不可变序列。其格式为：用一对英文圆括号“()”将多个元素存放在一起，多个元素之间用英文逗号隔开。

### 4.2.1 元组的常用操作

元组的基本操作与列表类似，唯一不同之处在于元组是不可变数据类型，即不能对元组进行增加、删除、修改和排序等操作，否则会出现“TypeError: 'tuple' object does not support item assignment”的错误。其常用操作如表 4.2 所示。

表 4.2　元组的常用操作(假设 tuple1=(1,2,3,4,5,6,7,8,9,10))

| 操作 | 格　式 | 说　明 | 示　例 |
|---|---|---|---|
| 创建 | tuple_name=([elements])<br>tuple_name=tuple() | 创建元组，当 elements 缺省时，表示创建空元组 | t1=() #创建名为 t1 的空元组，与 t1=tuple()等价<br>t2=(1,2,3) #创建名为 t2 的元组，长度为 3 |
| 访问 | tuple_name[index] | 访问索引值为 index 的元素<br>也可直接使用元组名访问 | tuple1[3] #访问第 3 个元素，即 4<br>tuple1 #直接访问整个元组 |
| 遍历 | 与循环语句结合使用 | 与列表完全一致 | |
| 切片 | tuple_name[start: end: step] | 截取区间[start,end)的元素值，同样分为正向切片和反向切片 | tuple1[1: 4] # [2, 3, 4] 正向切片<br>tuple1 [9: 2: -2]# [10, 8, 6, 4] 反向切片且步长为 2 |
| 连接 | tuple1_name1 + tuple1_name2 | 将后一个元组追加到前一个元组尾部，形成新的元组 | tuple1=(1,4,3,2)<br>tuple2=tuple("abcd")<br>t = tuple1 + tuple2 # (1, 4, 3, 2, 'a', 'b', 'c', 'd') |
| 统计长度 | len(list_name) | 统计元组元素个数 | len(tuple1) #10 |
| 获取次数 | tuple _name. count(obj) | 获取指定元素在元组中的出现次数 | tuple2=tuple('abcdabcdaaa')<br>tuple2. count('a') # 5 |

续表

| 操作 | 格　　式 | 说　　明 | 示　　例 |
|---|---|---|---|
| 获取首次索引 | tuple _name. index(obj) | 获取指定元素在元组中第一次出现的位置 | tuple 2= tuple ('abcdabcdaaa')<br>tuple2. index('a') # 0 |
| 统计和 | sum(tuple_name [,start]) | 统计数值元组中各元素的和 | sum(tuple 1) #55 |
| 最大值 | max(tuple_name) | 求数值元组中各元素的最大值 | max(tuple 1) #10 |
| 最小值 | min(tuple _name) | 求数值元组中各元素的最小值 | min(tuple 1) #1 |

注意，创建元组时，如果只有一个元素，一定要在元素的后面加“,”，否则无法正确创建元组。例如：

```
>>> tuple_t = (1)              #想创建只有一个元素的元组
>>> print(type(tuple_t))       #输出结果为:<class 'int'>
>>> tuple_t = (1,)             #正确的做法
>>> print(type(tuple_t))       #输出结果为:<class 'tuple'>
```

### 4.2.2　序列解包

当一个元组中包含多个元素时，可采用解包操作，将每个元素赋给不同的变量，例：

```
>>> tuplea = ('zhangsan',18,'nan')        #元组中包含三个元素
>>> name,age,sex = tuplea                 #通过解包操作将不同的元素赋给不同的变量
>>> print(name,age,sex)
```

此时，name、age、sex 分别被赋值为'zhangsan'、18、'nan'。这种操作经常用作函数多参数返回值的情况。

### 4.2.3　列表和元组实例

【实例 4.6】　表 4.3 是江苏省 13 个地级市 2022 年 GDP 和常住人口数量，请使用列表和元组将 13 个地级市按照 GDP 降序排序。

表 4.3　江苏省 13 个地级市 2022 年 GDP 和常住人口数量

| 地 级 市 名 | 2022 年 GDP(亿元) | 人口数(万) |
|---|---|---|
| 南京市 | 16907.85 | 942.34 |
| 无锡市 | 14851.00 | 747.95 |
| 徐州市 | 8458.00 | 902.90 |
| 常州市 | 9550.10 | 534.96 |
| 苏州市 | 23958.00 | 1284.78 |
| 南通市 | 11380.00 | 773.30 |
| 连云港市 | 4005.00 | 460.20 |
| 淮安市 | 4742.00 | 456.20 |
| 盐城市 | 7080.00 | 671.30 |
| 扬州市 | 7104.98 | 457.70 |
| 镇江市 | 5017.00 | 321.72 |
| 泰州市 | 6402.00 | 452.18 |
| 宿迁市 | 4112.00 | 499.90 |

**算法分析**：由表4.3可知，每个城市需要3个数据描述，故可使用列表或元组存储（首选元组，因为运行速度快）。另外，一共13个地市，并要进行排序，所以应使用列表进行存储，可采用列表嵌套元组的形式存储表格数据。在后续学习中，也可采用文件形式存储。

```
1   cities = [('南京市', 16907.85, 942.34), ('无锡市', 14851.00, 747.95), ('徐州市', 8458.00,
2   902.90),
3             ('常州市', 9550.10, 534.96), ('苏州市',23958.00, 1284.78), ('南通市',11380.00,
4             773.30),
5             ('连云港市', 4005.00, 460.20), ('淮安市', 4742.00, 456.20), ('盐城市', 7080.00,
6             671.30),
7             ('扬州市', 7104.98, 457.70), ('镇江市', 5017.00, 321.72), ('泰州市', 6402.00,
8             452.18),
9             ('宿迁市', 4112.00, 499.90)]
10  cities.sort(key = (lambda x: x[1]), reverse = True)
11  print('城市\t\t\tGDP(亿元) 常住人口')
12  for city in cities:
13      for item in city:
14          print(" % - 10s" % item, end = "")
15      print()
```

运行结果如下：

```
城市          GDP(亿元)    常住人口
苏州市        23958.0      1284.78
南京市        16907.85     942.34
无锡市        14851.0      747.95
南通市        11380.0      773.3
常州市        9550.1       534.96
徐州市        8458.0       902.9
扬州市        7104.98      457.7
盐城市        7080.0       671.3
泰州市        6402.0       452.18
镇江市        5017.0       321.72
淮安市        4742.0       456.2
宿迁市        4112.0       499.9
连云港市      4005.0       460.2
```

**说明**：该程序第10行cities.sort(key=(lambda x: x[1]), reverse=True)实现了对cities列表的降序排序，其中key的参数为一个lambda函数（具体的lambda函数将在第5章介绍），其功能是获得列表中每个索引为1的元素，所以该行代码的功能是按照cities列表中每个索引为1的元素（即GDP）进行降序排序。

## 4.3 字典

在实际应用中，通常要存储多个对象之间相互对应的信息，如学生姓名与分数之间的对应关系。为表示这种对应关系，可考虑使用两个列表分别存储学生姓名和分数。但这种方案需要确保两个列表的元素顺序严格一一对应，使用起来较为繁琐。

为了更好地存储对象之间的对应关系，Python提供了字典（dict）这一高级数据类型。字典使用“键-值”对的方式存储数据，其中键（key）用于标识唯一的对象，值（value）用于存储对象对应的数据。字典的语法结构为{key1：value1，key2：value2，…}。

关于字典的注意事项如下。

（1）键必须是唯一的，用于区分不同对象。

（2）键只能使用不可变类型，如字符串、数字或元组。值可以是任意类型。

（3）使用多个变量作为键时，需要将其组合为元组作为键名。

使用字典可以方便地存储对象间的关系，通过键名即可快速查找对象对应的值。

## 4.3.1 字典的创建

字典的创建有两种方法。

1）使用花括号{}直接创建含有键值对的字典，如：

```
>>> dicta = {}                  #定义一个空字典
>>> print(dicta)                #输出结果为: {}
>>> dictb = {'name':'zhou ming','age':18,'xingbie':'nan'}      #包含3个元素的字典
>>> print(dictb)                #输出结果为:{'name': 'zhou ming', 'age': 18, 'xingbie': 'nan'}
```

这种方式直接在花括号内初始化字典，是最简单常用的字典创建方式。

2）利用 dict 函数生成字典。

（1）创建空字典，如：

```
>>> dicta = dict()              #空字典
>>> print(dicta)                #输出结果为: {}
```

（2）利用序列元素创建字典，如：

```
>>> keys = ['name','age','xingbie']
>>> values = ['zhou ming',18,'nan']
>>> dictb = dict(zip(keys,values))        #利用 zip 函数生成形如(键,值)的数据对
>>> print(dictb)     #输出结果为:{'name': 'zhou ming', 'age': 18, 'xingbie': 'nan'}
```

通过 zip 函数将两个列表组合为键值对序列，再利用 dict 函数构造字典。

（3）利用字典的键值对序列创建字典，如：

```
>>> dictd = dict([('name','zhou ming'),('age',18),('xingbie','nan')])    #圆括号中是一个列表,
#列表中有3个元组,格式为(键名,键值)
>>> print(dictd)    #输出结果为:{'name': 'zhou ming', 'age': 18, 'xingbie': 'nan'}
```

传入包含键值对元组的列表，构造字典。

（4）利用关键字参数创建字典，如：

```
>>> dictc = dict(name = 'zhou ming',age = 18,xingbie = 'nan')    #圆括号中格式为键名 = 键值
>>> print(dictc)    # 输出结果为:{'name': 'zhou ming', 'age': 18, 'xingbie': 'nan'}
```

直接以关键字参数的形式构造字典。

## 4.3.2 字典元素的访问

在 Python 中，可通过键名访问字典中的值，具体有以下两种访问方式。

（1）使用方括号及键名访问，如：

```
>>> dict1 = {"jiangsu":"nanjing","zhejiang":"hangzhou"}
>>> print(dict1["jiangsu"])   #输出结果为:nanjing
```

直接使用字典变量加方括号，在其中指定键名，就可以获得对应的值。需要注意，如果访问一个不存在的键名，会产生 KeyError 错误。

（2）使用 get()方法，如：

```
>>> dict1 = {"jiangsu":"nanjing","zhejiang":"hangzhou"}
>>> print(dict1.get("jiangsu"))              #输出结果为:nanjing
>>> print(dict1.get("hubei"))                #输出结果为:None
```

键名不存在时，get()方法会返回 None，而不会产生 KeyError 错误。相比方括号访问，get()方法可避免键名不存在产生的错误。

字典元素是无序的，不能通过索引数字访问，只能通过键名访问。字典只支持从键到值的单向访问，不支持通过值查找键。

## 4.3.3 字典元素的修改

字典是一个可变容器，定义后可对元素进行修改，常见的修改操作如下。

（1）增加新的元素，如：

```
>>> dictb = {'name':'zhou ming','age':18,'xingbie':'nan'}
>>> dictb['chengji'] = 88    #增加了一个'chengji'键,其对应的值为 88
>>> print(dictb)#输出结果为:{'name': 'zhou ming', 'age': 18, 'xingbie': 'nan', 'chengji': 88}
```

（2）修改已有键值对，例如（备注：接着前面代码运行）：

```
>>> dictb['chengji'] = 91    #将'chengji'修改为新的值 91
>>> print(dictb) #输出结果为:{'name': 'zhou ming', 'age': 18, 'xingbie': 'nan', 'chengji': 91}
```

（3）利用 pop()方法删除键值对，如（备注：接着前面代码运行）：

```
>>> dictb.pop('chengji')    #删除键为'chengji'的元素,同时返回 91
>>> print(dictb)   #输出结果为:{'name': 'zhou ming', 'age': 18, 'xingbie': 'nan'}
```

可看到键为'chengji'的元素已被删除。

（4）利用 clear()方法清空字典，如（备注：接着前面代码运行）：

```
>>> dictb.clear()              #将所有元素删除掉
>>> print(dictb)               #输出结果为:{}
```

## 4.3.4 字典的遍历

字典的遍历可采用下列 3 种方法。

### 1. 利用 keys()遍历键名

keys()方法将返回字典的所有键名，可通过遍历键名的方式遍历字典。

【实例 4.7】 输出系统中所有的用户名。

```
1   #假设系统中有一个字典存储了该系统中所有的用户和对应的密码
2   user_password = {"zhangsan":"abc123","lisi":"123456","wangwu":'666666',"qiansan":"888888"}
3   #输出系统中所有的用户
```

```
4   for name in user_password.keys():
5       print(name)
```

运行结果如下：

```
zhangsan
lisi
wangwu
qiansan
```

### 2. 利用 values()遍历键值

values()方法返回字典中所有的键值，可利用此方法遍历字典中所有的键值。

【实例 4.8】 输出最受欢迎的前五部电影的导演。

```
1   #假设有一个字典存储了豆瓣中最受欢迎的电影及对应的导演，这里只列举了前五部电影
2   top5 = {"肖申克的救赎 ":"弗兰克·德拉邦特","霸王别姬":"陈凯歌","阿甘正传":"罗伯特·泽
3   米吉斯","这个杀手不太冷":"吕克·贝松","泰坦尼克号":"詹姆斯·卡梅隆"}
4   for director in top5.values():
5       print(director)
```

运行结果如下：

```
弗兰克·德拉邦特
陈凯歌
罗伯特·泽米吉斯
吕克·贝松
詹姆斯·卡梅隆
```

### 3. 利用 items()遍历键值对

items()方法将返回字典的所有键值对，以(键，值)元组的形式返回，可通过遍历键值对的方式遍历字典。

【实例 4.9】 输出系统中的用户名和对应的密码。

```
1   #假设系统中有一个字典存储了该系统中所有的用户和对应的密码
2   user_password = {"zhangsan":"abc123","lisi":"123456","wangwu":'666666',"qiansan":"888888"}
3   for name in user_password.items():
4       print(name)
```

运行结果如下：

```
('zhangsan', 'abc123')
('lisi', '123456')
('wangwu', '666666')
('qiansan', '888888')
```

## 4.4 集合

集合(set)是将多个元素放在一对英文大括号中，相互之间用英文逗号隔开，且同一集合中的元素不允许重复的高级数据类型。集合有可变集合与不可变集合两种。

### 4.4.1 集合的创建

可变集合的创建可采用下列方法：

（1）直接用{}将多个用英文逗号分隔的元素括起来，如：

```
>>> seta = { - 1,2,5}              # 定义一个包含 3 个元素的集合
>>> print(seta)                    # 输出结果为:{2, 5, - 1}
>>> setb = {}                      # 注意,如果这样定义,则为定义一个空字典
>>> setb                           # 输出结果为:{}
>>> type(setb)                     # 查看 setb 的类型, 输出结果为<class 'dict'>
                                   # 可见{}是字典类型,而不是集合类型
>>> setc = {1,2,3,4,3,2}           # 可看到表达式中有两个 2、两个 3
>>> print(setc)   # 输出结果为:{1, 2, 3, 4}   # 但是查看 setc 发现会自动将重复的值去掉
```

（2）采用 set 函数生成集合，如：

```
>>> seta = set()                   # 定义一个空集合
>>> print(seta)                    # 输出结果为:set()   # 注意空集合的形式
>>> setb = set([1,2,3,4,3,2])      # 利用列表生成集合,注意重复元素只保留一次
>>> print(setb)                    # 输出结果为:{1, 2, 3, 4}
>>> setc = set('abcdcba')          # 利用字符串生成集合
>>> print(setc)                    # 输出结果为:{'a', 'd', 'c', 'b'}
```

### 4.4.2 集合的常用方法及运算符号

Python 提供了一系列对集合的操作，表 4.4 列出了集合的常用操作。

表 4.4　集合的常用操作（假设 seta={1,2,3} setb={2,3,4}）

| 操作 | 格　式 | 说　明 | 示　例 |
|---|---|---|---|
| 增加元素 | seta. add(item) | 将 item 增加到集合 seta 中 | >>> seta. add(4)<br>>>> print(seta) # 执行结果为:{1, 2, 3, 4} |
| 删除元素 | seta. pop() | 弹出并返回任意一个元素，若无元素，则返回异常 | >>> m=seta. pop()<br>>>> print(m) # 执行结果为:1 |
| | seta. discard(item) | 删除集合中的元素 item | >>> seta. discard(1)<br>>>> print(seta) # 执行结果为:{2,3} |
| | seta. remove(item) | 删除集合中的元素 item，若不存在，则出错 | >>> seta. remove(1)<br>>>> print(seta) # 执行结果为:{2,3} |
| 统计长度 | len(seta) | 统计集合元素个数 | >>> len(seta) # 执行结果为:3 |
| 清空集合 | seta. clear() | 移除集合 seta 中的所有元素 | >>> seta. clear()<br>>>> seta # 执行结果为:{} |
| 复制集合 | seta. copy() | 复制一个集合 | >>> setb=seta. copy()<br>>>> setb # 执行结果为:{1, 2, 3} |
| 差集操作 | seta. difference (setb) | 获取 seta 与 setb 的差集 | >>> seta. difference(setb)<br># 差集操作，即 seta-setb，执行结果为:{1}<br>>>> seta # 注意，运行结束后，seta 的值不变，<br># 执行结果为:{1, 2, 3} |
| | seta-setb | | >>> seta-setb # 执行结果为:{1} |

续表

| 操作 | 格式 | 说明 | 示例 |
| --- | --- | --- | --- |
| 交集操作 | seta.intersection(setb) | 获取 seta 与 setb 的交集 | >>> setc= seta.intersection(setb)<br>>>> setc #执行结果为:{2, 3} |
| | seta & setb | | >>> seta & setb #执行结果为:{2, 3} |
| 并集操作 | seta.union(setb) | 获取 seta 与 setb 的并集 | >>> setc=seta.union(setb)<br>>>> setc #执行结果为:{1, 2, 3, 4} |
| | seta \| setb | | >>> seta \| setb #执行结果为:{1, 2, 3, 4} |

### 4.4.3 不可变集合

Python除了支持前文介绍的可变集合外，还支持不可变集合，简单理解就是一旦定义为不可变集合，那么其值就不可更改，例如：

```
>>> setc = frozenset()              #定义一个不可变空集
>>> setd = frozenset('abcde')       #定义一个包含5个元素的不可变集合
>>> print(setd)                     #输出结果为:frozenset({'c', 'a', 'd', 'b', 'e'})
>>> setd.add('f')                   #试图在不可变集合中增加一个元素,但是运行报错
Traceback (most recent call last):
  File "<pyshell#88>", line 1, in <module>
    setd.add('f')
AttributeError: 'frozenset' object has no attribute 'add'
```

不可变集合支持如下方法：copy()、difference()、intersection()、isdisjoint()、issubset()、issuperset()、symmetric_difference()、union()，具体使用方式与可变集合的使用方式相同，在此不再重复。

## 4.5 综合例子

**【实例4.10】** 根据诗名猜作者。系统功能：显示诗名，要求用户输入该诗的作者，系统判断是否正确。

分析：一位诗人对应多首诗，但是一首诗对应一位诗人，所以考虑将诗名和诗人的信息以“诗名:诗人”的格式存储到字典中。系统应随机选择某一首诗。将字典的键名取出存储到一个列表中，用random.choice()方法从该列表中随机选择一首诗。再让用户输入答案，判断是否正确。

源代码如下：

```
1   #该实例实现功能:根据诗名猜作者
2   import random
3   #定义一个字典,字典中的元素以诗名:作者格式存储
4   poem_writer = {'锄禾':'李绅','九月九日忆山东兄弟':'王维','红豆':'王维',
5                  '咏鹅':'骆宾王','秋浦歌':'李白','将进酒':'李白',
6                  '竹石':'郑燮','石灰吟':'于谦','示儿':'陆游'}
7   poems = list(poem_writer.keys())
8   poem = random.choice(poems)
9   print(poem,'的作者是谁')
10  answer = input('enter your answer:')
```

```
11    if answer == poem_writer[poem]:
12        print("correct!")
13    else:
          print("wrong")
```

运行结果如下：

```
咏鹅 的作者是谁
enter your answer:李白
wrong
```

程序的主要逻辑如下。

（1）定义一个诗名到作者的字典 poem_writer，存储一些古诗信息。

（2）从字典的键(诗名)中随机选取一个诗名 poem。

（3）打印提示，要求用户输入该诗名对应的作者，使用 input 函数获取用户输入的作者 answer，判断 answer 是否等于字典中诗名对应的作者，如果相等，打印 correct，否则打印 wrong。

**【实例 4.11】** 文本分析。请分析下段文字中单词的个数、出现频率最高的前 5 个单词及其出现的次数。

Chinese tech heavyweight Baidu Inc ranked first in artificial intelligence talents that are engaged in fields like pre-trained large language models, deep learning, natural language processing, intelligent voice, computer vision and autonomous driving, said a new report.

According to the report released by the China Academy of Information and Communications Technology, Baidu has applied for nearly 700 patents in terms of LLMs and it was granted more than 160 such patents, topping the list among domestic AI companies.

LLMs refer to computer algorithms that are trained with huge amounts of data and are capable of generating content such as images, text, audio and video. They are the key technology underpinning ChatGPT, an AI chatbot developed by US-based AI research company OpenAI.

Baidu also secured the top spot in patent applications related to deep learning, as it has filed more than 5,000 such patent applications.

The report said the Yangtze River Delta region, the Beijing-Tianjin-Hebei area and the Guangdong-Hong Kong-Macao Greater Bay Area have gained obvious advantages in AI industry compared with other regions across the nation.

The domestic AI talents are mainly concentrated in leading tech companies, with Baidu, Huawei and Tencent dominating the top three positions in AI talent competiveness, it added.

Baidu introduced Ernie Bot, its large language model and ChatGPT-like product in March, which boasts capabilities in fields such as literary creation, business writing, mathematics and understanding the Chinese language.

So far，more than 150，000 enterprises have requested beta testing for Ernie Bot，which has been applied in a wide range of segments including energy，finance，education and healthcare，the company said.

分析：

(1) 将文本中所有单词转为小写。

(2) 将单词分隔开。由于分隔符有空格和各种标点符号，所以可将所有标点符号用空格代替，再用 split()方法分隔为一个个单词。

(3) 用“单词:次数”的格式将每个单词及对应的出现次数存储到字典中。

源代码如下：

```
1   txt = '''
2   Chinese tech heavyweight Baidu Inc ranked first in artificial intelligence talents that
3   are engaged in fields like pre-trained large language models, deep learning, natural
4   language processing, intelligent voice, computer vision and autonomous driving, said a
5   new report.
6   According to the report released by the China Academy of Information and Communications
7   Technology, Baidu has applied for nearly 700 patents in terms of LLMs and it was granted
8   more than 160 such patents, topping the list among domestic AI companies.
9   LLMs refer to computer algorithms that are trained with huge amounts of data and are
10  capable of generating content such as images, text, audio and video. They are the key technology
11  underpinning ChatGPT, an AI chatbot developed by US-based AI research company OpenAI.
12  Baidu also secured the top spot in patent applications related to deep learning, as it has
13  filed more than 5,000 such patent applications.
14  The report said the Yangtze River Delta region, the Beijing-Tianjin-Hebei area and the
15  Guangdong-Hong Kong-Macao Greater Bay Area have gained obvious advantages in AI industry
16  compared with other regions across the nation.
17  The domestic AI talents are mainly concentrated in leading tech companies, with Baidu,
18  Huawei and Tencent dominating the top three positions in AI talent competiveness, it added.
19  Baidu introduced Ernie Bot, its large language model and ChatGPT-like product in March,
20  which boasts capabilities in fields such as literary creation, business writing, mathematics
21  and understanding the Chinese language.
22  So far, more than 150,000 enterprises have requested beta testing for Ernie Bot, which
23  has been applied in a wide range of segments including energy, finance, education and
24  healthcare, the company said.
25  '''
26  txt = txt.lower()
27  for ch in ",.;?!'":
28      txt = txt.replace(ch," ")                 #用空格代替标点符号
29  words = txt.split()                          #将这段文字分隔为单词,并放入一个列表中
30  #下面准备以字典的形式存储每个单词
31  counts = {}
32  for word in words:
33      counts[word] = counts.get(word, 0) + 1
34  #按照单词出现的次数排序
35  #首先将字典中的键值对作为列表的元素放入列表中。
36  words_counts = list(counts.items())
37  #对 words_counts 排序,按照出现的次数
38  words_counts.sort(key = lambda x:x[1],reverse = True)
39  #输出频度最高的 5 个单词及相应的次数
40  for i in range(5):
41      print(words_counts[i][0],":",words_counts[i][1])
```

运行结果如下：

```
the : 14
in : 10
and : 10
ai : 6
baidu : 5
```

**【实例 4.12】** 用户登录检测模块。用户输入用户名和密码，判断是否正确。若用户名不存在，则提示不存在；若用户名正确，密码不正确，则提示密码不正确；若都正确，则提示登录成功。

分析：将用户名和对应的密码存储到一个字典中，再将用户输入的用户名和密码与字典中存储的信息进行比较。

```
1   name_password = {"zhangsan":"abc123","lisi":"123456","wangwu":'666666',"qiansan":"888888"}
2   user_name = input("enter your name:")
3   user_password = input("enter your password:")
4   if user_name in name_password.keys():
5       if name_password[user_name] == user_password:
6           print("Load Success!")
7       else:
8           print("Password wrong!")
9   else:
10      print("user name not exit")
```

## 4.6 法治中国　任重道远　从排队做起

### 4.6.1 思政导入

党的二十大报告提出，坚持全面依法治国，推进法治中国建设。法治是治国理政的基本方式，依法治国是社会主义民主政治的基本要求。社会中的每个个体都要遵守规则、维护规则，例如学生遵守课堂秩序，教学才能有序进行；企业员工遵守企业的规章制度，才能保证正常生产；行人、车辆遵守交通法规，才能保证交通有序。社会有了各种规章制度，人们的生活才能安定有序地进行；国家有了各种法律法规，人们的生活才有安全保障。

法律法规虽然效力较高，但日常生活中，对部分行为的规范只能依靠教育引导，如排队购买商品、排队上车、排队买车票等。这些行为虽然微小，却能反映一个人甚至一个国家的素质。排队是社会文明的基本要求，法治中国，任重道远，从排队做起。

### 4.6.2 案例任务

先来先服务是生活中需要遵守的规则。在计算机操作系统中，也涉及排队问题，例如，在只有一个 CPU 的计算机系统中，很多作业在等待使用 CPU，操作系统会将 CPU 分配给哪项作业呢？一种常见的方法是先来先服务策略。

### 4.6.3 案例分析与实现

本案例模拟实现操作系统中的先来先服务进程调度算法，其基本流程如下。

(1) 用户输入若干进程的信息,包括进程名和需要运行的时间,并将进程名按照输入顺序放入列表,进程名和运行时间按照"键名:键值"的形式放入字典。

(2) 按照先进先出的顺序获取列表中的一个元素。

(3) 开始运行该进程,并输出相应信息。

(4) 转到第(2)步,直至列表为空。

源代码如下:

```
1    #用户输入作业名和作业需要的运行时间
2    import time
3    job_list = []
4    job_time = {}
5    for i in range(3):
6        p_name = input("enter job name:")
7        p_time = eval(input("enter cpu time:"))
8        job_list.append(p_name)
9        job_time[p_name] = p_time
10   print("begin FCFS:")
11   print('正在服务的对象      等待列表')
12   for i in range(3):
13       run_p = job_list.pop(0)
14       print(run_p, '            ', job_list)
15       time.sleep(job_time[run_p])
16   print("所有进程运行结束")
```

运行结果如下:

```
enter job name:p1
enter cpu time:2
enter job name:p2
enter cpu time:1
enter job name:p3
enter cpu time:2
begin FCFS:
正在服务的对象      等待列表
p1             ['p2', 'p3']
p2             ['p3']
p3             []
所有进程运行结束
```

### 4.6.4　总结和启示

随着我国经济的快速发展,人们的生活水平得到了极大的提升,但是中国式过马路、理直气壮插队、公共场所乱拥乱挤、城市交通乱停乱行等不文明行为还是屡见不鲜。排队作为社会文明的基本准则,需要人人遵守,这样才能提高人们美好生活的幸福指数,促进社会公平正义,保障并增进人民的获得感和幸福感。

## 4.7 本章小结

本章详细介绍了 Python 中常见的列表、元组、字典、集合等序列数据类型，并通过丰富的实例阐述了这些数据对象的创建及使用方法，特别是序列数据类型的切片操作及常用的函数。能够熟练地创建并灵活使用这些序列数据类型是本章学习的重点。

## 4.8 巩固训练

**【训练 4.1】** 创建包含 0～9 共计 10 个整型数据元素的列表对象、元组对象和集合对象。

**【训练 4.2】** 对上题中的列表对象进行取下标为[1,3,5]的切片操作。

**【训练 4.3】** 已知某数据为“abcdedcba”，利用所学的知识输出该数据中的元素（不输出重复元素）。

**【训练 4.4】** 将自己的学号、姓名、性别信息定义为一个字典，并利用讲过的方法添加自己的身高信息到字典中，然后输出这 4 项信息。

**【训练 4.5】** 定义一个包含 10 个同学考试成绩的元组，再运用讲过的相关函数输出 10 个同学中的最高分、最低分及平均分。

**【训练 4.6】** 改进实例 4.10，以选择题的形式使用户选择诗名对应的诗人。

# 第5章 函数

## 能力目标

【应知】 理解通过函数实现模块化编程思想。

【应会】 掌握函数定义和调用的方法,掌握函数参数传递机制,掌握默认参数、可变长参数和关键字参数,掌握局部变量和全局变量,掌握 lambda 函数和递归函数。

【难点】 函数的参数、lambda 函数和递归函数。

## 知识导图

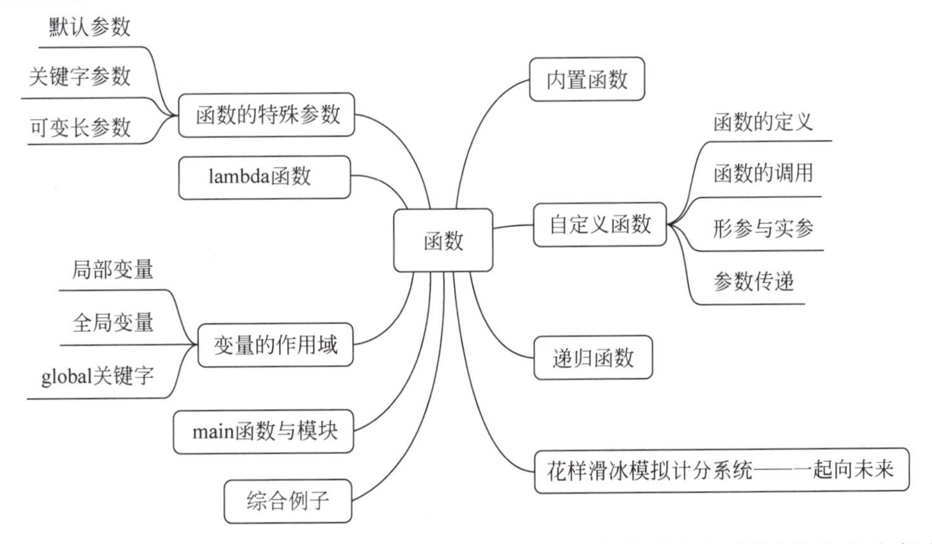


在设计较复杂的程序时,一般采用自顶向下的方法,先将复杂问题划分为几个部分,再对各个部分进行细化,直到分解为能解决的子问题,每个子问题就变为独立的程序模块。每个模块是整个系统的一部分,完成一个单独的功能,这就是模块化编程。模块化编程的主要思想是将程序分解为逻辑上相对独立的模块,每个模块实现特定的功能,相互之间通过预先定义的接口进行交互。

为实现模块化,可使用函数封装模块的代码。函数可以将相关代码块组织在一起,通过定义函数接口与其他部分交互。函数有助于将大程序拆分为逻辑独立的模块,通过封装提高代码的复用性和可维护性,并提高程序的可读性。总之,使用函数可使代码更清晰、灵活、可管理,是模块化编程的基础。

本章主要内容包括 Python 内置函数和自定义函数,如何定义函数,如何调用函数,函数的实参、形参，参数之间是如何传递的，函数的默认参数、可变长参数、关键字参数、局部变量和全局变量、lambda 函数、filter 函数、map 函数、递归函数、main 函数及模块。

## 5.1 内置函数

为方便用户使用，Python 提供了许多内置函数，如 print、abs、len、int、max 等。表 5.1 列出了常用的内置函数，内置函数是可以直接使用的函数。对于内置函数，需要掌握函数名、函数功能、函数参数和返回值。

表 5.1 常用的内置函数

| 函数类别 | 函数名 | 说　明 | 示　例 | 运行结果 |
|---|---|---|---|---|
| 输入输出 | print(s) | 输出字符串 s | >>> print("hello, Python") | hello,Python |
| | input() | 获取用户输入内容 | >>> name=input("enter your name: ") | |
| 数值运算 | abs(x) | 返回参数 x 的绝对值 | >>> abs(-3.4) | 3.4 |
| | divmod(a, b) | 返回一个包含商和余数的元组：(a // b, a % b) | x,y=divmoid(10,3) | (3,1) |
| | round(x[, n]) | 返回参数 x 的四舍五入值，参数 n 可选，表示保留 n 位小数，默认表示不保留小数位 | >>> round(3.1415926)<br>>>> round(3.1415926,2) | 3<br>3.14 |
| | pow(a,b) | 返回参数 a 的 b 次幂 | >>> power(3,2) | 9 |
| | sum() | 对可迭代对象参数求和 | >>> sum(1,2,3,4)<br>>>> sum([1,2,3,4]) | 10<br>10 |
| | min() | 求最小值 | >>> min(1,2,3,4)<br>>>> min([1,2,3,4]) | 1<br>1 |
| | max() | 求最大值 | >>> max(1,2,3,4)<br>>>> max([1,2,3,4]) | 4<br>4 |
| 类型转换 | int(a) | 将参数 a 转换为整数并返回 | >>> int(3.5) | 3 |
| | float(a) | 根据参数 a 返回其对应的浮点数 | >>> float(3) | 3.0 |
| | str(a) | 返回参数 a 的字符串形式 | >> str(35) | '35' |
| 数据结构 | list(iterable) | 接受一个可迭代的对象作为输入参数，将该对象中的元素转换为列表，再返回这个列表 | >>> list((1,2)) | [1,2] |
| | tuple(iterable) | 接受一个可迭代的对象作为输入参数，将该对象中的元素转换为元组，再返回该元组 | >>> tuple([1,2]) | (1,2) |
| | dict(iterable) | 通过迭代 iterable 对象，将键值对重新组装为字典 | >>> dict([('a', 1), ('b', 2)])<br>>> dict(a=1, b=2) | {'a': 1, 'b': 2}<br>{'a': 1, 'b': 2} |
| | set(iterable) | 将可迭代对象转换为集合，元素不重复 | >>> set([1,2,2,3]) | {1,2,3} |

续表

| 函数类别 | 函数名 | 说明 | 示例 | 运行结果 |
|---|---|---|---|---|
| 序列运算 | range(start, stop[, step]) | 返回一个[start, stop)步长为step的列表,start和step的默认值分别为0和1 | >>> range(5)<br>>>> range(1,5)<br>>>> range(1,5,2) | [0,1,2,3,4]<br>[1,2,3,4]<br>[1,3] |
| | len(s) | 返回对象s中元素的个数 | >>> len([1,2,3,"h"]) | 4 |
| | sorted(iterable, key = None, reverse=False) | 对可迭代序列进行排序,返回排序后的序列 | >>> sorted([5,2,3])<br>>>> sorted([5,2,3], reverse=True) | [2,3,5]<br>[5,3,2] |
| | filter(function, iterable) | 对iterable对象中的每个元素调用function函数进行判断,将函数返回True的元素过滤出来,生成一个新的迭代器返回 | >>> list(filter(lambda x: x%2 == 0, [1,2,3, 4])) | [2,4] |
| | zip(*iterables) | 将可迭代对象中对应的元素打包为一个个元组,再返回由这些元组组成的zip对象 | >>> n=[1,2]<br>>>> s=["a","b"]<br>>>> list(zip(n,s)) | [(1, 'a'), (2, 'b')] |
| | map(function, iterable, ...) | 将function函数依次作用到iterable可迭代对象中的每个元素,并将结果作为新的map对象返回 | >>> n=[1,2]<br>>>> list(map(lambda x: x*3,n)) | [3,6] |
| 其他 | id(object) | 返回参数object的内存地址 | y=id(6) | |
| | type(object) | 返回参数object的数据类型 | type(4) | <class 'int'> |

## 5.2 自定义函数

### 5.2.1 函数定义

当内置函数无法满足需求时,需要自己创建函数,称为自定义函数,其语法格式为:

```
def func_name([arguments]):            # 函数定义头部,指定函数名和参数
    statement(s)                       # 函数体语句,实现功能
    [return expression]                # 返回值表达式
```

函数由两部分组成:函数头和函数体。

函数头:包括def关键词、函数名称、参数列表。函数头以def开头,后跟函数名称和圆括号()。圆括号中是参数列表,多个参数之间用英文逗号隔开,可以没有参数。圆括号后面是一个冒号。

函数体:函数体包含函数执行的语句,使用缩进表示函数体代码块。函数体内部可使用return语句返回值。如果没有return语句,函数将不返回值。一个函数可有多个返回值。

函数定义涉及函数的名称、参数、返回值及函数体代码,是创建一个函数的必要元素。通过函数定义,构造一个可被重复调用的代码块,用于实现特定的功能。

**【实例5.1】** 函数定义示例。

```
1    def greet():        #定义一个输出欢迎信息的函数.函数名为 greet,没有参数
2        print("Welcome to Python world!")
3    def c_f(c):         #定义一个将摄氏度向华氏度转换的函数,函数名为 c_f,有一个参数 c
4        f = 32 + c * 1.8
5        return f
```

该程序定义了两个函数。

greet 函数：无参数，打印一条问候语，没有返回值。

c_f 函数：有 1 个参数 c，实现摄氏度到华氏度的转换，通过 return 返回计算结果。

运行上述程序，发现该程序没有任何输出，因为程序中只进行了函数定义，未调用函数。定义仅表示创建了函数，但未实际执行。要实现函数功能，必须在其他地方调用预先定义的函数。

## 5.2.2 函数调用

函数调用是使用预先定义的函数完成某项任务的过程，函数调用会引发程序控制流从主程序转移到被调用函数的函数体，执行其中的语句，再返回主程序调用点并带回返回值。

函数调用的格式如下：

```
func_name(par1,par2, … )
```

其中：

func_name 为函数名，调用的函数名必须与定义的函数名完全一致。

函数调用中函数名后圆括号内的 par1，par2，… 为函数实参，即从主程序向该函数传递的参数值。需要注意的是，函数调用时的参数个数和参数顺序必须与函数定义时一致。另外，即使该函数没有参数，调用时也要书写一对空的括号。

**【实例 5.2】** 调用【实例 5.1】中定义的函数示例。

```
1    greet()                        #调用函数 greet,该函数没有返回值
2    f_temperature = c_f(30)        #调用函数 c_f,将 30 的值传递给参数 c
3    print("30 摄氏度对应的华氏度为:",f_temperature)
4    print("20 摄氏度对应的华氏度为:",c_f(20))   #调用函数 c_f,将 20 的值传递给参数 c
```

运行结果如下：

```
Welcome to Python world!
30 摄氏度对应的华氏度为: 86.0
20 摄氏度对应的华氏度为: 68.0
```

实例 5.2 调用了实例 5.1 中定义的两个函数。

（1）调用 greet 函数，该函数无返回值，直接调用即可执行其内部语句。

（2）调用 c_f 函数，该函数有返回值。可将返回值赋给变量，如 f_temperature=c_f(30)，也可直接将函数调用作为表达式的一部分，如 print(c_f(20))。

所以对于无返回值的函数，直接调用即可。对于有返回值的函数，可通过赋值运算获得返回值，也可直接使用函数调用结果。

通过调用可重复使用函数内部的代码逻辑。正确调用函数是应用函数的关键。

【实例 5.3】 有多个返回值的函数示例。

```
1    def ave_names(dic1):
2        scores = [values for values in dic1.values()]
3        sum = 0
4        for score in scores:
5            sum = sum + score
6        ave = sum/len(scores)
7        names = []
8        for name in dic1.keys():
9            if dic1[name]< ave:
10               names.append(name)
11       return ave,names
12   scores = {"zhangsan":90,"lisi":79,"wangwu":56,"zhangliu":72}
13   average,names = ave_names(scores)
14   print("平均分:",average)
15   print("低于平均分的有:",names)
```

运行结果如下：

```
平均分: 74.25
低于平均分的有: ['wangwu', 'zhangliu']
```

该示例定义了 ave_names 函数，用于计算学生成绩的平均分和低于平均分同学的名字。函数参数是一个字典，该字典是以“姓名：分数”格式存储的成绩单。该函数首先计算所有分数的平均值 ave，再遍历所有名字，如果分数低于 ave，则将名字添加到 names 列表，通过 return 语句返回 ave 和 names 两个值。函数调用时，使用两个变量接收返回值：average，names=ave_names(scores)，变量 average 接收返回的 ave，names 接收返回的 names。

该示例展示了函数可通过一个 return 语句返回多个值。调用时需用多个变量对应接收函数的多个返回值。

## 5.2.3 形式参数和实际参数

函数的参数有形式参数(简称形参)和实际参数(简称实参)之分，其中形参是指函数定义时函数名后括号中的参数，用于接收函数调用时传入的具体数据，其作用域为该函数局部。实参是函数调用时函数名后括号中的参数，用于向形参传递具体的值。在进行函数调用时参数传递的过程如图 5.1 所示。

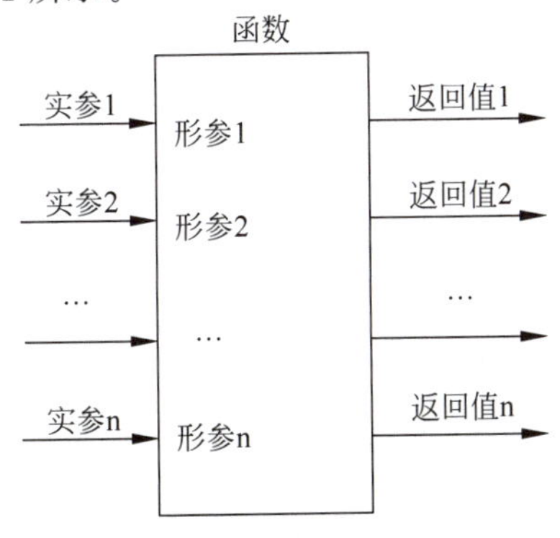


图 5.1 函数调用示意图

**【实例 5.4】** 形参和实参示例。

```
1    def add(a,b):#这里的 a 和 b 就是形参
2        return a+b
3    result=add(1,2)#这里的 1 和 2 是实参
4    print("1 + 2 =",result)
5    x=2
6    y=3
7    print(x,"+",y,"=",add(x,y))#这里的 x 和 y 是实参
```

运行结果如下：

```
1 + 2 = 3
2 + 3 = 5
```

实例 5.4 中定义了一个函数 add，有两个形参 a 和 b，一个返回值。第 3 行 result=add(1,2)是函数调用，这里的 1 和 2 是实参，1 的值传递给形参 a，2 的值传递给形参 b，add(1,2)得到的值赋给 result。

add(1, 2) #函数调用

实参向形参传递

add(a, b)#函数定义

图 5.2　参数传递示意图

在函数调用时，实参列表按照形参列表的顺序依次向形参传递，如图 5.2 所示。

第 7 行也是函数调用，首先将实参 x 的值传递给形参 a，实参 y 的值传递给形参 b，计算得到 a、b 之和，再返回两者之和，通过 print 语句输出结果。

在函数调用时，实参和形参要一一对应，包括参数个数的对应、参数类型的对应，否则将导致错误。

假设仍然使用上面的 add 函数，如果进行如下函数调用：

```
>>> print(add(5))
```

则提示如下错误：

```
TypeError: add() missing 1 required positional argument: 'b'
```

如果进行如下函数调用：

```
>>> print(add(2,'hello'))
```

则提示如下错误：

```
TypeError: unsupported operand type(s) for + : 'int' and 'str'
```

## 5.2.4　参数传递

在 Python 中，函数调用的参数传递有两种方式：值传递和引用传递。

值传递：

- 形参作为函数的局部变量，与实参的值完全独立。
- 形参相当于实参的一个副本，函数内部对其操作不会影响实参。
- 适用于不可变类型，如数字、字符串等。

引用传递：

- 传入的参数是可变对象，如列表、字典等。

- 形参和实参引用同一对象，对形参的操作会改变实参。
- 实参传入的对象在函数中被修改，源对象也会改变。

区分传递方式，有助于理解函数对参数的影响范围。值传递保护实参安全，引用传递方便修改可变对象。

**【实例 5.5】** 参数传递示例。

```
1   def plus_one(x):                    # 将数值形参 x 的值增加 1
2       x = x + 1
3   def plus_two(lst):                  # 将列表形参的每个元素值增加 2
4       for i in range(len(lst)):
5           lst[i] = lst[i] + 2
6   m = 5
7   list1 = [1,2,3]
8   print("执行增加函数之前:")
9   print("m:",m)
10  print("list1:",list1)
11  plus_one(m)
12  plus_two(list1)
13  print("执行增加函数之后:")
14  print("m:",m)
15  print("list1:",list1)
```

运行结果如下：

```
执行增加函数之前:
m: 5
list1: [1, 2, 3]
执行增加函数之后:
m: 5
list1: [3, 4, 5]
```

实例 5.5 中定义了两个函数，其中 plus_one 函数的参数是数值类型变量 x，其功能是将 x 的值增加 1。plus_two 函数的参数是一个列表型变量 lst，其功能是将 lst 中每个元素的值增加 2。

主程序中，先定义一个数值类型变量 m，值为 5；再定义一个列表类型变量 list1，值为 [1,2,3]。在进行函数调用 plus_one(m)时，将 m 作为实参传递给形参 x，但在 plus_one 内部对 x 的改变不会影响外部变量 m。在进行函数调用 plus_two(list1)时，将 list1 作为实参传递给形参 lst，在 plus_two 内部对 lst 的改变会影响实参 list1。

因为数值类型属于不可变数据类型，采用值传递；而列表类型属于可变数据类型，采用引用传递。值传递时，形参不会影响实参；引用传递时，形参和实参引用同一对象，对形参的修改反映到实参上。

## 5.3 函数的特殊参数

### 5.3.1 默认参数

Python 中的函数支持设置参数的默认值，可使用赋值运算符“=”实现。定义函数时可

为参数设置默认值，如实例 5.6 所示。

```
1    def power(x, n = 2):              #默认参数 n 的值为 2
2        s = 1
3        while(n > 0):
4            s = s * x
5            n = n - 1
6        return s
7    y = power(5)                      #函数调用时，第二个参数 n 没有指定值，采用默认值 2
8    print(5," ** ",2," = ",y)
9    print("4 ** 3 = ",power(4,3))     #函数调用时，指定了第二个参数 n 的值，就采用指定的值
```

定义 power 函数时，指定了第二个参数 n 的值为 2。在进行函数调用时：

- 如果没有传递 n 的参数，该参数将取默认值 2，如第 7 行 power(5)所示。

- 如果调用时传递了 n 的参数，如第 9 行 power(4, 3)，则该参数取传入的实参值 3，而不是默认的 2。

参数默认值可简化函数的调用。调用者可仅传递变化的参数，不需要传递所有参数。默认参数只能出现在参数列表的最后，其后不能出现非默认参数，如实例 5.7 所示。

**【实例 5.7】** 默认参数的错误示例。

```
1    def power(x = 2, n):
2        s = 1
3        while(n > 0):
4            s = s * x
5            n = n - 1
6        return s
7    y = power(5)
8    print(y)
```

运行结果如下：

```
def power(x = 2, n):
                ^
SyntaxError: non - default argument follows default argument
```

## 5.3.2 关键字参数

在 Python 中，函数参数的传递默认按位置匹配，即在调用函数时传递给函数的参数值会按照函数定义中参数的顺序自动与形参进行匹配。例如，函数定义：def func_1(a, b, c, d)，函数调用：func_1(x, y, z, w)，则形成如图 5.3 所示的参数传递效果。

```
函数调用： func_1(a, b, c, d)
                  ↓  ↓  ↓  ↓
函数定义： func_1(x, y, z, w)
```

图 5.3 参数传递

可以看出，函数调用时实参按照形参的位置从左到右依次传递，实参的顺序必须与形参完全一致。一旦两者不一致，会产生异常运行结果。例如，求 $2^3$：

```
>>> print(pow(2,3))          #输出结果为 8,正确
>>> print(pow(3,2))          #输出结果为 9,错误
```

可以看出，按位置传参数易出现参数顺序不匹配问题。为解决此问题，Python 支持关

键字参数传递，其基本形式为“参数名 = 值”，从而明确指定参数对应的值，不再依赖参数的位置，如实例5.8所示。

**【实例5.8】** 关键字参数示例。

```
1    def student_information(name,age,college):
2        print("name:",name)
3        print("age: ",age)
4        print("college:",college)
5    student_information("zhangsan",18,"computer science")        #按照位置传递参数
6    #第一个参数按照位置传递，后面两个按照参数名称传递
7    student_information("wangwu",college = "computer science",age = 18)
```

实例中定义了一个函数 student_information，含3个参数：name、age 和 college。

第5行代码 student_information("zhangsan", 18, "computer science")使用位置参数，将3个实参的值依次传递给 name、age 和 college。

第7行代码 student_information("wangwu", college="computer science", age=18)既使用了位置参数"wangwu"，也使用了关键字参数 college 和 age。位置参数满足从左到右依次传递的要求，关键字参数则通过“参数名 = 值”明确指派给对应的形参。所以“wangwu”传递给 name，“computer science”传递给 college，18 传递给 age。

注意，位置实参和关键字实参都是针对实参的，函数定义的参数顺序和名称不受影响。在函数定义中，形参还是与原来一样没有区别。只不过在函数调用时，如果是位置实参，则按照形参的顺序依次传递；如果是关键字参数，则根据关键字名字传递参数；若既有位置参数，又有关键字参数，则进行函数调用时，按照下列格式进行参数传递：

```
funcname([位置实参], [关键字实参])
```

注意应严格遵照此顺序，即位置参数在前，关键字实参在后。

所以 student_information(college="computer science",age=18,"wangwu")会出现下列错误提示：

```
student_information(college = "computer science",age = 18,"wangwu")
                                                                    ^
SyntaxError: positional argument follows keyword argument.
```

## 5.3.3 可变长参数

在定义函数时，通常预先定义函数需要的形参个数。但在某些情况下，无法确定函数调用时传入的参数个数，这时可使用可变长参数接收不定个数的参数。可变长参数通常以“*参数名”的形式定义，这类参数可接收调用时传入的不定长度的位置参数，并组织为一个元组。定义可变长参数的语法如下：

```
def func_name(formal_args, *args):
  pass
```

当定义包含可变长元组参数的函数时，普通形参 formal_args 在前，可变长元组参数 args 在后。普通形参可有多个，而可变长元组参数只能有一个。

在调用含可变长参数的函数时，要先匹配固定参数，剩余的位置参数会被 args 接收并

组成一个元组。

【实例 5.9】 可变长元组参数示例一。

```
1    def func(a, b, *c):
2        print("a:",a)
3        print("b:",b)
4        print("c:",c)
5    func(1,2,3,4,5)
6    func(1,2)
```

函数定义了 3 个参数 a、b、c，第 5 行函数调用时形参 a 接收了第一个实参的值 1，形参 b 接收了第二个实参的值 2，剩下所有实参的值 3、4、5 组成一个元组，全部传递给了 c；第 6 行函数调用时，形参 a 和 b 接收传递过来的 1 和 2，没有其他实参，那么形参 c 就是一个空元组。其参数传递如图 5.4 所示，运行结果如下：

图 5.4 可变长元组参数传递示意图

```
a: 1
b: 2
c: (3, 4, 5)
a: 1
b: 2
c: ()
```

【实例 5.10】 可变长元组参数示例二。

```
1    def lessThan(cutoffVal, *vals) :
2        #该函数的功能是将小于参数 cutoffVal 的所有数字返回
3        arr = []
4        for val in vals :
5            if val < cutoffVal:
6                arr.append(val)
7        return arr
8    average = 75
9    ar = lessThan(average,89,34,78,65,52)
10   print("小于",average,"的数字有:",ar)
11   average = 85
12   ar = lessThan(average,90,73,89,76,34,78,88,52)
13   print("小于",average,"的数字有:",ar)
```

运行结果如下：

```
小于 75 的数字有: [34, 65, 52]
小于 85 的数字有: [73, 76, 34, 78, 52]
```

lessThan 函数定义了两个参数 cutoffVal 和 *vals，cutoffVal 为普通参数，vals 为可变长元组参数，因为其前有 *，可以接收匹配 cutoffVal 之后的所有位置参数。

第 9 行函数调用 ar=lessThan(average,89,34,78,65,52)时，首先将 average 传递给 cutoffVal，再将剩余的参数 89、34、78、65、52 作为一个元组全部传递给 vals。

Python 还提供了另一种可变长参数——可变长字典参数。可变长字典参数用在参数名称前面加两个星号“ ** ”表示，这种参数可接收函数调用时额外的关键字参数。

可变长字典参数的语法格式如下：

```
def func_name(formal_args, ** kwargs):
  pass
```

定义含可变长字典参数的函数时，普通形参 formal_args 在前，可变长字典参数 kwargs 在后，可变长字典形参只能有一个。

在函数调用时，会用实参依次匹配前面的普通参数 formal_args，之后剩下的所有格式如“关键字＝值”的实参将构成一个字典，传递给可变长字典参数 kwargs。

**【实例 5.11】** 可变长字典参数示例。学校新生开学注册时，其姓名和性别是必需信息，其他年龄、省份等信息是可选的，此时可使用可变长字典参数，即定义函数时，在参数名称前加 ** 。

```
1    #学生注册信息
2    def student(name,sex, ** others):      #others 前面 ** ,表明其可接收多余的字典参数
3        dic = {}
4        dic["name"] = name
5        dic["sex"] = sex
6        for k in others.keys():
7            dic[k] = others[k]
8        return dic
9    students = []
10   st1 = student("zhangsan","Male")       #没有多余的参数,所以此时 others 为空
11   st2 = student("lili","Female",age = 18,province = "jiangsu")  #多余的参数传入 others
12   students.append(st1)
13   students.append(st2)
14   for iterm in students:
15       print(iterm)
```

实例 5.11 中定义了一个 student 函数，该函数含 3 个参数：name、sex 和 others，前两个参数为普通参数，最后一个参数 others 前有 ** ，表明它是可变长字典参数，可接收匹配 name 和 sex 之后所有格式如“关键字＝值”的参数。

第 10 行 st1＝student("zhangsan","Male")，函数调用中只有两个实参，将“zhangsan”传递给形参 name，将“Male”传递给 sex，others 什么也没有接收到。

第 11 行 st2＝student("lili","Female",age＝18,province＝"jiangsu")，函数调用中有 4 个实参，首先“lili”传递给 name，“Female”传递给 sex，剩下的 age＝18，province＝"jiangsu"将构成一个字典，传递给 others。运行结果如下：

```
{'name': 'zhangsan', 'sex': 'Male'}
{'name': 'lili', 'sex': 'Female', 'age': 18, 'province': 'jiangsu'}
```

这种可变长字典参数实现了灵活的调用，可根据需要传递可选信息，使函数更具通用性。

总结来说，可变长字典参数用于接受函数调用中的额外关键字参数，是 Python 实现灵活参数调用的一种重要方式。

当然函数定义时既可包括可变长元组参数，也可包括可变长字典参数，其一般格式如下：

```
def func_name(formal_args, * args, ** kwargs):
  statements
  return expression
```

formal_args 代表一组普通参数，* args 代表一个可变长元组参数，** kwargs 代表一个可变长字典参数。注意，在函数定义时，必须是普通参数在前，可变长元组参数在后，可变长字典参数在可变长元组参数之后。def func_name(formal_args， ** kwargs， * args)、def func_name( * args，formal_args， ** kwargs)、def func_name( * args，** kwargs，formal_args)等顺序都是错误的，必须采用普通参数、可变长元组参数、可变长字典参数的顺序。

在函数调用时，实参会优先匹配普通参数，如果二者个数相同，那么可变长参数将获得空的元组和字典；如果实参的个数大于普通形参个数，且匹配完普通形参后多余的参数没有指定名称，那么将以元组的形式存放这些参数，如果指定了名称，则以字典的形式存放这些命名的参数。

【实例 5.12】 可变长元组参数和可变长字典参数综合示例。

```
1   def example(a, * args, ** kwargs):
2           print("a:",a)
3           print("args:",args)
4           print("kwargs:",kwargs)
5   example(1,2,3,4,5,6,7,8,name = 'Python',age = 30,)    #有可变长元组参数,也有可变长字典参数
6   print("*********************")
7   example(4,5,6)                  #有可变长元组参数,没有可变长字典参数
8   print("*********************")
9   example(2,name = "Lili")        #有可变长字典参数,没有可变长元组参数
10  print("*********************")
11  example(3)                      #只有普通参数,没有可变长元组参数,也没有可变长字典参数
```

实例 5.12 定义了一个包含一个普通参数、一个可变长元组参数、一个可变长字典参数的函数，函数的功能比较简单，输出这 3 部分的内容。函数调用时参数传递的具体细节如图 5.5 所示。

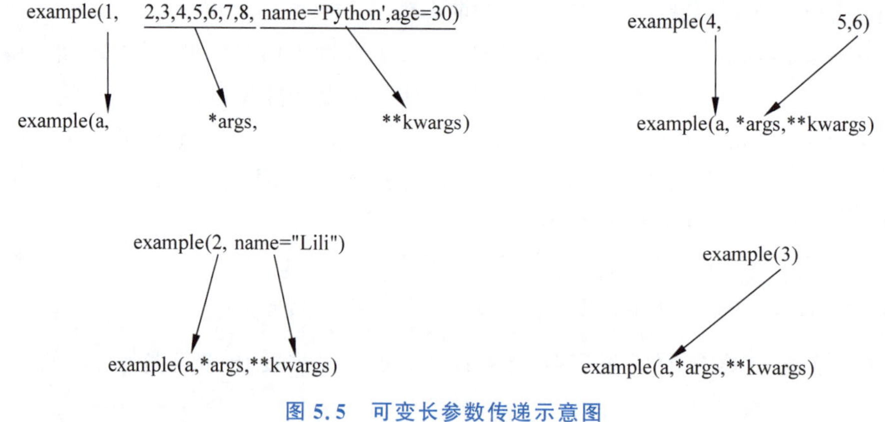


图 5.5 可变长参数传递示意图

运行结果如下：

```
a: 1
args: (2, 3, 4, 5, 6, 7, 8)
```

```
kwargs: {'name': 'Python', 'age': 30}
*********************
a: 4
args: (5, 6)
kwargs: {}
*********************
a: 2
args: ()
kwargs: {'name': 'Lili'}
*********************
a: 3
args: ()
kwargs: {}
```

## 5.4　lambda 函数

如果一个函数在程序中只调用一次，那么可使用 lambda 函数。lambda 函数为匿名函数，即函数没有具体的名称，而用 def 创建的方法是有名称的。其语法格式如下：

```
lambda [arg1[, arg2, … argN]]: expression
```

lambda 是匿名函数的关键字，冒号前面为参数，是可选的，如果没有参数，则 lambda 冒号前为空。冒号后边为匿名函数的表达式，注意表达式只能占用一行。

**【实例 5.13】**　lambda 函数示例。

```
1    add = lambda a,b:a + b# 将 lambda 函数赋值给一个变量,通过这个变量间接调用该 lambda 函数
2    print(add(3,4))
3    #还可这样使用:
4    print((lambda a,b:a + b)(3,4))
5    my_number = 5
6    is_even = (lambda x: x % 2 == 0)(my_number)
7    print(is_even)                # 输出 False
8    my_string = 'hello world'
9    upper_string = (lambda x: x.upper())(my_string)
10   print(upper_string)           # 输出 'HELLO WORLD'
```

运行结果如下：

```
7
7
False
HELLO WORLD
```

在实例 5.13 中，第 1 行 lambda a，b：a+b 中，匿名函数的形参为 a 和 b，表达式 a+b 为函数的返回值。注意，lambda 函数需在定义的同时调用该函数，而不能采用普通函数先定义再调用的方式。lambda 经常作为其他函数的参数，如 sort、filter、map 等。

filter 函数用于过滤序列中不符合条件的元素，返回符合条件的元素组成的新列表。其语法格式为：

```
filter(function, iterable)
```

其中，第一个参数为函数，第二个参数为序列，序列中的每个元素作为参数传递给函数进行判断，然后返回 True 或 False，最后将返回 True 的元素加入新列表。例如，

```
>>> fil = filter(lambda x: x > 10,[1,11,2,45,7,6,13])
>>> print(list(fil))    #执行结果为:[11, 45, 13]
```

上述代码中 filter 函数的第二个参数是一个列表：[1,11,2,45,7,6,13]，第一个参数是 lambda 函数：lambda x：x＞10，filter 函数取出符合 lambda 函数列表中的所有元素，即过滤不符合 lambda 函数的列表元素，得到一个新的列表，所以其运行结果为[11，45，13]。

map 函数会根据提供的函数对指定序列进行映射，返回一个将 function 应用于 iterable 中每一项并输出其结果的迭代器，其语法格式为：

```
map(function, iterable, …)。
```

其中，第一个参数为函数，第二个参数为一个或多个序列。

**【实例 5.14】** lambda 作为 map 函数参数示例。

```
1    mp1 = map(lambda x: x ** 2, [1, 2, 3, 4, 5])    # 使用 lambda 匿名函数作为参数
2    print(list(mp1))
3    mp2 = map(lambda x, y: x + y, [1, 3, 5, 7, 9], [2, 4, 6, 8, 10])    # 提供了两个列表,对相
4    # 同位置的列表数据进行相加
5    print(list(mp2))
6    mp3 = map(lambda x: x % 2 == 1, [1,3,2,4,1])
7    print(list(mp3))
```

运行结果如下：

```
[1, 4, 9, 16, 25]
[3, 7, 11, 15, 19]
[True, True, False, False, True]
```

在实例 5.14 中，第 1 行代码中 map 函数的第一个参数是 lambda 函数(lambda x：x ** 2)，第二个参数是一个列表([1，2，3，4，5])，利用 map 函数，对第二个参数(即列表中的每个元素)执行 lambda 函数，注意其返回值为 map 对象。第 2 行代码将 map 对象 mp1 转为 list，所以结果是：[1，4，9，16，25]。第 3 行代码 mp2＝map(lambda x，y：x ＋ y，[1，3，5，7，9]，[2，4，6，8，10])中的第一个参数是 lambda 函数，第二和第三个参数分别为列表，其功能是对两个列表相应位置的元素执行 lambda 函数，所以其运行结果是：[3，7，11，15，19]。请读者自行分析第 6 行代码的功能。

## 5.5 变量的作用域

变量的作用域是指变量起作用的范围，即能够在多大范围内访问它。

**【实例 5.15】** 变量的作用域示例。

```
1    def my_func():
2        a = 10
3        print("a:{}".format(a))
4        print("b:{}".format(b))
5    b = 20
```

```
6    my_func()
7    print("b:{}".format(b))
8    print("a:{}".format(a))
```

运行结果如下：

```
a:10
b:20
b:20
Traceback (most recent call last):
  File "C:/python 教材/n5_14.py", line 8, in <module>
    print("a:{}".format(a))
NameError: name 'a' is not defined
```

在实例 5.15 中，my_func 函数内部定义了一个变量 a，在函数外部定义了一个变量 b。在 my_func 函数中可以访问函数内部定义的 a，也可以访问函数外部定义的 b。但是，在函数外部可以访问 b，但是不能访问 my_func 函数内部定义的变量 a。因为 my_func 中定义的变量 a 称为局部变量，只能在该函数范围内访问；在函数外部定义的变量 b 称为全局变量，在整个文件中都是可见的，都可以访问。

## 5.5.1 局部变量

局部变量是指在自定义函数内部定义的变量，其作用域为该函数内部。

【实例 5.16】 局部变量示例一。

```
1    def func1(x,y):
2        x1 = x
3        y1 = y
4        print("in func1, x1:{},y1:{},x:{},y:{}".format(x1,y1,x,y))
5    def func2():
6        x1 = 10
7        y1 = 20
8        print("in func2, x1:{},y1:{}".format(x1,y1))
9    func1(2,3)
10   func2()
```

运行结果如下：

```
in func1, x1:2,y1:3,x:2,y:3
in func2, x1:10,y1:20
```

此例在 func1 中定义了变量 x1 和 y1，它们是局部变量。在 func2 中也定义了 x1 和 y1，它们也是局部变量。在 func1 中访问的 x1 和 y1 是 func1 中定义的 x1 和 y1，在 func2 中访问的 x1 和 y1 是 func2 中定义的 x1 和 y1。由此可见，局部变量的作用域是其所在的函数，即只能在此函数内部访问。下面稍微修改一下此例。

【实例 5.17】 局部变量示例二。

```
1    def func1(x,y):
2        x1 = x
3        y1 = y
```

```
4        print("in func1, x1:{},y1:{},x:{},y:{}".format(x1,y1,x,y))
5        func2()   #在函数 func1 中调用函数 func2
6    def func2():
7        x1 = 10
8        y1 = 20
9        print("in func2, x1:{},y1:{}".format(x1,y1))
10   func1(2,3)
```

此例中，func1 函数中调用了函数 func2，但是局部变量的作用域没有改变，即 func1 中定义的局部变量 x1 和 y2 的作用域仍然为 func1 内部，在 func2 中访问的 x1 和 y1 是 func2 中定义的局部变量 x1 和 y1。其运行结果如下：

```
in func1, x1:2,y1:3,x:2,y:3
in func2, x1:10,y1:20
```

### 5.5.2 全局变量

全局变量是指在函数外部定义的变量，其作用域为整个程序，即该程序中的所有函数都可以访问全局变量。

**【实例 5.18】** 全局变量示例。

```
1    z = 100                        #全局变量
2    def func1(x,y):
3        x1 = x
4        y1 = y
5        print("in func1, x1:{},y1:{},x:{},y:{},z:{}".format(x1,y1,x,y,z))
6    def func2():
7        x1 = 10
8        y1 = 20
9        print("in func2, x1:{},y1:{},z:{}".format(x1,y1,z))
10   func1(2,3)
11   func2()
12   print("z:{}".format(z))
```

此例中，在函数外部定义了一个全局变量 z，在函数 func1 和 func2 中均可访问此变量。运行结果如下：

```
in func1, x1:2,y1:3,x:2,y:3,z:100
in func2, x1:10,y1:20,z:100
z:100
```

**【实例 5.19】** 局部变量与全局变量同名示例。

```
1    z = 100                        #全局变量
2    def func1(x,y):
3        x1 = x
4        y1 = y
5        z = 50                     #同名局部变量
6        print("in func1, x1:{},y1:{},x:{},y:{},z:{}".format(x1,y1,x,y,z))
7    def func2():
8        x1 = 10
```

```
9            y1 = 20
10           print("in func2, x1:{},y1:{},z:{}".format(x1,y1,z))
11       func1(2,3)
12       func2()
13       print("z:{}".format(z))
```

运行结果如下：

```
in func1, x1:2,y1:3,x:2,y:3,z:50
in func2, x1:10,y1:20,z:100
z:100
```

实例 5.19 中，在函数外部定义了一个全局变量 z，在 func1 中也定义了一个变量 z，这里的 z 是在函数内部定义的，是一个局部变量，那么在 func1 中访问的 z 实际上是局部变量 z。

全局变量是在整个文件中声明，全局范围内都可以访问。局部变量是在某个函数中声明，只能在该函数内访问，如果试图在超出范围的地方访问，程序就会出错。如果在函数内部定义与某个全局变量一样名称的局部变量，那么在该函数内部访问此名称时，访问的是局部变量。无论在函数内如何改动此变量的值，只在函数内生效，对全局来说没有任何影响。这也侧面说明函数的局部变量优先级高于全局变量。

## 5.5.3 global 关键字

如果需要在函数体内修改全局变量的值，就要使用 global 关键字，即告诉 Python 编译器，此变量不是局部变量，而是全局变量。

【实例 5.20】 未成功修改全局变量示例。

```
1    num1 = 6
2    def fun1():
3        num1 = 2
4        print("函数内修改后 num1 = ",num1)
5    print("运行 func1 函数前 num1 = ",num1)
6    fun1()
7    print("运行 func1 函数后 num1 = ",num1)
```

运行结果如下：

```
运行 func1 函数前 num1 =  6
函数内修改后 num1 =  2
运行 func1 函数后 num1 =  6
```

实例 5.20 中声明了一个全局变量 num1=6，第 3 行代码在函数 func1 内部修改变量 num1 的值，调用函数 func1 后第 7 行代码输出 num 的值，发现在函数外部 num 的值并没有变化。这是因为函数内部的 num1 是一个局部变量，对局部变量的任何修改不会影响同名的全局变量。如果要在函数内部修改全局变量的值，可用关键字 global 进行声明。下面修改这个程序。

【实例 5.21】 global 声明全局变量示例。

```
1    num1 = 6                #全局变量
2    def fun1():
```

```
3        global num1    #用 global 声明变量 num1,意味着在此函数内部访问的 num1 为全局变量
4        num1 = 2
5        print("func1 函数内修改后 num1 = ",num1)
6    print("运行 func1 函数前 num1 = ",num1)
7    fun1()
8    print("运行 func1 函数后 num1 = ",num1)
```

实例 5.21 的 func1 中使用 global 声明 num1，那么该函数内部访问的 num1 就是全局变量，所以对其进行修改也就是对全局变量进行修改。

运行结果如下：

```
运行 func1 函数前 num1 =  6
func1 函数内修改后 num1 =  2
运行 func1 函数后 num1 =  2
```

**【实例 5.22】** 全局变量的错误示例。

```
1    gcount = 10                    #全局变量
2    def global_test():
3        gcount * = 2                #试图访问全局变量
4        print (gcount)
5    print("在运行函数之前 gcount",gcount)
6    global_test()
7    print("在运行函数之后 gcount",gcount)
```

实例 5.22 是一个错误示例，因为在函数 global_test 中，第 3 行 gcount= * 2 试图直接访问全局变量并进行运算，此时会提示错误“UnboundLocalError: local variable 'gcount' referenced before assignment”。所以，如果想要访问全局变量，可在函数内部使用关键字 global 进行声明。读者可自行修改这段代码，使之能够正确运行。

## 5.6 递归函数

递归是一个有趣的概念，可通过类似小明确定座位的例子理解递归的基本思想。

小明和同学们进电影院随便坐下看电影，小明想知道自己坐在电影院的第几排，他问自己前面一排的人是第几排，前面的人再问自己前面的人同样的问题……以此类推，类似问题被传递下去，这就是问题的“递”。当问题传到第一排的人时，他会给第二排的人一个确定的答案：1。然后第二排的人将其得到的答案 2 传给第三排的人，第三排的人再传给第四排的人，以此类推。假设小明最后从其前面的人处得到的答案为 9，那么他就可以确定自己坐在第 10 排。此过程中答案不断被构造出来并回传，称为“归”。

在此过程中，问题被一层一层地传递下去，而答案被一层一层地传递回来。这就是递归的基本思想：把一个大型复杂问题层层转化为一个与原问题相同但规模更小的问题，问题被拆解为子问题后，递归调用继续进行，直到子问题无须进一步递归即可解决为止。

如果函数中存在着调用函数本身的情况，这种现象叫作递归。如小明确定座位的例子，如果将确定座位定义为一个函数 ask_row_num，小明确定排次就是 ask_row_num(n)，前排的人确定排号就是 ask_row_num(n−1)，在 ask_row_num(n)中需要执行 ask_row_num(n−1)+1，

这就是递归，因为在 ask_row_num(n)中调用了 ask_row_num(n−1)，同时还有一个终止往下调用的条件，就是第一排的人不能再问前排的人了，他需要告诉第二排的人，他所在的排号为1。因此该函数可写为：

```
1   def ask_row_number(n):
2       if n == 1:
3           return 1
4       else:
5           return ask_row_number(n - 1) + 1
```

**【实例 5.23】** 请编写程序，使用递归实现阶乘。

**分析：** $n! = n*(n-1)*(n-2)*\cdots*2*1$ 可改写为：

$$n! = \begin{cases} 1 & n = 1 \\ n*(n-1)! & n > 1 \end{cases}$$

```
1   def fac(n):
2       if n == 1:
3           return 1
4       else:
5           return n * fac(n - 1)
6   m = 4
7   print(m,"!= ",fac(m))
```

运行结果如下：

```
4 != 24
```

递归的过程可分为“递”和“归”。下面是求 fac(4)的过程。

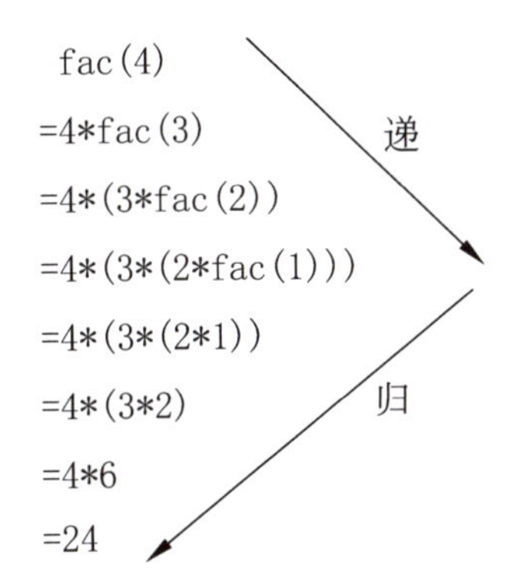


构成递归需具备以下两个条件。

1）基线条件

一个递归函数必须有一个基线条件，也就是递归的出口或终止条件。这是递归能够终止的条件，是最简单的情况。例如计算阶乘时，基线条件就是 n==1，直接返回1。

2）递归条件

递归函数需要递归条件以调用自身。在这个条件下，递归函数缩小问题的规模，为下一次递归调用简化问题。以阶乘为例，递归条件为：如果 n 不等于1，就调用 fac(n−1)，以达到简化问题的目的。

由上述分析可得出递归函数的模板：

```
1  def recursion(n):
2      if (终止条件):
3          return ****
4      else:
5          recursion(n-1)
```

使用递归具有以下优点：递归函数使代码可读且易于理解，还可将复杂函数简化。

但递归也有其劣势，因为要进行多层函数调用，会消耗较大的堆栈空间和较长的函数调用时间。在调用深度达到1000后Python会停止函数调用。运行print(fac(1000))会出现以下错误提示：

```
RecursionError: maximum recursion depth exceeded in comparison
```

**【实例5.24】** 利用递归实现二分查找。

在计算机科学中，查找算法用于在数据结构中搜索需要的元素，常见的有顺序查找和二分查找。顺序查找从头到尾依次检查每个元素，直到找到目标元素，时间复杂度为$O(n)$。二分查找利用数据的有序性，时间复杂度可降至$O(\log n)$。假设数据序列nums是按照升序排序的，要查找的元素为target，二分查找的思路如下。

初始搜索的索引范围为0～len(nums)－1，令left＝0，right＝len(nums)－1

(1) 从中间位置mid＝(left＋right)/2开始比较。

(2) 如果nums[mid]＝＝target，则查找结束，返回mid。

(3) 如果nums[mid]＞target，则继续在左半区间查找，令right＝mid－1，查找范围为left～right。

(4) 如果nums[mid]＜target，则继续在右半区间查找，令left＝mid＋1，即查找范围为left～right。

(5) 如果查找范围为空，即left＞right，则查找不成功，返回－1。

由此可见，递归的递归条件和基线条件如下。

递归条件：当未找到目标时，缩小范围继续搜索左半区间或右半区间。

基线条件：找到目标值或查找范围为空。

以上介绍了二分查找的基本思路，下面给出其递归实现源代码。

```
1   def binary_search(nums, target,left,right):
2       '''
3       #在nums列表中的索引范围为left～righ中查找元素target,查找成功,返回target在
4       #nums中的索引,不成功返回 -1
5       '''
6       if left > right:                  #递归的终止条件1,查找空间为空,即查找失败
7           return -1
8       mid = (left + right) // 2
9       if nums[mid] == target:           #递归的终止条件2,查找成功
10          return mid
11      elif nums[mid] > target:
12          return binary_search(nums, target, left, mid-1)   #递归条件:左半区间查找
13      else:
14          return binary_search(nums, target, mid+1, right)  #递归条件:右半区间查找
```

```
15    nums = [0, 4, 5, 7, 9, 10, 12, 13, 14, 15]
16    right = len(nums) - 1
17    print(binary_search(nums,7,0,right))
```

## 5.7 main 函数与模块

在多数程序设计语言中,都有一个特殊的函数——main 函数,它在程序每次运行时自动执行,是程序执行的起点。但是在 Python 中,可以有 main 函数,也可以没有 main 函数,这是因为 Python 是一种解释型脚本语言,执行之前不需要将所有代码先编译为中间代码,程序运行时从程序的第一行开始,逐行进行翻译执行。所以,除了 def 后定义的函数之外的代码都会被认为是“main”函数中的内容,从上而下执行。但是,规范化的程序还是需要 main 函数的,如实例 5.25 所示。

【实例 5.25】 main 函数示例。

```
1    #test.py
2    def hello():
3        print("this is hello function")
4    def main():
5        hello()
6    if __name__ == "__main__":
7        main()
```

在实例 5.25 中,定义了两个函数 hello 和 main,在 main 函数中调用了 hello,第 6 行代码“if __name__==’__main__:”相当于一个标志,象征着程序主入口,程序就从第 6 行开始执行,是程序的入口,执行 main 函数。这是一个比较规范的 Python 程序代码,可以此为模板写程序。

函数是完成特定功能的一段程序,是可复用程序的最小组成单位,模块是在函数和类的基础上将一系列相关代码组织到一起的集合体。模块(module)实际上是一个 Python 文件,以.py 结尾,包含了 Python 对象定义和 Python 语句。通过模块可实现模块化程序设计,以更有逻辑地组织程序。在模块中可以定义函数、类和变量,模块还可以包含可执行的代码。

例如,在 greet.py 中定义一个 hello 函数,再在 test_module.py 中使用 hello 函数,可在文件前面通过 from greet import hello 导入模块。

【实例 5.26】 模块示例。

下面是 greet.py 文件,该文件中定义了一个函数 hello。

```
1    #gree.py
2    def hello():
3        print("this is hello function")
```

下面是 test_module.py 文件,该文件使用了 greet.py 文件中的 hello 函数。

```
1    #test_module.py
2    from greet import hello
```

```
3    def main():
4        hello()
5    if __name__ == "__main__":
6        main()
```

## 5.8 综合例子

**【实例 5.27】** 使用蒙特卡洛方法计算 π。边长为 2 的正方形内有一个半径为 1 的内切圆，随机扔一点在圆内的概率为 π/4。让系统随机生成 N＊N 个横坐标和纵坐标都小于 1 的点，如果该点距离圆心的距离小于 1，那么说明该点落在了圆内。统计落入圆内点的个数为 hits，那么 pi＝(hits＊4)/(N＊N)。

```
1    from random import random
2    def calPI(N = 100):
3        hits = 0
4        for i in range(1, N*N+1):
5            x, y = random(), random()              #随机生成一个坐标
6            dist = pow(x ** 2 + y ** 2, 0.5)       #计算该坐标距离圆点的距离
7            if dist <= 1.0:                        #说明该点落在了圆内
8                hits += 1
9        pi = (hits * 4) / (N * N)
10       return pi
11   m = 10
12   for i in range(0,4):    #比较在有 10 个点、100 个点、1000 个点、10000 个点情况下 pi 的值
13       n = pow(m,i+1)
14       PI = calPI(n)
15       print("{} points PI: {}".format(n,PI))
```

运行结果如下：

```
10 points PI: 3.12
100 points PI: 3.1424
1000 points PI: 3.144944
10000 points PI: 3.14190524
```

**【实例 5.28】** 小学生计算器。利用函数实现 100 以内的加减法、10 以内的乘除法功能。

```
1    import random
2    def compute():
3        op = random.choice('+-*/')
4        if op == '*':
5            op1 = random.randint(0, 10)
6            op2 = random.randint(0, 10)
7            result = op1 * op2
8        elif op == '/':
9            op2 = random.randint(0, 10)
10           m = random.randint(0, 10)
11           op1 = op2 * m
12           result = op1 / op2
```

```
13         else:
14             op1 = random.randint(0, 100)
15             op2 = random.randint(0, 100)
16             result = op1 + op2
17             if op == '-':
18                 if op1 < op2:
19                     op1, op2 = op2, op1
20                 result = op1 - op2
21         print(op1, op, op2, '=', end='')
22         return result
23     count = 10
24     for i in range(10):
25         answer = compute()
26         yAnswer = int(input())
27         if yAnswer == answer:
28             count = count + 10
29     print("your score is :", count)
```

【实例 5.29】 利用函数输出 2～20 之间的所有素数。

```
1   import math
2   def prime(m):                              #判断 m 是否为素数,如果是,返回 1,否则返回 0
3       i = 2
4       while (i <= math.sqrt(m)):
5           if m % i == 0:
6               return 0
7           i = i + 1
8       return 1
9   print("2～20 之间的素数有:")
10  for m in range(2,20):
11      if(prime(m) == 1):
12          print(m," ",end='')
```

运行结果如下：

```
2～20 之间的素数有:
2  3  5  7  11  13  17  19
```

【实例 5.30】 如果一个 3 位数等于其各位数字的立方和，则称这个数为水仙花数。例如：153＝13＋53＋33，因此 153 是一个水仙花数。利用函数求 1000 以内的水仙花数（3 位数）。

```
1   def Narcissistic(i):
2       a = i//100
3       b = (i - a * 100)//10
4       c = (i - a * 100 - b * 10)
5       if i == pow(a,3) + pow(b,3) + pow(c,3):
6           return 1
7       else:
8           return 0
9   print("三位数的水仙花数有:")
10  for i in range(100,1000):
11      if Narcissistic(i) == 1:
12          print(i)
```

运行结果如下：

```
三位数的水仙花数有：
153
370
371
407
```

【实例 5.31】 猜数字。

本案例的任务：系统随机生成一个 1～100 之间的整数，让用户猜测该数字，如果用户猜的数据比答案大，提示太大了；反之则提示太小了，正确则提示用户猜测正确。

案例分析：根据案例需要实现的功能，可将任务分解为两个子任务，产生数字和用户猜数字，并通过两个函数实现。

源代码如下：

```
1    import random
2    def main():
3        number = newNumber()          #1.系统生成一个随机数并放到 number 中
4        guessNumber(number)           #2.让用户猜测 number 的值
5    def newNumber():
6        number = random.randint(1,100)
7        return number
8    def guessNumber(number):
9        yAnswer = int(input("enter a integer between 1 - 100:"))
10       if (yAnswer > number):
11           print("too big")
12       elif yAnswer < number:
13           print("too small")
14       else:
15           print("right")
16   if __name__ == '__main__':
17        main()
```

其中定义了两个函数 newNumber 和 guessNumber，newNumber 函数的主要功能是产生一个 1～100 的随机整数，并将该数字返回。guessNumber 函数的功能是使用户输入一个整数，比较用户输入的数字和参数 number 的大小，并输出相应的提示信息。在主函数 main 中依次调用这两个函数。

上面的程序只给了用户一次机会，现在考虑给用户 10 次机会，因此程序中增加了一个函数 guessTime，该函数通过一个循环调用 guessNumber 函数，循环次数为 10。源代码如下：

```
1    import random
2    def main():
3        number = newNumber()              #1.系统生成一个随机数并放到 number 中
4        guessTime(number)                 #2.让用户猜测 number 的值
5    def newNumber():
6        number = random.randint(1,100)
7        return number
8    def guessNumber(number):
```

```
9        yAnswer = int(input("enter a integer between 1 - 100:"))
10       if yAnswer > number:
11           print("too big")
12       elif yAnswer < number:
13           print("too small")
14       else:
15           print("right")
16   def guessTime(number):
17       for i in range(10):
18           guessNumber(number)
19   if __name__ == '__main__':
20       main()
```

此程序中,增加了一个函数 guessTime,该函数的功能是允许用户猜测 10 次。但是运行程序会发现,即使猜对了,程序仍然让用户继续猜测,所以还要对程序继续修改,使用户猜测正确时跳出循环。改进的关键在于 guessNumber 函数,如果 guessNumber 函数对于猜测结果仅给出提示信息,不返回任何值给 guessTime 函数的话,就无法控制退出循环,因此考虑修改 guessNumber 函数,如果猜对,除输出提示信息外,还返回 1;如果猜错,则提示太大或者太小,并返回 0。这样 guessTime 可根据 guessNumber 的返回值判断是否退出循环。因此程序修改如下:

```
1    import random
2    def main():
3        number = newNumber()   #1.系统生成一个随机数并放到 number 中
4        times = 10   #2.给用户多次机会,机会次数存储到 times 变量中。让用户猜测数字
5        guessTime(number,times)
6    def newNumber():
7        number = random.randint(1,101)
8        return number
9    def guessNumber(number):
10       yAnswer = int(input("enter a integer between 0 - 100:"))
11       if yAnswer > number:
12           print("too big")
13           return 0
14       elif yAnswer < number:
15           print("too small")
16           return 0
17       else:
18           print("right")
19           return 1
20   def guessTime(number,times):
21       for i in range(times):
22           if(guessNumber(number) == 1):
23               print("你一共猜了",i + 1,"次")
24               break
25       if(i > times):
26           print("sorry,你没有猜对,正确答案是",number)
27   if __name__ == '__main__':
28       main()
```

从上述案例可以看出,为实现猜数字的任务,可将主任务分解为 3 个子任务:产生随机

数函数、判断猜测的数字是否正确的函数，以及让用户猜测多次的函数。这3个函数相互依赖，首先产生随机数 newNumber，这是后面猜数字的基础，因为必须先有猜测的对象，才能让用户猜测。其次 guessNumber 让用户输入自己的猜测并判断是否正确，而目标是让用户猜测多次，因此再创建一个函数 guessTime(number, times)，该函数调用 times 次 guessNumber，从而实现用户最多可猜测 times 次，如果猜对，则退出循环。

## 5.9 花样滑冰模拟计分系统——一起向未来

### 5.9.1 思政导入

第24届冬季奥林匹克运动会简称2022年北京冬奥会，是由中国举办的国际性奥林匹克赛事，于2022年2月4日开幕，2月20日闭幕。此届冬奥会共设滑雪、滑冰、冰球、冰壶、雪车、雪橇和冬季两项7个大项，高山滑雪、自由式滑雪、单板滑雪、跳台滑雪、越野滑雪、北欧两项、短道速滑、速度滑冰、花样滑冰、冰壶、冰球、雪车、钢架雪车、雪橇和冬季两项15个分项及109个小项。

中国体育代表团总人数为387人，其中运动员176人，教练员、领队、科学医护人员等运动队工作人员164人，团部工作人员47人，创中国体育代表团历届冬奥会参赛规模之最。中国体育代表团完成了北京冬奥会全部7个大项、15个分项的“全项目参赛”任务，共获得9金4银2铜，位列奖牌榜第三，金牌数和奖牌数均创历史新高。其中，隋文静和韩聪以总成绩239.88分获得花样滑冰双人滑比赛金牌，实现了花滑双人滑全满贯的壮举。

花样滑冰起源于18世纪的英国，后相继在德国、美国、加拿大等欧美国家迅速开展。与其他竞技运动不同，花样滑冰是一项艺术与运动结合的体育项目，除了要掌握冰上技术，对运动员的艺术表现力有极高的要求。在音乐伴奏下，运动员在冰面上滑出各种图案、表演各种技巧和舞蹈动作，裁判员根据动作评分，决定名次。冬奥会花样滑冰包括4个项目：男子单人滑、女子单人滑、双人滑和冰舞，比赛均在室内进行。它要求在60米×30米的冰场上，运动员以40千米/时的速度完成各种高难度动作，同时还要用自己的艺术表演诠释背景音乐，感染裁判和观众。此项运动涵盖体育、艺术、音乐、舞蹈、服装设计、化妆……因此对运动员和教练技术以外的要求也非常高。

花样滑冰是比赛规则最复杂、评分难度最高的体育项目之一，评委需在高速运动且变化繁杂的动作中依据动作的类型、难度系数、完成情况、标准程度等给出精准的技术分，通过AI技术辅助评分难度也可见一斑。2022年1月21日，花样滑冰AI辅助评分系统1.0发布，这套辅助系统是根据中国花样滑冰运动员使用需求、场景应用需求打造的AI+虚拟现实解决方案，运用计算机视觉技术算法与深度学习，以对运动员的整体运动轨迹进行实时追踪，根据专业评分标准，对视频数据的人体骨骼、形体动作进行捕捉识别，从而实现稳定性可视化的比赛评判。

### 5.9.2 案例任务

由于花样滑冰的评分规则比较复杂，可对其进行简化，简化后的规则如下：花滑总分数由技术水平分和节目内容分两部分构成。每位评委分别为每位选手打出技术水平分和节目内容分。裁判组对每位选手的技术水平分和节目内容分去掉最高分和最低分,再将其平均分相加,即得到该选手的综合分。

请编写程序模拟评委打分、裁判组汇总分数、显示分数。

### 5.9.3 案例分析与实现

首先比赛选手名单可用列表 skater_lst 存储,假定有 3 位选手,按照列表中选手的顺序依次进行表演,表演完毕后,评委(假定有 5 位)给出该选手的技术水平分 element_score 和节目内容分 component_score。定义一个字典 player_score,其键名为选手姓名,键值为列表类型,将每位评委打出的两部分分数组成一个元组,作为列表元素。打分完毕后,该字典有 3 个元素,每个元素的键名为选手姓名,键值是一个包含 5 个元素的列表,每个元素是一个形如"(element_score,component_score)"的元组。

裁判组对每位选手进行分数计算,用一个 compute_score 函数实现。该函数的参数为字典 play_score,功能为:对于该字典中的每个键名(即选手姓名),按照规则计算其最终技术水平分、最终节目内容分和总分,并将 3 部分内容合在一起构建一个元组,附加到该选手对应键值(列表类型)的末尾。

显示分数环节用 show 函数实现,参数为字典 play_score。其功能为根据总分排序并输出选手的名次、姓名、总分、技术水平分和节目内容分。

源代码如下:

```
1    import random
2    import time
3    skater_lst = ["金博洋","羽生结弦","陈巍"]  #定义列表,保存选手姓名信息
4    player_score = {}
5    num_judge = 5                             #评委人数
6
7    def compute_score(player_score):
8        '''
9        player_score:{player_name:[(element_score1,component_score1),...]}
10       '''
11       for name in player_score.keys():
12           score_list = player_score[name]
13           for i in range(len( score_list)):#len(player_score[name])为评委个数
14
15               #将 element_score 汇总起来
16               element_scores = [score_list[j][0] for j in range(len(score_list))]
17               component_scores = [score_list[j][1] for j in range(len(score_list))]
18           #去掉最高分、最低分,求均值
19           max_element = max(element_scores)
20           max_component = max(component_scores)
21           min_element = min(element_scores)
22           min_component = min(component_scores)
23           final_element = (sum(element_scores) - max_element - min_element)/(len(element_
24   scores) - 2)
25           final_component = (sum(component_scores) - max_component - min_component)/(len
26   (component_scores) - 2)
```

```
27            final_score = final_element + final_component
28            tmp = (round(final_score,2),round(final_element,2),round(final_component,2))
29            player_score[name].append(tmp)
30
31    def show(player_score):
32        '''
33        player_score:{player_name:[(element_score1,component_score1),...(final_score,
34    final_element,final_component)]}
35        '''
36        #将 player_score 中的姓名、总分、技术分、内容分存为列表,排序
37        score_lst = []
38        for name in player_score.keys():
39            score = player_score[name][-1]
40            tmp = [name]
41            tmp.extend(score)
42            score_lst.append(tmp)
43        score_lst.sort(key = lambda x:x[1],reverse = True)
44        print(" 名次   选手姓名      总 分    技术分      内容分 ")
45        for i in range(len(score_lst)):
46            print(f"{i+1:3} ",end = '')
47
48            for j in range(len(score_lst[i])):
49                print("{:^9}".format(score_lst[i][j]),end = "")
50            print()
51
52    def main():
53        print(" *** 欢迎使用花样滑冰模拟计分系统 *** ")
54        for i in range(len(skater_lst)):
55            print(f"欢迎欣赏{skater_lst[i]}的花样滑冰")
56            player = skater_lst[i]
57            player_score[player] = []
58            #每个评委为该选手打分
59            for j in range(num_judge):
60                print(f"请第{j+1}位评委为{player}打分")
61    #             element_score = eval(input("请输入技术分:"))
62    #             component_score = eval(input("请输入内容分:"))
63                element_score = round(random.uniform(50, 100),2) #为便于测试,由系统随机
64                                                                 #生成分数
65                component_score = round(random.uniform(50, 100),2)
66                tmp = (element_score,component_score)
67                player_score[player].append(tmp)
68        print("现在是裁判组汇总分数时间")
69        compute_score(player_score)          #计算每个选手的总分
70        show(player_score)                   #按照从高到低的顺序输出选手的得分信息
71    if __name__ == "__main__":
72        main()
```

### 5.9.4 总结和启示

从 2008 年到 2022 年,奥林匹克两度携手中国。“冰丝带”盈盈飘动,“雪如意”雄踞山巅,“冰之帆”御风而行,“雪飞天”长袖善舞……

“成功举办北京冬奥会、冬残奥会，不仅可以增强我们实现中华民族伟大复兴的信心，而且有利于展示我们国家和民族致力于推动构建人类命运共同体，阳光、富强、开放的良好形象，增进各国人民对中国的了解和认识。”正如习近平总书记所言，2022年北京冬奥会不仅是一场体育盛会，更折射出中国推动构建人类命运共同体的价值追求，具有深远的世界意义。

武大靖、苏翊鸣、谷爱凌等运动健儿在冬奥赛场上奋力拼搏，勇创佳绩，可喜可贺！同时，人工智能也在冬奥会上绽放异彩，花样滑冰AI辅助评分系统的发布也让我们看到互联网、人工智能、大数据等技术在体育运动领域的飞速发展。

## 5.10 本章小结

本章主要介绍了函数的定义和调用、函数的参数、变量的作用域、lambda函数、filter函数、map函数、递归函数及main函数与模块的使用。其中函数的参数是本章的难点之一，包括形参和实参，参数之间的传递、默认参数、可变长参数及关键字参数。通过具体实例的讲解，读者对其中的概念有更直观、更深刻的理解。最后通过几个综合例子锻炼读者的综合编程能力。

## 5.11 巩固训练

【训练5.1】 给定一个正整数，编写程序计算有多少对质数的和等于输入的这个正整数，并输出结果。输入值小于1000。

【训练5.2】 编写函数change(str)，其功能是对参数str进行大小写互换，即将字符串中的大写字母转为小写字母、小写字母转换为大写字母。

【训练5.3】 编写函数digit(num,k)，其功能为：求整数num第k位的值。

【训练5.4】 编写递归函数fibo(n)，其功能为：求第n个斐波那契数列的值，进而输出前20个斐波那契数列。

【训练5.5】 编写一个函数cacluate，可接收任意个数，返回一个元组。元组的第一个值为所有参数的平均值，第二个值为小于平均值的个数。

【训练5.6】 模拟轮盘抽奖游戏。轮盘分为三部分：一等奖、二等奖和三等奖。轮盘随机转动，如果范围在[0,0.08)之间，代表一等奖；如果范围在[0.08,0.3)之间，代表二等奖；如果范围在[0, 1.0)之间，代表三等奖。

【训练5.7】 有一段英文：What is a function in Python? In Python, function is a group of related statements that perform a specific task. Functions help break our program into smaller and modular chunks. As our program grows larger and larger, functions make it more organized and manageable. Furthermore, it avoids repetition and makes code reusable. A function definition consists of following components. Keyword def marks the start of function header. A function name to uniquely identify it. Function naming follows the same rules of writing identifiers in Python. Parameters (arguments) through which we pass values to a function. They are optional. A colon（:）to mark the end of function header. Optional documentation string（docstring）to describe what the function does. One or more valid Python statements that make up the function body. Statements must have same indentation level（usually 4 spaces）. An optional return statement to return a value from the function.

任务：1. 请统计该段英文有多少个单词，以及每个单词出现的次数。2. 如果不算 of、a、the 这 3 个单词，给出出现频率最高的 10 个单词，并给出其出现的次数。

【训练 5.8】 利用函数实现磅(lb)与千克(kg)的转换。用户可以输入千克，也可以输入磅，函数将根据用户的输入转换为磅或千克。

【训练 5.9】 一个数如果恰好等于其因子之和，该数就称为“完数”，例如 6=1+2+3。编程找出 1000 以内的所有完数。

【训练 5.10】 利用递归函数调用方式，将用户输入的字符串以相反的顺序输出。

# 第6章 面向对象程序设计

## 能力目标

【应知】 理解面向对象程序设计的概念和特点；理解面向对象的封装、继承和多态的概念。

【应会】 掌握类的定义和对象的创建方法；掌握类成员的可访问范围；掌握类的各种属性的初始化、访问和动态添加及删除；掌握类的各种方法定义、调用和动态添加及删除；掌握运算符重载的方法；掌握派生类的定义；掌握调用基类的方法；掌握 Python 多态性的实现。

【难点】 编写有一定综合性的面向对象程序。

## 知识导图

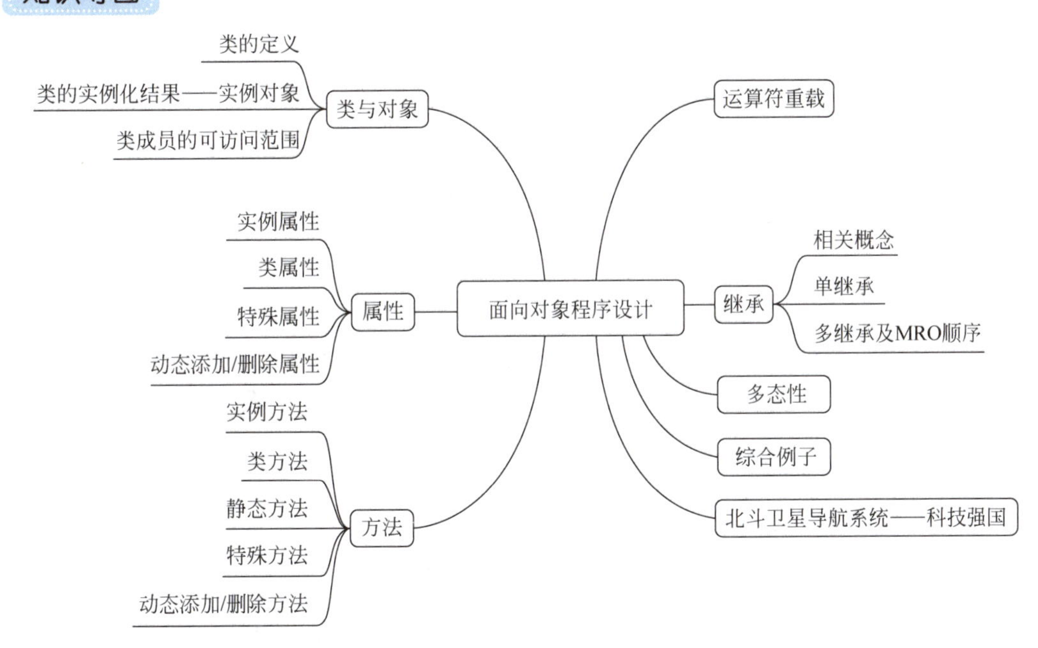


前面学习的编程方式称作面向过程程序设计。面向过程程序设计也称结构化程序设计，其基本思想是“自顶向下、逐步求精”，将复杂的大问题分解为多个简单的小问题的组合。整个程序按功能划分为多个基本模块，各模块主要通过函数实现。因此，面向过程程序设计要考虑如何将整个程序分为一个个函数、函数之间如何调用，以及每个函数如何实现。

虽然结构化程序设计有很多优点，但是，程序规模变大会变得难以理解和维护，也不利于代码的重用，难以扩充、查错和重用。因此，面向对象程序设计应运而生。

面向对象程序设计（object-oriented programming，OOP）尽可能地模拟现实世界。现实世界由各种不同事物组成，一切事物皆对象。面向对象程序设计主要分析待解决的问题中有哪些对象、每类对象有哪些特点、不同类对象之间有什么关系、互相之间有什么作用。

物以“类”聚，将同一类对象的共同特征归纳、集中起来，这个过程就叫作“抽象”。比如，若干不同半径的圆就是若干对象，这些对象具有相同的静态特征（属性），如半径；有相同的动态特征（方法），如移动、求面积、求周长等。

“抽象”完成后，就要利用某种语法，将同一类对象的属性和方法绑定在一起，形成一个整体，即“类”，这个过程叫作“封装”。

如果软件开发过程中已经创建一个类 A，又想创建一个类 B，类 B 的内容比类 A 多一些属性和方法，那么此时类 B 可由现有的类 A“派生”而来，类 B 同时也“继承”了类 A 原有的内容，从而达到代码重用和扩充的目的。这就是面向对象程序设计的“继承”机制。

圆、三角形、正方形等对象都可以求其面积，但求面积的方式不同。这种不同类对象具有行为的名称相同，而实现方式不同的情况，叫作“多态”。

面向对象程序设计具有抽象、封装、继承、多态 4 个基本特征。设计面向对象程序的过程主要是设计类的过程，关键是如何合理地定义、组织类及类之间的关系。

Python 语言采用面向对象程序设计的思想，全面支持面向对象程序设计的四大特征。后面将通过具体的代码学习如何用 Python 实现面向对象程序设计。

## 6.1 类与对象

**【实例 6.1】** 编写程序，输入圆的半径，输出圆的面积和周长。

首先，分析待解决问题中“对象”有哪些。很明显，只有“圆”这类对象。其次，进行“抽象”，抽象出“圆”这类对象的共同特征。所有的圆都有半径，需用一个数据成员表示；可计算其面积和周长，这两种行为可各用一种方法实现；如果统计圆的个数，可用一个类变量表示；计算圆的面积，要用到 $\pi$ 的值，也可用一个类变量实现。

“抽象”完成后，就可以用 Python 语言的类定义方法，设计一个“圆”类，将圆的属性和方法“封装”在一起。

### 6.1.1 类的定义

在 Python 语言中，类的定义格式如下：

```
class 类名[(object)]:
    类体
```

Python 的类定义由类头（指 class 类名[(object)]）和统一缩进的类体构成。object 是所有类的父类，可以省略。

类名是一个符合 Python 标识符命名规则的合法的标识符，最好满足“见名知意”的原则，以增强程序的可读性。类名的首字母一般要大写。

在类体中，主要是变量和方法的定义。类中的变量分为类变量（也称类属性）和实例变量（也称实例属性）。在方法之外定义的变量为类变量，实例变量一般在实例方法中定义。类变量是该类所有对象共享的变量，实例变量则属于特定的实例（对象）。

类中的方法分为实例方法、类方法和静态方法。

类中各成员的定义顺序没有任何影响，各成员之间可以根据需要相互调用。

如果类中未定义任何类变量和方法，则此类为空类。空类主要起到“占位”作用。

空类定义格式如下：

```
class 类名:
    pass
```

此时可编写如下实现实例6.1中圆类的代码。

```
1   #Circle类的定义
2   class Circle:
3   # 类变量  所有的圆对象共享该值
4       PI = 3.14
5       #__init__方法是一个特殊的方法:构造方法
6       #当创建对象时,系统自动调用__init__方法,它没有返回值
7       #一般在构造方法中初始化实例属性
8       def __init__(self,r):
9           self.__radius = r
10      # area、perimeter是普通的实例方法,是圆类对外的接口
11      #通过对象名.方法名(参数列表)调用
12      def area(self):
13          return Circle.PI * self.__radius ** 2
14      def perimeter(self):
15          return 2 * Circle.PI * self.__radius
```

如果直接运行上述代码，看不到任何运行结果，还需创建类的实例对象，才能使用类定义的功能。

### 6.1.2　类的实例化结果——实例对象

在Python中，一切皆对象。类也是一个对象，称为类对象。一个类（类对象）定义完成后，必须将类实例化——创建类的实例对象，才可使用实例对象的属性和方法。

定义实例对象的语法格式如下：

```
对象名 = 类名(参数列表)
```

创建实例对象后，可通过圆点运算符“.”访问实例对象的属性和方法。

一般语法格式如下：

```
对象名.方法名(参数列表)
对象名.属性名
```

实例6.1的源代码如下：

```
1   # Circle类的定义
2   class Circle:
3       PI = 3.14                           # 类变量  所有的圆对象共享该值
```

```
4         # 其中__init__方法是一种特殊的方法:构造方法
5         # 当初始化当前实例对象时,系统自动调用__init__方法,没有返回值
6         def __init__(self, r):
7             self.__radius = r        # 一般在构造方法中初始化实例对象
8         # area、perimeter是普通的实例方法,是圆类对外的接口
9         # 通过对象名.方法名(参数列表)调用
10        def area(self):
11            return Circle.PI * self.__radius ** 2
12        def perimeter(self):
13            return 2 * Circle.PI * self.__radius
14
15    # 下面是测试代码
16    r1 = eval(input("请输入圆的半径:"))
17    c1 = Circle(r1)
18    print(c1.area())
19    print(c1.perimeter())
```

运行结果如下：

```
请输入圆的半径:1
3.14
6.28
```

程序分析：

第2～13行代码定义了一个类，Circle为自定义的类名。

第3行代码在Circle类中定义了一个类变量PI,所有的圆对象都共享这个变量的值。

第6～7行代码定义了构造函数__init__。其第一个参数为self,代表对象本身。这个参数的名字可以不是self,可以是其他符合标识符命名规则的名字。不过,习惯上命名为self。self参数类似Java语言中的this。__init__函数定义了一个私有实例属性__radius,在类的实例方法中访问实例属性,必须采用“self.实例属性名”的形式。

第10～11行代码定义了实例方法area(),第12行到第13行定义了实例方法perimeter()。Python类的实例方法的第一个参数必须是self。

第11～13行代码中调用了类变量PI,方式为Circle.PI,即“类名.类变量名”。

第17行代码创建了一个Circle类的对象c1,第18行代码输出了c1对象的面积,第19行代码输出了c1对象的周长。

假如在第19行代码后添加下列代码,那么,能否正确执行呢?

```
print(c1.__radius)
```

答案是不能。会出现如下错误提示：

```
AttributeError: 'Circle' object has no attribute '__radius'
```

这是为什么呢？这就涉及类中成员的可访问范围问题。

### 6.1.3 类成员的可访问范围

Python通过属性名和方法名区分成员的可访问范围,具体规定如下。

(1) __XXX：私有成员,以双下画线开头但不以双下画线结束的成员。私有成员只能

在类体内直接访问(其实,Python 中的私有是伪私有,可在类外通过“对象名._类名__私有属性名”或“对象名._类名__私有方法名()”的形式进行访问,不建议这样使用)。

(2) _XXX:保护成员,以一个下画线开头。在 Python 中,保护成员可以在类体外通过“本类对象名或子类对象名.保护成员名”的形式直接访问。但是,保护成员不能以“from module import *”的形式导入。其中,module 是类所属的模块名。

(3) __XXX__:特殊成员,以双下画线开头和结尾。这是 Python 中专用的标识符,如__init__是构造函数。在给类中的成员命名时,应避免使用这一类名称,以免发生冲突。

(4) 公有成员:其他形式名称的成员都是公有成员。公有成员在类体内和类体外都可以直接访问。

## 6.2 属性

**【实例 6.2】** 现在养狗的人越来越多。狗的主人都会给狗起一个名字,每条狗都有年龄,都会跑、会叫。设计一个狗类,完成对其的抽象和封装。

**分析:** 狗类可以命名为 Dog;狗的名字、年龄属于每条狗所有,分别用 name、age 表示;在构造函数__init__()中完成对 name 和 age 的初始化;用方法 run()、bark()模拟狗的叫和跑。

源代码如下:

```
1    # 类 Dog
2    class Dog:
3        def __init__(self, name, age):
4            self.__name = name              # 私有成员 name 的初始化
5            self.__age = age                # 私有成员 age 的初始化
6        def run(self):
7            print(self.__name + " is running")
8            print("It is " + str(self.__age) + " old years")
9        def bark(self):
10           print(self.__name + " is barking:汪汪,汪汪……")
11
12   # 测试代码
13   dog1 = Dog("黄豆", 4)                   # 创建一个对象 dog1
14   dog1.run()                              # 在类外调用公有成员方法 run
15   dog1.bark()                             # 在类外调用公有成员方法 run
```

运行结果如下:

```
黄豆 is running
It is 4 old years
黄豆 is barking:汪汪,汪汪……
```

### 6.2.1 实例属性

实例属性是某个具体对象实例特有的属性。例如,每条狗的 name 和 age 只属于每条狗自身所有,name 和 age 就是实例属性。

实例属性一般在__init__构造函数中进行定义并初始化。一般形式如下：

```
self.实例属性名 = 初始值
```

在类的内部，其他实例方法访问实例属性，必须通过“self.实例属性名”的形式访问。

在类的外部，可通过“对象名.公有实例属性名”的形式直接访问公有实例属性，但不能以“对象名.私有实例属性名”的形式直接访问私有实例属性。

在实例6.2的源代码中，实例属性名__name和__age以双下画线开头，但不以双下画线结尾，它们是私有属性成员。

类中的私有属性只能在类体内访问，不能在类外直接访问，实现了类的封装性。那么如何在类外访问私有属性呢？

### 1. @property

Python内置的@property装饰器负责将一个方法转换为属性访问，在类外方便调用。

**【实例6.2(1)】** 利用@property装饰器实现对Dog类中私有属性的访问。

源代码如下：

```
1    #类Dog
2    class Dog:
3        def __init__(self,name,age):
4            self.__name = name                #私有成员name的初始化
5            self.__age = age                  #私有成员age的初始化
6        def run(self):
7            print(self.__name + " is running")
8            print("It is " + str(self.__age) + " old years")
9        def bark(self):
10           print(self.__name + " is barking:汪汪,汪汪……")
11       @property                #下面的name方法是getter方法,用@property装饰
12       def name(self):
13           return self.__name
14       # 下面的name方法是setter方法,用@name.setter装饰
15       @name.setter
16       def name(self, name):
17           self.__name = name
18       # 下面的name方法是deleter方法,用@name.deleter装饰,用于删除属性name
19       @name.deleter
20       def name(self):
21           del self.__name
22       @property                #下面的age方法是getter方法,用@property装饰
23       def age(self):
24           return self.__age
25       @age.setter              # 下面的age方法是setter方法,用@age.setter装饰
26       def age(self,age):
27           self.__age = age
28       @age.deleter
29       #下面的age方法是deleter方法,用@age.deleter装饰,用于删除属性age
30       def age(self):
31           del self.__age
32   #测试代码
33   #现在,就可以在类体外通过对象名.属性名访问name,age
34   dog1 = Dog("黄豆",4)                       #创建一个对象dog1
```

```
35    dog1.run()                                    #在类外调用公有成员方法 run
36    print(dog1.name + " " + str(dog1.age))        #调用 getter 方法
37    dog1.name = "花花"                             #修改 dog1 的 name,调用 setter 方法
38    dog1.age = 2                                  #修改 dog1 的 age,调用 setter 方法
39    dog1.run()
40    print(dog1.__dict__)                          #打印 dog1 的属性
41    del dog1.age                                  #删除 dog1 的 age 属性,调用 deleter 方法
42    print(dog1.__dict__)                          #打印 dog1 的属性
```

运行结果如下：

```
黄豆 is running
It is 4 old years
黄豆 4
花花 is running
It is 2 old years
{'_Dog__name': '花花', '_Dog__age': 2}
{'_Dog__name': '花花'}
```

程序分析：

第 11～21 行代码和第 22～31 行代码分别将 Dog 类中的实例属性 name 和 age 设置为可读、可写、可删除。同一属性的 3 个方法名要相同,方法体根据功能的需要而不同。如果仅将某个属性设为只读、只写或可删除,那就为该属性定义一个相应的方法即可。

### 2. property 函数

property 是一个内置函数,用于创建和返回一个 property 对象。property 函数的语法格式为：

```
property(fget = None, fset = None, fdel = None, doc = None)。
```

其中：

fget 是一个获取属性值的函数,fset 是一个设置属性值的函数,fdel 是一个删除属性的函数,doc 是一个字符串(类似于注释)。

property 函数最多可加载 4 个参数。前 3 个参数为函数,分别用于属性查询、修改和删除。最后一个参数为属性的文档,可以为一个字符串,起说明作用。

常见的用法如下。

在类体中先为某个私有属性 x 编写相应的 getx()、setx()、delx()方法,再在类体中增加一条语句：

```
x = property(getx, setx, delx)
```

或者

```
x =  property(fget = getx, fset = setx, fdel = delx)
```

这样,在类体外就可通过“对象名.x”的方式对 x 进行访问。

**【实例 6.2(2)】** 利用 property 函数实现对 Dog 类私有属性的访问。

源代码如下：

```
1    class Dog:
2        def __init__(self, name, age):    #特殊方法构造函数,用于初始化实例属性
```

```
3            self.__name = name
4            self.__age = age
5        def run(self):                              #公有的实例方法
6            print(self.__name + " is running")
7            print("It is " + str(self.__age) + " old years")
8        def bark(self):
9            print(self.__name + " is barking:汪汪,汪汪……")
10       def getname(self):
11            return self.__name
12       def getage(self):
13           return self.__age
14       def setname(self,value):
15           self.__name = value
16       def setage(self,age):
17           self.__age = age
18       def delname(self):
19           del self.__name
20       def delage(self):
21           del self.__age
22       #property 函数
23       #下面一行创建了一个 property 对象:name,
24       # property 将一些方法(如 getname)附加到 name 的访问入口
25       #任何获取 name 值的代码都会自动调用 getname()
26       #任何修改 name 值的代码都会自动调用 setname()
27       #删除 name 属性,会自动调用 delname()
28       name = property(getname,setname,delname)
29       #注释略
30       age = property(fget = getage,fset = setage,fdel = delage)
31   #测试代码
32   #现在,就可以在类体外通过对象名.属性名访问 name,age
33   dog1 = Dog("黄豆",4)                       #创建一个对象 dog1
34   dog1.run()                                 #在类外调用公有成员方法 run
35   print(dog1.name + " " + str(dog1.age))     #调用 getname,getage
36   dog1.name = "花花"                          #修改 dog1 的 name
37   dog1.age = 2                               #修改 dog1 的 age
38   dog1.run()
39   print(dog1.__dict__)                       #打印 dog1 的属性
40   del dog1.age                               #删除 dog1 的 age 属性
41   print(dog1.__dict__)                       #打印 dog1 的属性
```

运行结果如下：

```
黄豆 is running
It is 4 old years
黄豆 4
花花 is running
It is 2 old years
{'_Animal__name': '花花', '_Animal__age': 2}
{'_Animal__name': '花花'}
```

## 6.2.2 类属性

类除了可封装实例的属性和方法外，还可拥有自身的属性和方法：类属性和类方法（类方法具体在 6.3.2 节中介绍）。

类属性通常用于记录与此类相关的特征，而不会记录具体实例对象的特征。该类的所有实例对象共享类属性。

类属性定义在类体中任意方法之外。一般在类体的开始部分，以“类属性名＝初始值”的方式进行初始化。

类属性的可访问范围也遵循6.1.3节中的规定：通过属性名确定类属性的可访问范围。对于私有的类属性，只能在类体内的方法中通过“类名.私有类属性名”的形式访问。对于公有的类属性，可以在类体内的方法中或者类体外的代码中通过“类名.公有类属性名”进行访问。

【实例6.3】 现在养狗的人越来越多。为方便管理，需要统计狗的数量。请对实例6.2的代码进行修改，以统计某地区狗的数量。

分析：修改Dog类，添加一个类属性zone，用于记录地区名字；添加类属性numberOfDogs，用于记录Dog类实例对象的数量，numberOfDogs的初值设为0。创建Dog类的第一个实例对象后，numberOfDogs的值为1；创建第二个实例对象后，numberOfDogs的值为2。

源代码如下：

```
1   # 类 Dog
2   class Dog:
3       zone = "徐州地区"                # 类属性
4       numberOfDogs = 0                # 类属性
5       def __init__(self, name, age):
6           self.__name = name          # 私有成员 name 的初始化
7           self.__age = age            # 私有成员 age 的初始化
8           Dog.numberOfDogs += 1       # 狗的数量加 1
9       def run(self):
10          print(self.__name + " is running")
11          print("It is " + str(self.__age) + " old years")
12      def __bark(self):
13          print(self.__name + " is barking:汪汪,汪汪……")
14
15  # 测试代码
16  dog1 = Dog("黄豆", 4)                                            # 创建第一个对象 dog1
17  print("{}狗的数量是:{}".format(Dog.zone, Dog.numberOfDogs)) # 访问类属性
18  dog2 = Dog("球球", 2)                                            # 创建第二个对象 dog2
19  print("{}狗的数量是:{}".format(Dog.zone, Dog.numberOfDogs)) # 访问类属性
```

运行结果如下：

```
徐州地区狗的数量是:1
徐州地区狗的数量是:2
```

注意：通过“实例对象名.类属性名”的形式可以访问类属性，但这样容易造成困惑，建议不要这样使用。实例属性和类属性不要使用相同的名字，因为相同名称的实例属性将屏蔽类属性，删除实例属性后，再使用相同的名称，访问的才是类属性。

## 6.2.3 特殊属性

实例6.2(1)和实例6.2(2)的测试代码部分，均出现了如下语句：print(dog1.__dict__)，此

行语句将输出对象 dog1 的所有属性。那么，__dict__是什么呢？有什么作用呢？

Python 对象中以双下画线开始和结尾的属性称为特殊属性。常用的特殊属性如表 6.1 所示。

表 6.1　Python 中对象常用的特殊属性

| 特殊属性 | 含　义 | 示　例 |
| --- | --- | --- |
| 对象名.__dict__ | __dict__为一个词典，键为属性名，对应的值为属性本身。实例对象和类等对象的所有属性都存放在其__dict__中 | dog1.__dict__<br>Dog.__dict__ |
| 对象名.__class__ | 对象所属的类 | dog1.__class__<br>Dog.__class__ |
| 类名.__name__ | 类的名字 | Dog.__name__ |
| 类名.__qualname__ | 类的限定名称 | Dog.__qual__name |
| 类名.__module__ | 类所属的模块 | Dog.__module__ |
| 类名.__bases__ | 类的所有直接基类构成的元组 | Dog.__bases__ |
| 类名.__mro__ | mro 即 method resolution order，主要用于在多继承时判断访问的属性或方法的路径（来自哪个类） | Dog.__mro__ |
| 类名.__doc__ | 类的文档字符串 | Dog.__doc__ |

【实例 6.4】 特殊属性的访问示例。

```
1   # 类 Dog
2   class Dog:
3       '''
4       this is the definition of Dog
5       '''
6       zone = "徐州地区"                              # 类属性
7       numberOfDogs = 0                               # 类属性
8       def __init__(self, name, age):
9           self.__name = name                         # 私有成员 name 的初始化
10          self.__age = age                           # 私有成员 age 的初始化
11          Dog.numberOfDogs += 1                      # 狗的数量加 1
12      def run(self):
13          print(self.__name + " is running")
14          print("It is " + str(self.__age) + " old years")
15      def bark(self):
16          print(self.__name + " is barking:汪汪,汪汪……")
17      class C:                                       # 在 Dog 类中定义了类 C
18          pass
19
20  # 测试代码
21  dog1 = Dog("黄豆", 4)                              # 创建一个对象 dog1
22  print(dog1.__dict__)
23  dog1.__dict__['_Dog__name'] = "花花"               # 利用__dict__修改属性__name__
24  print(dog1.__dict__)
25  print(Dog.__name__)
26  print(Dog.__qualname__)
27  print(Dog.C.__qualname__)
28  print(Dog.__module__)
29  print(Dog.__bases__)
30  print(Dog.__mro__)
31  print(Dog.__doc__)
```

运行结果如下：

```
{'_Dog__name': '黄豆', '_Dog__age': 4}
{'_Dog__name': '花花', '_Dog__age': 4}
Dog
Dog
Dog.C
__main__
(<class 'object'>,)
(<class '__main__.Dog'>, <class 'object'>
this is the definition of Dog
```

### 6.2.4 动态添加/删除属性

Python 是动态类型语言，可在程序执行过程中动态添加/删除属性。

动态添加属性的方式有两种。

(1) 使用“对象名.属性名”添加，示例如下：

```
dog1.color = "yellow"    #添加了一个实例属性
```

(2) 使用 setattr 函数添加，如 setattr(对象名,"属性名",属性值)，示例如下：

```
setattr(dog1,"breed","金毛")    #用 setattr 方法添加了一个实例属性
```

相应地，动态删除属性的方式也有两种：

```
del 对象名.属性名
delattr(对象名,"属性名")
```

【实例 6.5】 动态添加/删除属性示例。

```
1   # 类 Dog
2   class Dog:
3       numberOfDogs = 0                    # 类属性
4       def __init__(self, name, age):
5           self.__name = name              # 私有成员 name 的初始化
6           self.__age = age                # 私有成员 age 的初始化
7           Dog.numberOfDogs += 1           # 狗的数量加 1
8
9   # 测试代码
10  dog1 = Dog("黄豆", 4)                   # 创建了一个对象 dog1
11  print(dog1.__dict__)                    # 输出 dog1 的属性
12  dog1.color = "yellow"                   # 添加了一个实例属性
13  setattr(dog1, "breed", "金毛")          # 用 setattr 方法添加了一个实例属性
14  print(dog1.__dict__)                    # 再次输出 dog1 的属性
15  Dog.zone = "徐州地区"                   # 添加了一个类属性
16  setattr(Dog, "street", "金山街道")      # 用 setattr 方法添加了一个类属性
17  print("{}{}现有{}条狗!".format(Dog.zone, Dog.street, Dog.numberOfDogs))
18  del dog1.color                          # 删除 dog1 的属性 color
19  delattr(dog1, "breed")                  # 用 delattr 方法删除 dog1 的属性 breed
20  print(dog1.__dict__)
21  delattr(Dog, "street")                  # 删除类属性
22  print("{}现有{}条狗!".format(Dog.zone, Dog.numberOfDogs))
```

运行结果如下：

```
{'_Dog__name': '黄豆', '_Dog__age': 4}
{'_Dog__name': '黄豆', '_Dog__age': 4, 'color': 'yellow', 'breed': 4}
徐州地区金山街道现有 1 条狗!
{'_Dog__name': '黄豆', '_Dog__age': 4}
徐州地区现有 1 条狗!
```

## 6.3 方法

类中定义的方法按方法名的命名方式，可分为特殊方法和普通方法。

特殊方法的名字以双下画线开始和结束，是 Python 中已经定义名字的方法，特殊方法通常针对对象的某种操作时自动调用。

普通方法由程序员根据 Python 标识符的命名规则，按照“见名知意”的原则进行命名。普通方法按使用场景，可分为实例方法、类方法和静态方法。

实例方法、类方法和静态方法的可访问范围必须遵循 6.1.3 节中类成员可访问范围的规则。根据方法的名字，确定其是公有的、保护的还是私有的。因此，进一步地，实例方法、类方法和静态方法按照可访问范围，可以分为公有类方法、保护类方法和私有类方法，如图 6.1 所示。

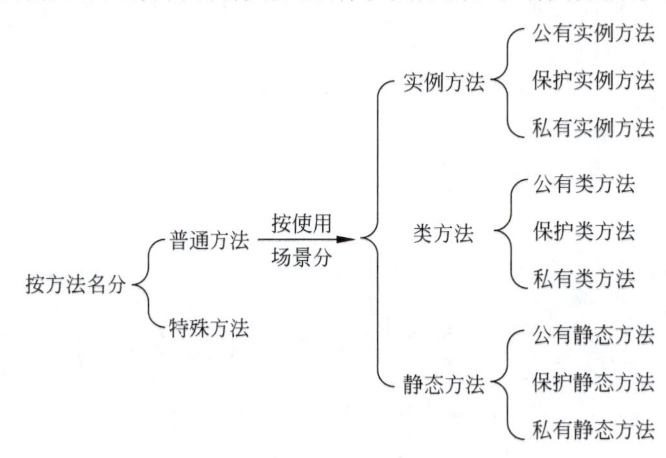


图 6.1 类中方法的分类

### 6.3.1 实例方法

类中的实例方法和具体的实例对象相关。实例方法既可访问实例属性，也可访问类属性。它有一个显著特征：第一个参数名为 self(类似 Java 语言中的 this)，用于绑定调用此方法的实例对象(Python 会自动完成绑定)，其他参数和普通函数中的参数完全一样。

实例方法定义的语法格式如下：

```
def 实例方法名(self,[形参列表]):
    函数体
```

私有实例方法只能在类体内被其他方法调用。公有实例方法既可在类体内被其他方法调用，也可在类体外被调用。

在类体内的调用格式为：

self.实例方法名([实参列表])

在类体外的常用调用格式为：

实例对象名.公有实例方法名([实参列表])

**【实例 6.6】** 每个人都有姓名、性别、年龄、身高(米)、体重(千克)，都可以进行自我介绍，计算身体质量指数(身体质量指数＝体重/身高$^2$)。请按照面向对象程序设计的思想进行编程。

**算法分析**：设计一个 Person 类，其中包括私有属性姓名 name、性别 sex、年龄 age、身高 height 和体重 weight，在__init__函数中完成属性的初始化；有两个公有的实例方法 introduce()和 computeBMI()，分别表示自我介绍和计算身体质量指数。

源代码如下：

```
1   #Person 类
2   class Person():
3       def __init__(self,name,sex,age,height,weight):
4           self.__name = name
5           self.__sex = sex
6           self.__age = age;
7           self.__height = height
8           self.__weight = weight
9       def introduce(self):
10          print("My name is {},I am {} old".format(self.__name,self.__age))
11      def computeBMI(self):
12          return self.__weight/(self.__height ** 2)
13  #测试代码
14  p1 = Person("小苏","男",18,1.8,75)
15  p1.introduce()
16  print("身体质量指数:{:.of}".format(p1.computeBMI()))
```

运行结果如下：

```
My name is 小苏,I am 18 old
身体质量指数:23
```

在实例 6.6 的代码中，introduce()和 computeBMI()是普通的公有实例方法，在测试代码部分，通过 p1.introduce 函数和 p1.computeBMI 函数进行了调用。

实例方法是 Python 类中最常见的方法，类中的大部分方法都是实例方法。需要说明的是，Python 并不严格要求实例方法的第一个参数名必须为 self，但建议读者编写程序时遵循惯例。

Python 也支持使用类名调用公有实例方法，但此方式需要手动为 self 参数传值(不推荐)。例如，Person.introduce(p1)。

## 6.3.2 类方法

类不但拥有自己的属性(类属性)，也可以拥有自己的方法(类方法)。类方法只能访问类属性，而不能访问对象的实例属性。类方法必须用装饰器@classmethod 修饰，第一个参数必须为 cls。类方法定义的语法格式如下：

```
@classmethod
def 类方法名(cls,[形参列表]):
    函数体
```

类方法的调用格式如下：

```
类名.类方法名([实参列表])
实例对象名. 类方法名([实参列表]) (不推荐)
```

在类方法内部，也可直接使用“cls. 类属性”或“cls. 类方法([实参列表])”访问类属性或类方法。

**【实例 6.7】** 对于实例 6.3，在 Dog 类中增加一个类方法 showDogNumber()，输出某个地区狗的数量。

源代码如下：

```
1   #类 Dog
2   class Dog:
3       zone = "徐州地区"                  #类属性
4       numberOfDogs = 0                  #类属性
5       def __init__(self,name,age):
6           self.__name = name            #私有成员 name 的初始化
7           self.__age = age              #私有成员 age 的初始化
8           Dog.numberOfDogs += 1         #狗的数量加 1
9       def run(self):
10          print(self.__name + " is running")
11          print("It is " + str(self.__age) + " old years")
12      def __bark(self):
13          print(self.__name + " is barking:汪汪,汪汪……")
14      @classmethod                      #类方法
15      def showDogNumber(cls):
16          print("{}狗的数量为{}".format(cls.zone,Dog.numberOfDogs))
17  #测试代码
18  dog1 = Dog("黄豆",4)                  #创建一个对象 dog1
19  Dog.showDogNumber()
20  dog2 = Dog("球球",2)                  #创建第二个对象 dog2
21  Dog.showDogNumber()
```

运行结果如下：

```
徐州地区狗的数量为 1
徐州地区狗的数量为 2
```

**注意：** 虽然类方法的第一个参数为 cls，不过，调用类方法时不需要为该参数传递实参。Python 会自动将类对象传递给 cls。

## 6.3.3 静态方法

静态方法是一种普通函数，它不会对任何实例对象进行操作。因为它位于类的命名空间中，所以可通过“类名. 类属性”或“类名. 类方法名()”的形式访问类属性、调用类方法。

在设计程序时，如果要在某个类中封装某个方法，此方法既不需要访问实例属性或调用实例方法，也不需要访问类属性或调用类方法，则可将该方法封装为一个静态方法。即静态方法一般用于与类对象、实例对象都无关的代码。

静态方法必须用装饰器@staticmethod修饰，其定义的语法格式如下：

```
@staticmethod
def 静态方法名([形参列表]):
    函数体
```

静态方法的调用格式如下：

```
类名.静态方法名([实参列表])
实例对象名.静态方法名([实参列表])
```

**【实例6.8】** 设计一个Game类，类属性topScore用于记录游戏的最高分，实例属性name记录游戏名称，player记录玩家名称。方法menu()用于显示游戏菜单，该方法与类对象、实例对象都没有关系，可设计为静态方法；类方法showTopScore()用于显示当前游戏的最高分；实例方法startGame()、pauseGame()和exitGame()用于开始游戏、暂停游戏和结束游戏；__init__()方法用于初始化实例属性。

源代码如下：

```
1    import random
2    class Game:
3        topScore = 0                    #类属性
4        @staticmethod                   #静态方法
5        def menu():
6            print("==========")
7            print("1: 游戏开始")
8            print("2: 游戏暂停")
9            print("3: 游戏结束")
10           print("==========")
11       def __init__(self,name,player):
12           self.name = name
13           self.player = player
14           self.score = 0
15       def startGame(self):
16           print(self.player + "开始打" + self.name + "游戏!")
17           self.score = random.randint(0,100)    #随机给出游戏分数
18           print(self.player + "当前得分是:",self.score)
19           if self.score > Game.topScore:
20               Game.topScore = self.score        #记录游戏的最高分
21       def pauseGame(self):
22           print(self.player + "的" + self.name + " 游戏暂停!")
23       def exitGame(self):
24           print(self.name + " is over!")
25       @classmethod                              #类方法,输出当前游戏的最高分
26       def showTopScore(cls):
27           print("游戏当前最高分是:",cls.topScore)
28   #测试代码
29   game1 = Game("扫雷","小苏")                   #创建了第一个游戏对象
30   game2 = Game("扫雷","小师")                   #创建了第二个游戏对象
31   while True:
32       Game.menu()
```

```
33        choice = int(input("请输入选择:"))
34        if choice == 1:
35            game1.startGame()
36            game2.startGame()
37        elif choice == 2:
38            game1.pauseGame()
39            game2.pauseGame()
40        elif choice == 3:
41            game1.exitGame()
42            game2.exitGame()
43            break
44    Game.showTopScore()
```

程序分析：

这是一个综合实例，涉及前面学习的类属性、实例属性及实例方法、类方法和静态方法。本例中，menu()方法就是静态方法。容易看出，它的作用和普通函数类似，本例中 menu()方法的作用是输出一个菜单。请读者认真阅读代码，体会类中属性和方法的用法。

### 6.3.4 特殊方法

Python 对象中包含许多以双下画线开始和结束的方法，称为特殊方法，例如__init__()。特殊方法又称魔术方法，特殊方法可实现构造和初始化，实现比较和算术运算，还可使类像字典、迭代器一样使用，实现各种高级、简洁的程序设计模式。Python 中常见的特殊方法如表 6.2 所示。

表 6.2 Python 中常见的特殊方法

| 特殊方法 | 含　义 |
|---|---|
| __new__() | 负责创建类的实例对象的静态方法，无须使用 staticmethod 装饰器修饰。Python 自动调用__new__()方法返回实例对象后，再自动调用这个实例对象的__init__()方法 |
| __init__() | 实例方法，用于对__new__()返回的实例对象进行必要的初始化，没有返回值 |
| __del__() | 析构方法，用于实现销毁类的实例对象所需的操作。默认情况下，当对象不再使用时，Python 会自动调用__del__()方法 |
| __repr__() | 返回一个字符串，可实现将实例对象像字符串一样输出，对应内置函数 repr() |
| __str__() | 返回一个字符串，可实现将实例对象像字符串一样输出，对应内置函数 str() |
| __len__() | 求类的实例对象的长度，对应内置函数 len() |
| __call__() | 包含该特殊方法的类的实例可以像函数一样调用 |

【实例 6.9】 对象的特殊方法示例。

```
1     #类 Dog
2     class Dog:
3         def __init__(self,name,age):    #特殊方法 构造函数
4             self.__name = name          #私有成员 name 的初始化
5             self.__age = age            #私有成员 age 的初始化
6         def __str__(self):              #特殊方法,返回一个字符串
7             return "狗的名称是{},年龄是{}".format(self.__name,self.__age)
8         def __len__(self):              #特殊方法,返回一个长度值
9             return len(self.__name) + len(str(self.__age))
10        def __del__(self):              #特殊方法,析构函数
```

```
11              print("销毁对象:{}".format(self.__name))
12          def __call__(self,name,age):
13              self.__name = name
14              self.__age = age
15
16      dog1 = Dog("黄豆",4)
17      print(dog1)                          #用 print 输出对象 dog1 时,会自动调用__str__()
18      print(len(dog1))                     #调用 len(dog1)时,会自动调用__len__()
19      dog1("花花",2)                       #像函数一样调用对象 dog1
20      print(dog1)
```

运行结果如下：

```
狗的名称是黄豆,年龄是 4
3
狗的名称是花花,年龄是 2
销毁对象:花花
```

程序分析：

在本例代码中,Dog 类中有 5 个特殊方法,__init__()和__del__()进行实例对象的构造和析构；在第 17 行代码中,当用 print 函数输出 Dog 类的实例对象 dog1 时,Python 解释器会自动调用 dog1.__str__()方法,print 函数则输出__str__()返回的字符串；在第 18 行代码中,当调用 len(dog1)时,Python 解释器会自动调用 dog1.__len__()方法；在第 19 行代码中,当调用 dog1("花花",2)时,Python 解释器会自动调用__call__()方法。

### 6.3.5 动态添加/删除方法

Python 是动态类型语言,既可在程序执行过程中动态添加/删除属性,也可动态添加/删除方法。Python 语言可以动态添加实例方法、类方法和静态方法。

#### 1. 动态添加实例方法

动态添加实例的方法有 3 种。

(1) 通过类名添加

① 定义要添加的实例方法

```
def 实例方法名(self,[形参列表]):
    函数体
```

② 通过类名添加实例方法

```
类名.实例方法名 = 实例方法名
```

**说明：** 通过类名添加的实例方法,该类的所有实例对象都可调用。

(2) 通过实例对象添加

① 定义要添加的实例方法

```
def 实例方法名(self,[形参列表]):
    函数体
```

② 通过实例对象添加

```
实例对象名.实例方法名 = 实例方法名
```

**说明：** 通过实例对象添加的实例方法，只能该实例对象调用，调用该实例方法时，必须将实例对象作为实参传递给self。例如：

```
实参对象名.实例方法(实参对象名[,其他实参列表])
```

(3) 利用 MethodType 绑定

① 定义要添加的实例方法

```
def 实例方法名(self,[形参列表]):
        函数体
```

② 导入 types 模块

```
import types
```

③ 实例对象名

```
实例方法名 = types.MethodType(实例方法名,实例对象名)
```

**说明：** 利用 MethodType 绑定给实例对象添加实例的方法，只能该实例对象调用，其他实例对象都不能调用。调用时，无须将实例对象作为实参传入。

### 2. 动态添加类方法

动态添加类方法的步骤如下：

① 定义类方法

```
@classmethod
def 类方法名(cls[,形参列表]):
    函数体
```

② 类名.类方法名＝类方法名

### 3. 动态添加静态方法

动态添加静态方法的步骤如下：

① 定义静态方法

```
@staticmethod
def 类方法名([形参列表]):
    函数体
```

② 类名.静态方法名＝静态方法名

### 4. 动态删除方法

动态删除方法有 4 种情况，如表 6.3 所示。

表 6.3 动态删除方法

| 删除方法 | 格式 |
|---|---|
| 通过类名添加的实例方法 | del 类名.实例方法 |
| 通过实例对象添加的实例方法 | del 实例对象名.实例方法 |
| 类方法 | del 类名.类方法 |
| 静态方法 | del 类名.静态方法 |

**【实例 6.10】** 动态添加/删除方法示例。

```
1    #Rectangle 类
2    class Rectangle:
3        count = 0
4        def __init__(self,length,width):
5            self.length = length
6            self.width = width
7            Rectangle.count += 1
8    r1 = Rectangle(3,4)                  #创建一个 Rectangle 对象 r1
9    r2 = Rectangle(5,4)                  #创建一个 Rectangle 对象 r2
10   #添加实例方法
11   def area(self):                      #定义实例方法
12       return self.length * self.width
13   #通过类名添加实例方法,该类的所有实例对象都可以调用
14   #Rectangle.area = area
15   #通过实例对象添加实例方法
16   r1.area = area
17   #通过 MethodType 绑定
18   import  types                        #导入 types
19   r2.area = types.MethodType(area,r2)         #将实例方法 area 与实例对象 r2 绑定
20   #测试为 r1 实例对象添加的实例方法 area
21   print("面积是:{}".format(r1.area(r1)))      #调用实例对象新添加的实例方法
22   #测试为 r2 实例对象添加的实例方法 area
23   print("面积是:{}".format(r2.area()))        #调用实例对象新添加的实例方法
24
25   @classmethod                                #定义要添加的类方法 showCount
26   def showCount(cls):
27       print("当前矩形个数是:{}".format(cls.count))
28   Rectangle.showCount = showCount             #将类方法添加到类 Rectangle 中
29   #测试添加的类方法
30   Rectangle.showCount()
31   #动态添加静态方法
32   @staticmethod                               #定义要添加的静态方法
33   def show():
34       print("here! this is Rectangle class!")
35   Rectangle.show = show                       #将静态方法添加到类 Rectangle 中
36   #测试添加的静态方法
37   Rectangle.show()
38   #动态删除实例方法、类方法和静态方法
39   #del Rectangle.area                         #删除通过类名添加的实例方法
40   del r1.area                                 #删除通过实例对象添加的实例方法
41   del r2.area
42   del Rectangle.showCount                     #删除类方法
43   del Rectangle.show                          #删除静态方法
```

运行结果如下：

```
面积是:12
面积是:20
当前矩形个数是:2
here! this is Rectangle class!
```

## 6.4 运算符重载

在 Python 中，还有大量特殊方法支持实现更多的功能。运算符重载是通过在类中重写特殊方法实现的。Python 常见的运算符与对应的特殊方法如表 6.4 所示。

表 6.4 常见的运算符与对应的特殊方法

| 运 算 符 | 特 殊 方 法 |
|---|---|
| +(加)、-(减) | __add__、__sub__<br>__radd__(反序加法)<br>__rsub__(反序减法)<br>与普通的加、减法具有相同功能，但是，左侧操作数是内建类型，右侧操作数是自定义类型。很多其他运算符也有与之对应的反序特殊方法 |
| *(乘)、/(实除) | __mul__、__truediv__ |
| //(整除)、%(求余) | __floordiv__、__mod__ |
| ** (指数) | __pow__ |
| == 、!=、<、<=、>、>= | __eq__、__ne__、__lt__、__le__、__gt__、__ge__ |
| <<、>> | __lshift__、__rshift__ |
| &、\|、~、^ | __and__、__or__、__invert__、__xor__ |
| +=、-= | __iadd__、__isub__ |
| *=、/= | __imul__、__itruediv__ |
| //=、%= | __ifloordiv__、__imod__ |
| +(正号)、-(负号) | __pos__、__neg__ |
| <<=、>>= | __ilshift__、__irshift__ |

在 Python 自定义类中，根据运算功能的需要，重写各运算符对应的特殊方法，就可以实现运算符重载。

【实例 6.11】 自定义一个三维向量类 Vector，该类支持 Vector 对象的输出、反向，向量之间的加、减运算，向量的数乘运算。

算法分析：一个三维向量有 x、y、z 3 个坐标；Vector 对象的输出需要重写__str__()方法，该方法返回一个关于 Vector 对象信息的字符串；Vector 对象反向需要重写__neg()__方法；Vector 对象之间进行加减运算(即对应坐标之间的加减)，得到一个新的向量，分别重写__add__、__sub__方法即可；向量的数乘运算有“向量 * 数”和“数 * 向量”两种情况，重写__mul__和__rmul__即可。

源代码如下：

```
1   class Vector:
2       def __init__(self, x = 0.0, y = 0.0, z = 0.0):
3           self.x = x
4           self.y = y
5           self.z = z
6       def __str__(self):
7           return 'Vector({0},{1},{2})'.format(self.x,self.y,self.z)
8
9       def __neg__(self):                          #反向运算
```

```
10            return Vector(-self.x, -self.y, -self.z)
11
12        def __add__(self, other):          #两个向量相加,返回一个新向量
13            return Vector(self.x + other.x, self.y + other.y, self.z + other.z)
14
15        def __sub__(self, other):          #两个向量相减,返回一个新向量
16            return Vector(self.x - other.x, self.y - other.y, self.z - other.z)
17
18        def __mul__(self, k):              #向量与k相乘,返回一个新向量
19            return Vector(k * self.x, k * self.y, k * self.z)
20
21        def __rmul__(self, k):             #k与向量相乘,返回一个新向量
22            return Vector(k * self.x, k * self.y, k * self.z)
23
24    #下面是测试代码
25    if __name__ == '__main__':
26        v1 = Vector(1, 2, 3)
27        v2 = Vector(4, 5, 6)
28        print('-v1 = {}'.format(-v1))
29        print('v1 + v2 = {}'.format(v1 + v2))
30        print('v1.v2 = {}'.format(v1.v2))
31        print('v1 * 2 = {}'.format(v1 * 2))
32        print('2 * v1 = {}'.format(2 * v1))
```

运行结果如下：

```
-v1 = Vector(-1, -2, -3)
v1 + v2 = Vector(5,7,9)
v1.v2 = Vector(-3, -3, -3)
v1 * 2 = Vector(2,4,6)
2 * v1 = Vector(2,4,6)
```

## 6.5 继承

### 6.5.1 相关概念

继承是面向对象程序设计的重要特性之一,为Python语言实现代码重用和多态性(在6.6节中介绍)提供支持。在Python语言中,当设计一个新类B时,如果其不但具有某个设计良好的类A的全部特点,还具有类A没有的特点,就可让类B继承类A。

通过继承创建的新类B称为“子类”或“派生类”,被继承的已有的、设计良好的类A称为“基类”“父类”或“超类”。如果子类只有一个父类,称为单继承；如果有多个父类,则称为多继承。

### 6.5.2 单继承

单继承时,派生类定义的语法格式如下：

```
class 派生类名(基类名):
        类体
```

在Python语言中，每个类都继承于一个已存在的类，如果某个类定义中没有指定基类，则默认基类为object类。

如果派生类中没有定义构造函数，则可继承基类中的构造函数。否则，派生类继承基类中除构造函数之外的所有属性和方法。在派生类中，必须显式调用基类的构造函数__init__，以完成从基类中继承的实例属性的初始化。

在派生类中，可直接访问从基类中继承的公有成员和保护成员。调用基类中的方法有3种方式，其语法格式如下：

```
super(派生类名,self).方法名([实参列表])（推荐）
super().方法名([实参列表])
基类名.方法名(self,[实参列表])（不推荐）
```

在实际开发时，基类名和super()两种方式不能混用。

**【实例6.12】** 定义一个学生类Student，其中包括姓名、学号；有一个显示学生信息的show方法。再定义一个类UndergraduateStudent，继承自Student类，新增一个属性department。

源代码如下：

```
1   #基类Student类的定义
2   class Student(object):
3       def __init__(self,name,id):
4           self._name = name
5           self._id = id
6       def show(self):
7           print("我的名字是:" + self._name + " 学号是:" + self._id)
8   #派生类UndergraduateStudent的定义
9   class UndergraduateStudent(Student):
10      def __init__(self,name,id,department):
11          super(UndergraduateStudent, self).__init__(name, id)  #调用基类的构造函数
12          #super().__init__(name, id)         #调用基类的构造函数
13          #也可以写成
14          #Student.__init__(self, name, id)
15          self.department = department       #初始化新增的属性
16      def show(self):
17          super().show()                     #调用基类中的show方法
18          print("我在" + self.department)
19
20  #测试代码
21  us1 = UndergraduateStudent("张三","1001","计算机学院")
22  us1.show()
```

运行结果如下：

```
我的名字是:张三 学号是:1001
我在计算机学院
```

程序分析：

派生类的构造函数必须显式地调用基类的构造函数，才能完成从基类中继承的实例属性的初始化。派生类UndergraduateStudent重写了父类Student中的show()方法。当通过派生类实例对象us1.show()访问show()方法时，先在派生类中寻找该方法，如果找不

到，再去父类中寻找。

对于单继承来说，通过 super()和通过基类名调用基类的构造函数，结果相同。而多继承的结果不同。

### 6.5.3 多继承及 MRO 顺序

Python 语言支持多继承。多继承时，派生类定义的语法格式如下：

```
class 派生类名(基类名 1,基类名 2, …):
    类体
```

【实例 6.13】 简单多继承示例。

源代码如下：

```
1   class Sofa():
2       def __init__(self):
3           self.__color = "yellow"
4           print("in Sofa init")
5       def sitting(self):
6           print("can sitting!")
7
8   class Bed():
9       def __init__(self):
10          self.__color = "gray"
11          print("in Bed init")
12      def lying(self):
13          print("can lie down!")
14
15  class Sofabed(Bed, Sofa):
16      def __init__(self):
17          Sofa.__init__(self)
18          Bed.__init__(self)
19          self.__color = "green"
20
21  # 测试代码
22  s = Sofabed()
23  s.sitting()
24  s.lying()
25  print(s.__dict__)
26  print(Sofabed.mro())
```

运行结果如下：

```
in Sofa init
in Bed init
can sitting!
can lie down!
{'_Sofa__color': 'yellow', '_Bed__color': 'gray', '_Sofabed__color': 'green'}
[<class '__main__.Sofabed'>, <class '__main__.Bed'>, <class '__main__.Sofa'>, <class 'object'>]
```

程序分析：

在上述 Sofabed 类的 init 函数中，显式地利用基类名.方法名()调用基类的构造函数。

创建 Sofabed 派生类的实例对象时，基类构造函数的调用次序只与 Sofabed 类的 init 函数中基类名.构造函数名()的代码书写顺序相关，与 Sofabed 类定义时声明的基类顺序无关。

如果将 Sofabed 类中的构造函数写成如下形式：

```
def __init__(self):
        super(Sofabed,self).__init__()
        #super().__init__()
        self.__color = "green"
```

则创建 Sofabed 类的实例对象时，Sofabed 类中利用 super(Sofabed，self)调用的构造函数，是方法解析顺序中离 Sofabed 类最近的类的构造函数。那么，什么是方法解析顺序呢？

方法解析顺序(method resolution order，MRO)顺序是指对于定义的每个类，Python 会计算出一个 MRO 列表，此列表就是一个简单的所有父类的线性顺序列表。通过类的方法 mro()或类的属性__mro__可以输出此列表。例如：

```
print(Sofabed.mro())
```

会得到如下结果：

```
[<class '__main__.Sofabed'>, <class '__main__.Bed'>, <class '__main__.Sofa'>, <class 'object'>]
```

由 MRO 顺序可知，当派生类实例对象调用某个方法时，Python 先在派生类中寻找该方法，如果找不到，则按照定义派生类时声明基类的顺序，从左到右在各个基类中查找该方法。

同理，在多继承中，如果派生类中未定义构造函数，则会按照 MRO 顺序，继承离其最近的基类的构造函数，如果此基类也未定义构造函数，则继续向前寻找，直至找到有构造函数的基类。

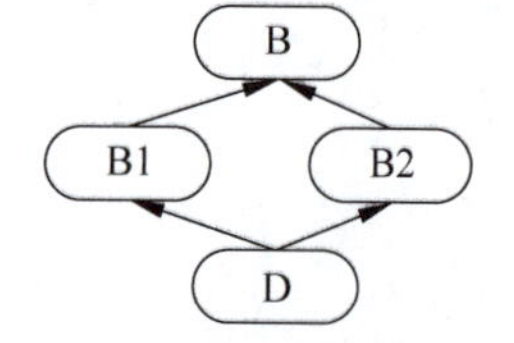


图 6.2　菱形继承

MRO 有效避免了多重继承时经常出现的菱形继承(钻石继承)中顶层基类成员被多次继承的情形。

对于图 6.2 所示的菱形继承，其 MRO 顺序为：

```
[<class '__main__.D'>, <class '__main__.B1'>, <class '__main__.B2'>,
<class '__main__.B'>, <class 'object'>]
```

**【实例 6.14】** 菱形继承示例。

源代码如下：

```
1    class B():
2        def __init__(self,b, *args, **kwargs):      #顶层基类 B 的构造函数,带可变参数
3            self.b = b
4        def show(self):
5            print(self.b)
6    class B1(B):
7        def __init__(self,b,b1, *args, **kwargs):  #B1 的构造函数,带可变参数
8            super(B1,self).__init__(b, *args, **kwargs)   #按照 mro 顺序,调用 B1 的下
9                                                          #一个类的构造函数
10           self.b1 = b1
11       def show(self):
12           print(self.b,self.b1)
13   class B2(B):
```

```
14        def __init__(self,b,b2, * args, ** kwargs):   # B2 的构造函数,带可变参数
15            super(B2,self).__init__(b, * args, ** kwargs)  # 按照 mro 顺序,调用 B2 的下
16                                                           # 一个类的构造函数
17            self.b2 = b2
18        def show(self):
19            print(self.b,self.b2)
20    class D(B1,B2):
21        def __init__(self,b,b1,b2,d):        # 最底层派生类 D 的构造函数
22            super(D,self).__init__(b,b1,b2) # 按照 mro 顺序,调用 D 的下一个类的构造函数
23            self.d = d
24        def show(self):
25            print(self.b,self.b1,self.b2,self.d)
26
27    print(D.mro())
28    d = D(1,2,3,4)
29    d.show()
```

运行结果如下：

```
[<class '__main__.D'>, <class '__main__.B1'>, <class '__main__.B2'>, <class '__main__.B'>,
<class 'object'>]
1 2 3 4
```

程序分析：

由上述代码可知，要解决图 6.2 所示的菱形继承这种复杂结构带来的问题，顶层基类 B 构造函数的形参列表中，需要列出基类 B 需要的形参及可变参数列表。

中间层类 B1 构造函数的形参列表，需要列出从基类 B1 中继承的属性初始化所需的形参、类 B1 新增属性需要的形参及可变参数列表。这样在类 B1 的构造函数体中，只需按照 super(派生类名,self).__init__(基类需要的实参,可变实参列表)即可；中间层的类 B2 同样如此。

最后的派生类 D 构造函数的形参列表，需要列出派生类 D 直接或间接继承的基类中所有属性的初始化所需的形参，以及 D 新增属性所需的形参即可。在其构造函数体中，利用 super(派生类名,self).__init__()时，构造函数__init__的实参列表是所有基类需要的实参即可。

## 6.6 多态性

多态性是面向对象程序设计语言的重要特性之一，能有效提高程序的可扩展性。它是一种机制、一种能力，而非某个关键字。

Python 语言也支持多态性，但因为 Python 中变量不需要声明类型，所以不存在 Java 和 C++中父类引用或父类指针指向子类对象的多态体现；同时 Python 不支持方法重载，所以也不具有 Java 和 C++中的静态多态性，只具有动态多态性。

**【实例 6.15】** 多态性应用示例。

源代码如下：

```
1   class Dog(object):                    # Dog 类
2       def speak(self):
3           print("狗汪汪叫……")
4   class Cat(object):                    # Cat 类
5       def speak(self):
6           print("猫喵喵叫……")
7   class Person(object):                 # Person 类
8       def speak(self):
9           print("人用普通话说话……")
10  def speak(obj):                       # 实现说话功能的全局函数
11      obj.speak()
12
13  p = Person()
14  speak(p)
15  c = Cat()
16  speak(c)
17  d = Dog()
18  speak(d)
```

运行结果如下：

```
人用普通话说话……
猫喵喵叫……
狗汪汪叫……
```

程序分析：

在本例代码中，Dog 类、Cat 类、Person 类都有一个 speak 函数，分别实现不同类动物的说话。speak 是一个全局普通函数，当调用 speak 函数时，将 Dog 类、Cat 类、Person 类的实例对象传送给 obj，即通过 obj 调用 speak 函数，调用实例对象所属类中的 speak 函数，输出不同的信息。多态性表现为向同一函数传递不同的参数后，可实现不同的功能。

Python 语言在多方面体现了多态性。比如，len 函数可计算各种对象（如字符串、列表、元组）中元素的个数，会在运行时通过参数类型确定具体的求元素个数的计算过程。

## 6.7 综合例子

**【实例 6.16】** 简单的员工管理系统示例。

一个公司有 4 类人员：经理、技术人员、推销人员及销售经理。

员工的共有属性包括：姓名、级别、员工工号和月薪总额；新增员工的工号由公司现有员工工号的最大值加 1 得到；方法有 promote()，功能是改变员工的级别。

经理是固定月薪制，技术人员是时薪制，推销人员按销售额提成，销售经理则是固定月薪加销售额提成。

每类人员的月薪总额计算方法如下。

经理：8000 元/月；技术人员：100 元/小时。

推销人员：4%提成；销售经理：5000 元/月+5%提成。

请编写程序，创建各类人员对象，并输出对象的信息。

源代码如下：

```
1   class Employee:
2       employeeNo = 10;                    # 本公司员工工号目前最大值
3       def __init__(self, name, grade, *args, **kwargs):
4           self.name = name                # 姓名
5           self.grade = grade              # 级别
6           Employee.employeeNo += 1
7           self.individualEmpNo = Employee.employeeNo       # 公司员工工号
8           self.accumPay = 0.0                              # 月薪总额
9       def promote(self, increment):
10          self.grade += increment
11
12  class Manager(Employee):                                 # 经理类
13      def __init__(self, name, grade, *args, **kwargs):    # 构造函数
14          super(Manager, self).__init__(name, grade, *args, **kwargs) # 调用基类
15                                                                      # 的构造函数
16          self.monthlyPay = 8000
17      def pay(self):                                       # 计算月薪的函数
18          self.accumPay = self.monthlyPay
19      def displayStatus(self):
20          print("经理:", self.name, " 工号:", self.individualEmpNo)
21          print("级别:", self.grade, "    月薪总额:", self.accumPay)
22
23  class Salesman(Employee):                                #推销人员类
24      def __init__(self, name, grade, sales, *args, **kwargs):
25          super(Salesman, self).__init__(name, grade, *args, **kwargs) # 调用基类
26                                                                       # 的构造函数
27          self.commRate = 0.04                # 按销售额提取酬金的百分比
28          self.sales = sales                  # 当月销售额
29      def pay(self):                          # 计算月薪总额的方法
30          self.accumPay = self.sales * self.commRate
31      def displayStatus(self):                # 显示人员信息
32          print("销售员:", self.name, " 工号:", self.individualEmpNo)
33          print("级别:", self.grade, "    月薪总额:", self.accumPay)
34
35  class SalesManager(Manager, Salesman):      # 销售经理类
36      def __init__(self, name, grade, sales, *args, **kwargs):
37          super(SalesManager, self).__init__(name, grade, sales, *args, **kwargs)
38          self.monthlyPay = 5000
39      def pay(self):                          # 计算月薪总额的方法
40          self.accumPay = self.monthlyPay + self.commRate * self.sales
41      def displayStatus(self):                # 显示人员信息
42          print("销售经理:", self.name, " 工号:", self.individualEmpNo)
43          print("级别:", self.grade, "    月薪总额:", self.accumPay)
44
45  class Technician(Employee):                 # 技术人员类
46      def __init__(self, name, grade, hourlyRate, workHours):
47          super(Technician, self).__init__(name, grade)
48          self.hourlyRate = hourlyRate
49          self.workHours = workHours
50      def pay(self):                          # 计算月薪总额的方法
51          self.accumPay = self.hourlyRate * self.workHours
```

```
52        def displayStatus(self):          # 显示人员信息
53            print("技术员:", self.name, " 工号:", self.individualEmpNo)
54            print("级别:", self.grade, "      月薪总额:", self.accumPay)
55    #全局函数
56    def display(employee):
57        employee.promote(2)
58        employee.pay()
59        employee.displayStatus()
60
61    m1 = Manager("张三", 1)
62    s1 = Salesman("李四", 1, 10000)
63    sm1 = SalesManager("王五", 1, 20000)
64    t1 = Technician("赵六", 1, 100, 100)
65    display(m1)
66    display(s1)
67    display(sm1)
68    display(t1)
```

运行结果如下：

```
经理: 张三   工号: 11
级别: 3      月薪总额: 8000
销售员: 李四   工号: 12
级别: 3      月薪总额: 400.0
销售经理: 王五   工号: 13
级别: 3      月薪总额: 5800.0
技术员: 赵六   工号: 14
级别: 3      月薪总额: 10000
```

## 6.8 北斗卫星导航系统——科技强国

### 6.8.1 案例背景

全球卫星导航系统(Global Navigation Satellite System，GNSS)，也称全球导航卫星系统，是航天技术和通信技术结合的产物。全球首个卫星导航系统诞生于美国，即GPS系统，被称为继阿波罗登月、航天飞机之后现代航天领域的又一奇迹。

中国高度重视卫星导航系统的建设发展。20世纪后期，中国开始探索适合国情的卫星导航系统发展道路，逐步形成了三步走发展战略：2000年年底，建成北斗一号系统，向中国提供服务；2012年年底，建成北斗二号系统，向亚太地区提供服务；2020年，建成北斗三号系统，向全球提供服务。

北斗卫星导航系统(BeiDou Navigation Satellite System，BDS)成为继美国全球定位系统(GPS)和俄罗斯全球卫星导航系统(GLONASS)之后第3个成熟的卫星导航系统。我国也成为全世界第2个拥有真正全球组网星座卫星导航系统的国家。

不管是在军事领域还是商业领域，GPS过去都是一家独大，而如今局面正在悄然改变。BDS虽然起步晚于GPS和GLONASS，但是BDS的组网能力和组网速度远远超越了其他全球定位系统。在精准性方面，BDS完全不逊于GPS，而在稳定性上，BDS远远优于GLONASS。

在军事领域，中国已经基本摒弃了 GPS，采用自主的 BDS 为军用飞机、舰艇、导弹等武器提供导航服务。此外，中东等国家也开始与中国合作，启用 BDS 为本国国防军事服务。

## 6.8.2 案例任务

通过北斗导航系统已获得地球上任意两座城市的经纬度，请利用面向对象程序设计思想，计算两城市之间的经纬度距离。

## 6.8.3 案例分析与实现

分析：可将一座城市看作地球上的一个点，建立一个点类 Point。Point 类中有两个私有数据成员，分别表示经度和纬度，在__init__函数中实现对这两个成员的初始化。Point 类中有相应的 get 函数，分别返回每个点的经度、纬度、经度对应的弧度及纬度对应的弧度。

全局函数 getDistance 用于求两个点之间的经纬度距离。计算经纬度距离的 haversine 公式如下：

$$\text{haversin}\frac{d}{R}=\text{haversin}(\varphi_2-\varphi_1)+\cos\varphi_1\cos\varphi_2\,\text{haversin}(\Delta\lambda)$$

其中：

$$\text{haversin}\theta=\sin^2(\theta/2)=(1-\cos\theta)/2$$

R 为地球半径，可取平均值 6371 千米。

$\varphi_1$、$\varphi_2$ 表示两点的纬度。

$\Delta\lambda$ 表示两点经度的差值。

经度、纬度都是弧度。

源代码如下：

```
1   from math import pi, sin, cos, asin, acos, sqrt
2
3   class Point(object):
4       EARTH_RADIUS = 6371                    # 地球平均半径，单位为千米
5       def __init__(self, longti, lati):
6           self.__longti = longti
7           self.__lati = lati
8       @property
9       def longti(self):
10          return self.__longti               #返回经度
11      @property
12      def lati(self):
13          return self.__lati                 #返回纬度
14      def getLongtiRad(self):
15          return self.__longti * pi / 180    #返回经度对应的弧度
16      def getLatiRad(self):
17          return self.__lati * pi / 180      #返回纬度对应的弧度
18
19  def getDistance(p1, p2):
20      dlati = p1.getLatiRad() - p2.getLatiRad()         # 两点纬度之差
21      dlongti = p1.getLongtiRad() - p2.getLongtiRad() # 两点经度之差
22      # 计算两点之间的距离
```

```
23          d = sin(dlati / 2) ** 2 + cos(p1.getLatiRad()) * cos(p2.getLatiRad()) * sin
24          (dlongti / 2) ** 2
25          d = 2 * asin(sqrt(d))
26          d = d * Point.EARTH_RADIUS
27          # 精确距离的数值(单位为千米)
28          d = round((d * 10000) / 10000, 2)
29          # 返回距离 d
30          return d
31
32      # 主程序
33      徐州 = Point(117.11, 34.15)
34      上海 = Point(120.52, 30.40)
35      dist = getDistance(徐州, 上海)
36      print("徐州的经纬度:({},{})".format(徐州.longti,徐州.lati))
37      print("上海的经纬度:({},{})".format(上海.longti,上海.lati))
38      print("徐州和上海的经纬度距离:{:.2f}千米".format(dist))
```

运行结果如下：

```
徐州的经纬度:(117.11,34.15)
上海的经纬度:(120.52,30.4)
徐州和上海的经纬度距离:525.89 千米
```

### 6.8.4 总结和启示

本案例利用面向对象程序设计思想实现计算地球上任意两座城市之间的经纬度距离。北斗卫星导航系统如何得到地球上任意一点的坐标，如何基于“两球交会”的原理进行定位，在此不再赘述。

中华民族是一个有智慧的民族，从古代“司南”的发明，到如今建立自己的“全球卫星定位系统”，都充分反映了中国人民的勤劳品质与奋斗精神。可是，中国错过了工业革命的黄金时代，使近代中国度过了一段至暗时光。制造业，特别是高精尖制造业的落后，使一代又一代中国人付出无限的艰辛去追赶。如今，BDS、5G 等先进技术的发展，让我们看到了中国的科技曙光，但“路漫漫其修远兮，吾将上下而求索”。如今的“科技革命”，全球站在同一起跑线上，期待我们能走得更远。

## 6.9 本章小结

面向对象程序设计具有抽象、继承、封装和多态 4 个基本特征。

Python 类中的成员有属性和方法两种，通过“对象名.成员名”的形式访问对象属性和方法。

属性分为实例属性、类属性、静态属性和特殊属性，方法分为实例方法、类方法、静态方法和特殊方法。实例方法的第一参数是 self，表示对象本身。通过对象名调用实例方法无须为 self 传递任何值。可以动态添加属性和方法。

运算符重载通过在类中重写有关的特殊方法实现。

Python 支持单继承和多继承，通过 MRO 顺序实现继承。

Python是一种多态语言，多方面体现了多态性。

## 6.10 巩固训练

**【训练6.1】** 设计一个日期类Date，属性包括年(year)、月(month)和日(day)，方法包括：构造函数实现属性的初始化，能够实现获取属性值、设置属性值、输出属性值的其他方法。

**【训练6.2】** 设计一个党员类(CCPM)，属性包括姓名、性别、身份证号、入党时间和党费/月；方法包括：构造方法实现属性的初始化，能够实现设置属性值、获取属性值、输出属性值的其他方法。

**【训练6.3】** 设计一个基类Person，包括name、sex和age 3个私有数据成员，再由其派生出Student类和Teacher类，其中学生类中新增学号、成绩2个私有数据成员，教师类中新增院系、工号、工资3个私有数据成员。另外，学生类和教师类中均有相应数据输入、输出的公共接口函数，请编程实现。

**【训练6.4】** 创建一个分数类Rational，使之具有如下功能：能防止分母为"0"，当分数中不是最简形式时，进行约分并避免分母为负数。用重载运算符完成分数的加、减、乘、除四则运算和大小比较运算。

**【训练6.5】** 编写一个程序，计算三角形、正方形和圆形3种图形的面积和周长，并使用相关数据进行测试。面积函数名称为area，周长函数名称为circumference。

# 第7章 文件和目录操作

## 能力目标

【应知】 理解文本文件和二进制文件的概念;理解序列化与反序列化的概念。

【应会】 掌握文本文件和二进制文件的打开、关闭与读写操作;掌握CSV文件的操作;掌握利用openpyxl模块操作Excel文件;了解利用PIL模块的子库Image处理图像文件的方法;了解JSON格式并掌握json库的使用;掌握对文件与目录的操作。

【难点】 文件和目录操作的综合应用。

## 知识导图

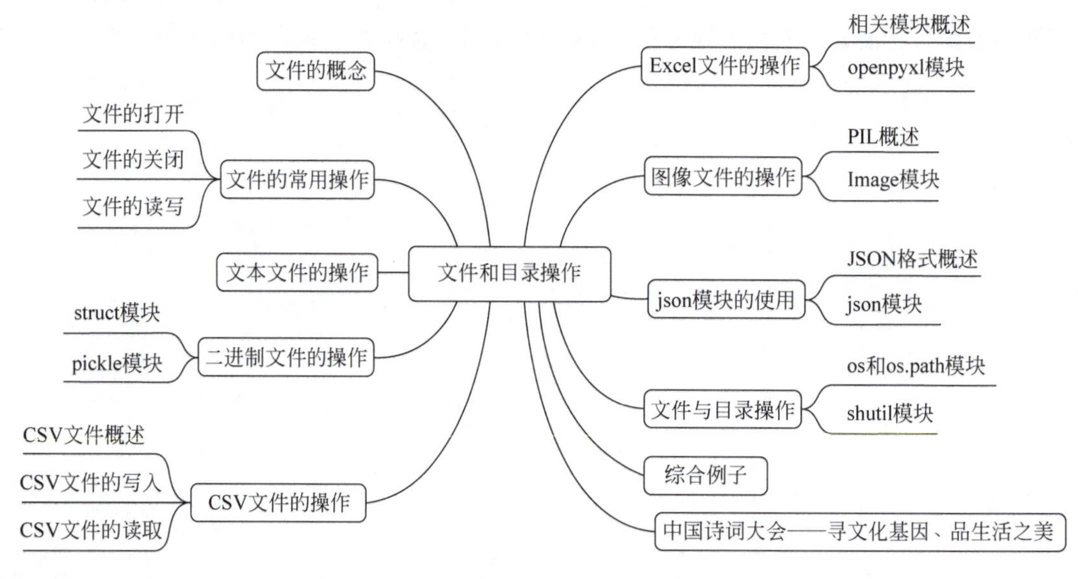

## 7.1 文件的概念

长期保存数据需要使用磁盘、U盘、光盘、云盘等外部存储设备。一张图片、一部电影、一段代码等都可被保存为一个文件。任何文件都有文件名,文件名是存取文件的依据。操作系统以“文件”为单位管理磁盘中的数据。

从用户角度来说,常见的文件可分为程序文件和数据文件,比如winword.exe、notepad.exe

等为程序文件；而用户创建的Word文档、记事本文档等为数据文件。

根据文件中数据的组织形式，可将文件分为文本文件和二进制文件。

文件中数据的组织形式是由文件的创建者和解释者（即使用文件的软件）约定的格式。所谓“格式”，就是关于文件中每部分内容代表含义的一种约定。

所有的文件本质上都是由一个个字节组成的字节串。如果文件中每个字节都约定为一个可见字符的ASCII码或其他字符集中的编码，可以用记事本或其他文本编辑器正常打开和编辑，且用户可以直接阅读和理解，这样的文件就称文本文件。

除了文本文件之外，其他常见文件（如图像文件、视频文件、可执行程序文件等）都称二进制文件。二进制文件不能用文本编辑器直接编辑，需要使用专门的程序打开和显示。

在Python程序中，不管使用哪类文件，都要经过3个步骤：打开文件、读写文件和关闭文件。Python语言通过相应的函数实现打开、读、写、关闭等文件操作。

## 7.2　文件的常用操作

### 7.2.1　文件的打开

在对文件进行读写之前，必须先打开文件。打开文件具有以下两个目的。

（1）建立待打开文件和文件对象（文件句柄）之间的关联。对文件的操作，都是通过与之关联的文件对象进行。

（2）指定文件的使用方式、缓冲方式、编码格式、是否区分换行符等。

Python的内置函数open用于打开或创建一个文件。open函数的语法格式为：

```
文件对象 = open(filename, mode = 'r', buffering = -1, encoding = None, newline = None)
```

第1个参数filename为字符串类型，指明待打开文件的文件名。

常见的文件名表示方法如下。

- 全路径

如“D:/Python/code/test.txt”，指明要打开D盘Python目录下子目录code中的test.txt文件。

如“D:\\Python\\code\\test.txt”，这种写法使用双反斜杠“\\”作为目录与文件或者目录与目录之间的分隔符。

也可写为r'D:\\Python\\code\\test.txt'或r'D:\Python\code\test.txt'。

- 仅给出文件名

如“test.txt”，指明打开当前目录（Python源程序所在的目录）中的文件test.txt。

- 相对路径

如“code/test.txt”，指明要打开当前目录下code子目录中的文件test.txt。

第2个参数mode为字符串类型，用于指定文件的打开方式。表7.1列出了mode参数的取值及含义。

表 7.1　mode 参数的取值及含义

| 取　　值 | | 说　　明 |
|---|---|---|
| 文件操作格式 | r | 读模式 |
| | w | 写模式 |
| | a | 追加模式 |
| | + | 读写模式(不能单独使用,需要与 r/w/a 之一联用) |
| 文件读写内容格式 | b | 二进制文件(不能单独使用,需要与 r/w/a 之一联用) |
| | t | 文本文件(可以省略,如果使用,需要与 r/w/a 之一联用) |

说明：

(1) 当 mode 的值为'r'、'r+'、'rb'、'rb+'时,要求文件必须已经存在,否则会出现打开文件失败异常(FileNotFoundError)。

(2) 当 mode 的值为'w'、'w+'、'wb'、'wb+'、'a'、'a+'、'ab'、'ab+'时,如果文件不存在,则创建一个新文件。

(3) '+'不能单独使用,必须与其他模式联合使用,表示具有读写功能。

- 'r+'不清除原内容,可在任意位置写入数据,默认为起始位置。
- 'w+'先清除原有内容,再从起始位置写入新内容。
- 'a+'不清除原有内容,只能在文件末尾写入新内容。
- 'r'、'w'、'a'、'r+'、'w+'、'a+'中省略了文件读写格式't',因此,打开的为文本文件。
- 若不指定 mode 参数的值,则默认的 mode 值为'rt',即读取文本文件。

第 3 个参数 buffering 用于指定访问文件采用的缓冲方式。

- buffering 默认值为-1,表示使用系统默认的缓冲区大小。
- buffering=0,表示不缓冲。
- buffering=1,表示只缓冲一行数据,即碰到换行就将缓冲区的内容写入磁盘。
- buffering=n(n>1),表示每当缓冲区写满 n 字节就写入磁盘。

第 4 个参数 encoding 用于指定文本文件使用的编码格式,默认为 None,即不指定编码格式,采用系统默认的编码。Python 内置的编码包括'utf-8'、'utf8'等。中文系统一般使用'utf-8'或'gbk'。

第 5 个参数 newline 用于区分换行符,该参数只对文本文件有效。

## 7.2.2 文件的关闭

文件打开并操作完成之后,应及时关闭,否则会给程序带来无法预知的错误。关闭文件的语法格式为：

```
文件对象.close()
```

Python 还可使用 with 语句操作文件对象。不管文件操作过程中是否发生异常,都能保证 with 语句执行完毕后自动调用 close 函数关闭打开的文件对象。其语法格式如下：

```
with open(filename,mode) as 文件对象:
    文件对象的读写操作
```

### 7.2.3 文件的读写

使用 open 函数打开文件，就建立了打开的文件与文件对象(文件句柄)之间的关联。对文件的操作都是通过与之关联的文件对象进行的。常用的文件对象操作方法如表 7.2 所示。

表 7.2 常用的文件对象操作方法

| 方　法 | 方法说明 |
| --- | --- |
| read([size]) | size 为可选参数，用于指定一次最多可读取的字符(字节)个数，如果省略，则默认一次性读取所有内容 |
| readline() | 每次读取目标文件中的一行。对于读取以二进制格式打开的文件，会将"\n"作为读取一行的标志 |
| readlines() | 读取文件中的所有行，该函数返回一个字符串列表，其中每个元素为文件中的一行内容 |
| write(string) | 可向文件中写入指定内容 string |
| writelines(strings) | 可将字符串列表 strings 写入文件 |
| tell() | 返回文件指针的当前位置，单位为字节 |
| seek(offset[,whence]) | 移动文件读取指针到指定位置。whence：可选，默认值为 0。offset 参数表示从哪个位置开始偏移：0 代表从文件开头开始，1 代表从当前位置开始，2 代表从文件末尾开始 |
| flush() | 将缓冲区的内容写入文件，但不关闭文件 |

## 7.3 文本文件的操作

7.1 节介绍了什么是文本文件，7.2 节中介绍了如何打开、关闭文件及文件的读写函数。本节通过几个实例说明文本文件的读写操作。

**【实例 7.1】** 将一首唐诗写入文本文件 poem.txt。唐诗如下：

从军行

唐・王昌龄

青海长云暗雪山，孤城遥望玉门关。

黄沙百战穿金甲，不破楼兰终不还。

源代码如下：

```
1    poem = ["从军行\n",\
2           "唐・王昌龄\n",\
3           "青海长云暗雪山,孤城遥望玉门关。\n",\
4           "黄沙百战穿金甲,不破楼兰终不还。\n"]
5    f = open("poem.txt","w")
6    f.writelines(poem)
7    print("唐诗已经写入文件!")
8    f.close()
```

程序分析：

(1) 第 1～4 行代码将唐诗内容保存在列表 poem 中，考虑到屏幕的宽度，一行无法显示全部唐诗内容，所以用了续行符"\"。

（2）第 5 行代码以“w”模式打开文件 poem.txt，创建文件对象 f。

（3）第 6 行代码将列表 poem 的内容写入文件。

（4）本例用 open()方法打开文件，用 close()方法关闭文件。

Python 还提供了 with 语句操作文件对象。

实例 7.1 的参考代码可改写为：

```
1    poem = ["从军行\n",\
2           "唐·王昌龄\n",\
3           "青海长云暗雪山,孤城遥望玉门关。\n",\
4           "黄沙百战穿金甲,不破楼兰终不还。\n"]
5    with open("poem.txt","w") as f:
6        f.writelines(poem)
7    print("唐诗已经写入文件!")
```

**【实例 7.2】** 操作文件指针，将实例 7.1 中建立的 poem.txt 文件中的诗名和最后一句诗的内容输出。

源代码如下：

```
1    with open("poem.txt","r") as f:
2        print("打开文件时,文件指针的位置: ",f.tell())
3        print("诗名为:",f.read(3))
4        print("从文件开始读取 3 个字符后,文件指针的位置: ",f.tell())
5        f.seek(52) #将文件指针移动到最后一句诗的开头,此时文件指针指向"黄"字
6        print("最后一句诗为:",f.readline().strip()) #输出最后一句诗
7        print("输出最后一句诗后,文件指针的位置: ", f.tell())
```

运行结果如下：

```
打开文件时,文件指针的位置: 0
诗名为: 从军行
从文件开始读取 3 个字符后,文件指针的位置: 6
最后一句诗为: 黄沙百战穿金甲,不破楼兰终不还。
输出最后一句诗后,文件指针的位置: 87
```

程序分析：

（1）第 1 行代码打开文件 poem.txt 时，未指定文件打开模式，默认为“rt”模式；第 2 行代码中，利用文件对象.tell()方法获得文件指针的位置，返回字节数。

（2）当对文件操作时，文件内部有一个文件指针定位当前位置。以追加模式打开文件时，文件指针在文件的末尾；以其他模式打开文件时，文件指针在文件的开头。对于 read、write 及其他读写函数，当读写操作完成后，文件指针会自动向后移动。

（3）第 3 行代码 f.read(3)读取 3 个字符。

（4）由第 4 行代码的运行结果可知，一个中文字符占用 2 字节。

（5）第 5 行代码中 f.seek(53)将文件指针移动到最后一句诗的开头。此时文件指针指向“黄”字。能否将第 5 行代码修改为 f.seek(−32,2)，即将文件指针从文件末尾向后移动 16 个字符呢？不能。因为 Python 中，只有以“b”模式（二进制模式）打开文件，才允许文件指针向后移动；否则，只允许从文件头开始移动文件指针。seek()方法的 whence 参数取 1 和 2 的用法只能在二进制文件中使用。

(6) 第6行代码输出最后一句诗，由于最后一句诗中有“\n”字符，运行结果会换行。所以，用strip()方法删除末尾的“\n”。

【实例7.3】 通过键盘输入若干学生的学号、姓名、某门课成绩，并保存在文件student.txt中，一行保存一名学生的信息，学号、姓名、成绩之间用逗号分隔。文件student.txt第一行的内容为“学号，姓名，成绩”。

算法分析：

用变量n保存要输入的学生人数，通过键盘输入n的值。

用open函数创建文件对象f，建立文件score.txt和f之间的联系，文件打开模式为“w”。

在for语句的循环体中，依次输入每名学生的学号id、姓名name和成绩score，文件对象f调用write()方法，将id、name和score写入文件。

源代码如下：

```
1    n = int(input("请输入学生人数:"))
2    f = open("student.txt","w") #创建文件对象
3    f.write("学号,姓名,成绩\n")
4    for i in range(1,n+1):
5        id,name,score = input("请输入第" + str(i) + "名学生的学号 姓名 成绩:").split()
6        f.write(id + "," + name + "," + str(score) + " ") #将一名学生的信息写入文件
7        f.write("\n")                                    #换行
8    f.close()                                            #关闭文件对象
9    print("数据已经保存在文件中!")
```

一次运行结果如下：

```
请输入学生人数:4
请输入第 1 名学生的学号 姓名 成绩: 1001 zhang 90
请输入第 2 名学生的学号 姓名 成绩: 1002 wang 80
请输入第 3 名学生的学号 姓名 成绩: 1003 li 70
请输入第 4 名学生的学号 姓名 成绩: 1004 zhao 60
数据已经保存在文件中!
```

程序分析：

write()方法只能将字符串写入文件，因此在第6行代码中利用str函数将浮点数score转换为字符串。写入id、name时，字符串后面要加一个逗号；写入score时，字符串后面要加一个(或几个)空格或换行符作为数据之间的分隔符，以免从磁盘文件读取数据时，数据连成一片无法区分。

【实例7.4】 从实例7.3建立的文件student.txt中读取所有信息并输出至屏幕。

方法1：利用read函数

```
1    with open("student.txt") as f:
2        print(f.read())
```

代码第1行的read()方法未指定一次读取多少个字符，则读取文本文件的全部内容。

方法2：利用readline函数

```
1    with open("student.txt") as f:
2        while True:
3            line = f.readline().strip()
4            if not line:
5                break
6            print(line)
```

代码中的 readline()方法一次读取文件中的一行内容，返回一个字符串。Python 中没有判断文件指针是否指到文件末尾的函数，因此，为读取文件的全部内容，要在 while 循环中加一个判断条件，判断读取的字符串是否为空，如果为空，则结束 while 循环。

方法 3：利用 readlines 函数

```
1    with open("student.txt") as f:
2        students = f.readlines()
3    for line in students:
4        line = line.strip().split(",")
5        print(line)
```

readlines()方法可一次性地读取文件中的所有行，返回值为一个列表，列表中依次存放文件中每一行的字符串。

方法 4：直接遍历文件对象

```
1    with open("student.txt") as f:
2        for line in f:
3            print(line.strip())
```

Python 中的文件对象是一种可迭代对象，可使用 for-in 循环进行遍历。

## 7.4 二进制文件的操作

常见的文件（如图像文件、音频文件、视频文件、可执行程序文件等）都是二进制文件。二进制文件没有统一的字符编码，无法使用记事本或其他文本编辑软件打开直接阅读。不同的二进制文件需要使用专门的软件进行处理。例如，.xlsx 文件可用 Excel 打开，.bmp 文件可用画图软件打开。

当程序运行时，所有变量或对象都是存储到内存中的，一旦程序运行结束，这些变量或对象所占的内存会被回收。为使变量和对象持久化地存储在磁盘文件中，就要将变量或对象转化为一个个字节（也称二进制流）。

Python 处理二进制文件，文件打开方式一般需要设置成“rb”、“wb”或“ab”。这样读写的数据流就是二进制流。将变量或对象转化为二进制流的过程称序列化。

还需要将二进制流转换为普通的数据。将磁盘文件中的二进制流读取到内存中，恢复为原来的变量或对象的过程称反序列化。

Python 通过一些标准模块或第三方模块实现序列化和反序列化。常用的模块有 pickle、json、struct、marshal、PyPerSyst、shelve 等。本节主要介绍最常用的 struct 模块和 pickle 模块在二进制文件操作方面的应用。

## 7.4.1　struct 模块

在 struct 模块中，将一个整型数字、浮点型数字或字符流转换为字节流时，需使用格式化字符串使 struct 模块明确被转换的对象类型，如整型数值为'i'，浮点型数值为'f'，一个 ASCII 码字符为's'。

struct 模块能够构造并解析打包的二进制数据。从某种意义来说，它是一个数据转换工具，能将文件中的字符串解读为二进制数据。

struct 模块是比较常用的第三方模块。下面通过两个例子说明 struct 模块的应用。

【实例 7.5】　使用 struct 模块将一个学生信息写入二进制文件 student.bin，学生信息包括学号、姓名和成绩。

源代码如下：

```
1    import struct
2    id = b"1001"                    # 在字符串前加上 b，转换为字节串
3    name = "zhang".encode()         # 调用字符串的 encode()方法，将字符串转换为字节串
4    score = 90.0
5    student = struct.pack('4s10sf', id, name, score)
                                     # 按格式'4s10sf'，将 id，name，score 打包为字节串
6    with open("student.bin","wb") as f:
7        f.write(student)            # 将字节串 student 写入二进制文件
8    print("学生信息已经写入二进制文件!")
```

程序分析：

(1) 第 1 行代码导入 struct 模块。

(2) 第 2 行代码在字符串"1001"前加上字符 b，将其转换为字节串。

(3) 如第 3 行代码所示，也可通过调用字符串的 encode()方法，将字符串转换为字节串。

(4) 第 4 行代码通过 struct 模块的 pack 方法，按照 4s8sf 的格式将变量 id、name 和 score 打包为字节串 student。

(5) 第 6 行代码以"wb"模式打开二进制文件 student.bin。

(6) 第 7 行代码将字节串 student 写入二进制文件。

【实例 7.6】　使用 struct 模块读取实例 7.5 中建立的二进制文件 student.bin 中的数据，并显示在屏幕上。

源代码如下：

```
1    import struct
2    with open("student.bin","rb") as f:
3        size = struct.calcsize('4s8sf')
4        stu = f.read(size)     # 读取 size 个字节
5        stu = struct.unpack('4s8sf',stu)   # 解析字节串，解析的结果是一个元组
6        print("从二进制文件读取的数据为:",stu)
                                            # 打印元组，可以看出 id，name 保持为字节串
7        id,name,score = stu                # 对元组进行解包，赋给对应的变量 id name score
8    #用 decode 方法对 id、name 进行解码，将字节串转换成字符串
9        print(id.decode()," ",name.decode()," ",score)
```

运行结果如下：

```
从二进制文件读取的数据为：(b'1001', b'zhang\x00\x00\x00\x00\x00', 90.0)
1001    zhang        90.0
```

程序分析：

(1) 第 2 行代码以“rb”模式打开二进制文件 student.bin。

(2) 第 3 行代码调用 struct.calcsize('4s10sf')计算格式串 4s5sf 占用的字节数。

(3) 第 4 行代码通过文件对象 f 调用 read()方法，读取若干字节，stu 为一个字节串。

(4) 第 5 行代码调用 struct.unpack()方法，将字节串 stu 按照格式串 4s5sf 进行解析，返回一个元组。

(5) 第 6 行代码打印元组 stu。由运行结果可以看出，数据被完整地从二进制文件中解析出来。b'1001'、b'zhang\x00\x00\x00\x00\x00'是学号、姓名对应的字节串。

(6) 第 7 行代码对元组进行解包，赋给变量 id、name 和 score。

(7) 第 9 行代码通过调用 decode()方法，将字节串 id、name 转换为字符串，以正常阅读的形式输出。

由上面的例子可知，struct 模块的 pack 方法按照指定格式将 Python 数据转换为字节串，即进行了序列化。要将字节串写入二进制文件，必须调用 write()方法；相应地，利用 read 方法从二进制文件中读取若干字节(字节串)，struct 模块的 unpack()方法按照指定格式将字节串转换为 Python 指定的数据类型。struct 模块的常用方法如表 7.3 所示。

表 7.3　struct 模块的常用方法

| 方法名 | 返回值 | 说明 |
|---|---|---|
| pack(fmt,v1,v2...) | string | 按照给定的格式(fmt)，将数据 v1，v2，…转换为字符串(字节串)，并将该字符串返回 |
| unpack(fmt,bytes) | Tuple | 按照给定的格式(fmt)解析字节流 bytes，并返回解析结果 |
| calcsize(fmt) | size of fmt | 计算给定的格式(fmt)占用内存的字节数，注意对齐方式 |

表 7.3 中的参数 fmt 称格式字符串，由一个或多个格式字符组成。struct 模块常用封装数据的格式字符如表 7.4 所示。

表 7.4　struct 模块常用封装数据的格式符

| 格式符 | 对应的 C 语言数据类型 | 对应的 Python 数据类型 | 数据字节数 |
|---|---|---|---|
| s | 字符串 | bytes | 由 s 前的数字决定，例如，4s 表示打包为 4 字节 |
| i | 整型 | 整型 | 4 |
| h | 短整型 | 整型 | 2 |
| f | 单精度浮点型 | 浮点型 | 4 |
| d | 双精度浮点型 | 浮点型 | 8 |
| c | 字符型 | 长度为 1 的 bytes | 1 |
| ? | 布尔型 | 布尔型 | 1 |

## 7.4.2　pickle 模块

pickle 模块是 Python 的内置模块。通过 pickle 模块的序列化操作将程序中的对象信息保存到二进制文件中，并永久存储；通过 pickle 模块的反序列化操作从文件中读取序列化的对象。

pickle 模块中常用的方法是 dump()方法和 load()方法，分别实现对象的序列化和反序列化。

dump()方法的语法格式如下：

```
pickle.dump(obj,file,protocol = None)
```

dump()方法将对象 obj 序列化后，写入二进制文件对象 file。protocol 参数有 5 种取值：0,1,2,3,4。0 表示 ASCII 协议，1 表示旧版二进制协议，2 表示 Python 2.3 使用的二进制协议，3 表示 Python 3.0 使用的二进制协议，4 表示 Python 3.4 使用的二进制协议。一般情况下使用默认值 0。

**【实例 7.7】** 使用 pickle 模块，将 Python 中各种类型的数据写入二进制文件 data.bin。

源代码如下：

```
1    class Person():
2        def __init__(self, name, age):
3            self.name = name
4            self.age = age
5        def __str__(self):
6            return self.name + '' + str(self.age)
7    import pickle
8    x = 123                                    # 整型
9    y = 95.0                                   # 浮点型
10   s = "江苏师范大学"                          # 字符串
11   b = True                                   # 布尔型
12   t = (1, 2, 3)                              # 元组
13   lst = [1, 2, 3]                            # 列表
14   c = {4, 5, 6}                              # 集合
15   d = {"brand": "Leno", "price": 5000}       # 字典
16   p = Person("zhang", 20)                    # 类对象
17   with open("data.bin", "wb") as file:
18       pickle.dump(x, file)                   # 将 x 序列化,写入 file
19       pickle.dump(y, file)
20       pickle.dump(s, file)
21       pickle.dump(b, file)
22       pickle.dump(t, file)
23       pickle.dump(lst, file)
24       pickle.dump(c, file)
25       pickle.dump(d, file)
26       pickle.dump(p, file)
27   print("数据已经写入二进制文件!")
```

运行结果如下：

```
数据已经写入二进制文件!
```

此时浏览当前目录，就会发现创建的文件 data.bin。如果用记事本打开该文件，人是无法直接识别显示内容的。

程序分析：

(1) 第 1～6 行代码定义了 Person 类。

(2) 第 7 行代码导入了 pickle 模块。

（3）第8～16行代码定义了要写入文件的对象。

（4）第18～26行代码调用pickle.dump函数将Python的对象写入二进制文件。

load()方法的语法格式如下：

```
pickle.load(file)
```

load()方法反序列化对象，将文件对象file关联的二进制文件中的数据解析为Python对象。

【实例7.8】 使用pickle模块，读取实例7.7中建立的二进制文件data.bin中的数据并输出。

源代码如下：

```
1    class Person():
2        def __init__(self, name, age):
3            self.name = name
4            self.age = age
5        def __str__(self):
6            return self.name + ' ' + str(self.age)
7    import pickle
8    with open("data.bin", "rb") as file:
9        x = pickle.load(file)
10       y = pickle.load(file)
11       s = pickle.load(file)
12       b = pickle.load(file)
13       t = pickle.load(file)
14       l = pickle.load(file)
15       c = pickle.load(file)
16       d = pickle.load(file)
17       p = pickle.load(file)
18   data = [x, y, s, b, t, l, c, d, p]
19   for item in data:
20       print(item)
```

运行结果如下：

```
123
95.0
江苏师范大学
True
(1, 2, 3)
[1, 2, 3]
{4, 5, 6}
{'brand': 'Leno', 'price': 5000}
zhang 20
```

程序分析：

（1）由于实例7.7的代码写入了一个自定义的类对象，因此，本程序代码也需要定义类，见程序代码第1～6行。

（2）第9～17行代码调用pickle.load()方法，实现从二进制文件中读取数据并反序列化。

（3）第19、20行代码输出读取的数据。

# 7.5 CSV 文件的操作

## 7.5.1 CSV 文件概述

CSV(Comma Separated Values)文件是一种纯文本文件,使用特定的结构排列表格数据,常用于不同程序间的数据交换。CSV 文件具有格式简单、快速存取、兼容性强等特点,工程、金融、商业等数据文件都采用 CSV 文件保存和处理。CSV 文件可用 Excel 打开,也可用文本编辑器打开,如记事本、Word 等。

以下是一个典型的 CSV 文件内容:

```
学号,姓名,成绩
1001,zhang,90
1002,wang,80
1003,li,70
1004,zhao,60
```

由上述内容可知,CSV 文件一般具有如下特征。

(1) 第一行标识数据列的名称。

(2) 之后每一行代表一条记录,存储具体的数值。

(3) 每条记录的数据之间一般用半角逗号(,)分隔。

(4) 制表符(\t)、冒号(:)和分号(;)也是常用的分隔符。

如果已知 CSV 文件使用的分隔符,可使用 7.2 节、7.3 节中介绍的文本文件读写方式进行操作。Python 中还提供了内置的 csv 模块,实现 CSV 文件的读写。用 csv 模块处理 CSV 文件,可保证结果的准确性,避免不必要的错误。

## 7.5.2 CSV 文件的写入

### 1. csv.writer 对象

csv.writer 对象用于将列表对象数据写入 CSV 文件。csv 模块提供了创建 csv.writer 对象的方法 writer(),其语法格式如下:

```
csv.writer(csvfile,dialect = 'excel', ** fmtparams)
```

其中,csvfile 为支持迭代器协议的任意对象,通常为一个文件对象;dialect 用于指定 csv 的格式模式;fmtparams 用于指定特定格式,以覆盖 dialect 中的格式。实际应用中,第 2、3 个参数通常省略。

csv.writer 对象可调用如下两个方法,向 CSV 文件写入数据。

```
write(row)                  #一次写入一行
writerows(rows)             #一次写入多行
```

**【实例 7.9】** 使用 csv.writer 对象将若干职工信息数据写入文件 employees.csv。职工信息包括工号、姓名和薪水。

源代码如下:

```
1    import csv
2    with open("employees.csv", "w", newline = "") as f:    # 打开文件 employees.csv
3        writer = csv.writer(f)    # 调用 csv 模块的 writer()方法,创建一个 csv.writer 对象 writer
4        writer.writerow(['工号', '姓名', '薪水']) # writer 调用 writerow()方法,一次写入一行数据
5        data = [['1001', '张', 9000],
6                ['1002', "王", 7800],
7                ['1003', "李", 8700],
8                ['1004', "赵", 6500]]
9        writer.writerows(data)   # writer 调用 writerows()方法,一次写入多行数据
10   print("数据已经写入!")
```

程序分析：

(1) 第 1 行代码导入 csv 模块。

(2) 第 2 行代码以"w"模式打开 employees.csv 文件，文件对象名为 f。注意参数 newline=""不能省略，这样向文件中写入数据时，行的结尾符号不会被转换；否则，文件中每行数据后有一个空行，将导致 CSV 文件读取错误。

(3) 第 3 行代码调用 csv.writer()，并将文件对象 f 作为实参，从而创建一个与该文件相关联的 csv.writer 对象 writer。

(4) 第 4 行代码中，writer 对象调用 writerow()方法，一次写入一行数据。

(5) 第 9 行代码中，writer 对象调用 writerows()方法，一次写入多行数据。

运行结果如下：

```
数据已经写入!
```

此时打开当前目录，会发现一个 employees.csv 文件，文件内容如下：

```
工号,姓名,薪水
1001,张,9000
1002,王,7800
1003,李,8700
1004,赵,6500
```

### 2. csv.DictWriter 对象

csv.DictWriter 对象可将字典对象数据写入 CSV 文件。csv 模块提供了创建 csv.DictWriter 对象的方法 DictWriter()，其语法格式如下：

```
csv.DictWriter(csvfile,fieldnames,restval = '',extrasaction = 'raise',dialect = 'excel', * args, ** kwds)
```

其中，csvfile 为支持迭代器协议的任意对象，通常为一个文件对象；fieldnames 用于指定标题行的各个字段名；restval 用于指定默认数据；extrasaction 用于指定存在多余字段时采取的操作；其他参数含义同 csv.writer()方法。除 csvfile 和 filednames 外，其余参数都是可选的。

csv.DictWriter 对象不但能调用 write(row)和 writerows(rows)方法，向 CSV 文件写入数据，也可调用如下方法将标题行的各个字段写入文件。

```
writeheader()   # 写入标题行字段名
```

**【实例 7.10】** 使用 csv.DictWriter 对象将若干职工信息数据写入文件 employees.csv。

职工信息包括工号、姓名和薪水。

源代码如下：

```
1   import csv
2   header = ['工号', '姓名', '薪水']    #定义标题行各字段
3   data = [{'工号': '1001', '姓名': '张', '薪水': 9000},    #写入 CSV 文件中的数据,字典形式
4           {'工号': '1001', '姓名': '王', '薪水': 7800},
5           {'工号': '1001', '姓名': '李', '薪水': 8700},
6           {'工号': '1001', '姓名': '赵', '薪水': 6500}]
7   with open("employees.csv", "w", newline = "") as f:   # 打开文件 employees.csv
8       # 创建调用 csv 模块的 DictWriter()方法,创建一个 csv.DictWriter 对象 writer
9       writer = csv.DictWriter(f,header)
10      writer.writeheader()             #将标题行写入文件
11      writer.writerows(data)           #writer 调用 writerows()方法,一次写入多行数据
12  print("数据已经写入!")
```

程序分析：

(1) 第 2 行代码定义了一个列表 header，方括号中为标题行内容。

(2) 第 3～4 行代码定义了一个列表 data，列表中的每个元素为字典形式。

(3) 第 9 行代码调用 csv. DictWriter()，并将文件对象 f 和 header 作为实参，从而创建一个 csv. Dictwriter 对象 writer。

(4) 第 10 行代码调用 writeheader()，将标题行写入 CSV 文件。

(5) 第 11 行代码调用 writerows(data)，将 data 写入文件。

## 7.5.3 CSV 文件的读取

### 1. csv. reader 对象

csv. reader 对象可按行读取 CSV 文件中的数据，是一个可迭代对象。可使用 for-in 循环语句依次读取每条数据元素；也可使用 list 函数将其转换为列表，再一次性输出该列表。

创建 csv. reader 对象的方法为 reader()，其语法格式如下：

```
csv.reader(csvfile,dialect = 'excel', ** fmtparams)
```

其中，各参数的含义同 csv. writer()方法。

**【实例 7.11】** 使用 csv. reader 读取实例 7.9 中建立的 employees. csv 文件。

源代码如下：

```
1   import csv                        #导入 csv 模块
2   with open("employees.csv","r") as f:
3       reader = csv.reader(f)        #调用 csv 模块的 reader()方法,创建一个 csv.reader 对象 reader
4       for row in reader:            #使用 for...in...循环访问 reader 中每个元素
5           print(row)
```

运行结果如下：

```
['工号', '姓名', '薪水']
['1001', '张', '9000']
['1001', '王', '7800']
['1001', '李', '8700']
['1001', '赵', '6500']
```

程序分析：

(1) 第 2 行代码以“r”模式打开 employees.csv 文件，文件对象名为 f。

(2) 第 3 行代码调用 csv.reader()，并将文件对象 f 作为实参，从而创建一个与该文件相关联的 csv.reader 对象 reader。

(3) 第 4～5 行代码使用 for...in...循环访问 reader 对象中的每个元素。

(4) 从运行结果可以看出，for...in...循环依次读取可迭代对象 reader 中的每个数据元素。reader 中的每个元素为一个列表，对应 CSV 文件中的一行，CSV 文件中每行的每个字段值以字符串的形式作为列表中的一个元素。

### 2. csv.DictReader 对象

csv.DictReader 对象也是一个可迭代对象，也可使用 for...in...循环语句依次读取 CSV 文件中的每行数据。与 csv.reader 对象不同的是，它使用 OrderedDict 字典而不是列表返回 CSV 文件中的数据记录。

创建 csv.DictReader 对象的方法为 DictReader()，其语法格式如下：

```
csv.DictReader(csvfile,fieldnames = None,restval = '',extrasaction = 'raise',dialect = 'excel',
 * args, ** kwds)
```

**【实例 7.12】** 使用 csv.DictReader 读取实例 7.9 中建立的 employees.csv 文件。

源代码如下：

```
1    import csv                                  # 导入 csv 模块
2    with open("employees.csv","r") as f:
3        reader = csv.DictReader(f)              # 调用 csv 模块的 DictReader()方法,创建一个
                                                 # csv.DictReader 对象 reader
4        for row in reader:                      # 使用 for...in...循环访问 reader 中每个元素
5            print(row)
```

运行结果如下：

```
{'工号': '1001', '姓名': '张', '薪水': '9000'}
{'工号': '1001', '姓名': '王', '薪水': '7800'}
{'工号': '1001', '姓名': '李', '薪水': '8700'}
{'工号': '1001', '姓名': '赵', '薪水': '6500'}
```

程序分析：

(1) 第 3 行代码调用 csv.DictReader()，并将文件对象 f 作为实参，从而创建一个与该文件相关联的 csv.DictReader 对象 reader。

(2) 由运行结果可以看出，for...in...循环依次读取可迭代对象 reader 中每个数据元素，每个数据元素为一个字典。该字典按键值对构成的元组中，键为 CSV 文件中第一行（标题行）中的字段名，值为 CSV 文件中除标题行之外的每行数据对应的字段值。

## 7.6 Excel 文件的操作

### 7.6.1 相关模块概述

读写 Excel 文件的第三方库包括 xlrd、xlwt、openpyxl 及 pandas 等。不同的模块在读

写方法上存在区别。

xlrd 模块可读取后缀为.xls 的 Excel 文件。

xlwt 模块可向后缀为.xls 的 Excel 文件写入数据。

openpyxl 模块可读写后缀为.xlsx 的 Excel 文件。

pandas 模块可读写后缀为.xls 和.xlsx 的 Excel 文件。pandas 库是基于 NumPy 库的软件库，因此安装 pandas 之前需先安装 NumPy 库。

本书主要讲解用 openpyxl 模块实现 Excel 文件的读写。openpyxl 模块的安装可参照 9.1.2 节第三方库的获取和安装中介绍的方式。

在讲解 openpyxl 模块读写 Excel 文件之前，需要了解 Excel 文件的有关概念。

(1) 工作簿：一个 Excel 电子表格文档称一个工作簿，一个工作簿保存在扩展名为.xlsx 的文件中。

(2) sheet 表：每个工作簿可包含多个表(也称工作表)。

(3) 活动表：用户当前查看的表(或关闭 Excel 前最后查看的表)，称活动表(当前操作的 sheet 表就是活动表)

(4) 单元格：每个表都包含一些列(地址是从 A 开始的字母)和一些行(地址是从 1 开始的数字)，由特定行和列确定的方格称单元格。

7.6 节中的 Excel 文件读写操作实例以图 7.1 所示的"优秀毕业生.xlsx"进行。

| | A | B | C | D | E |
|---|---|---|---|---|---|
| 1 | 江苏师范大学2023届"优秀毕业生"名单汇总表 | | | | |
| 2 | 序号 | 学院 | 姓名 | 性别 | 班级 |
| 3 | 1 | 文学院 | 陆*铭 | 女 | 19文11 |
| 4 | 2 | 文学院 | 周*莹 | 女 | 19文11 |
| 5 | 3 | 文学院 | 过*菲 | 女 | 19文11 |
| 6 | 4 | 文学院 | 孙*筱 | 女 | 19文11 |
| 7 | 5 | 文学院 | 马*伟 | 男 | 19文11 |
| 8 | 6 | 文学院 | 卜*霞 | 女 | 19文11 |
| 9 | 7 | 文学院 | 杨*昆 | 男 | 19文12 |
| 10 | 8 | 文学院 | 李*尧 | 女 | 19文12 |
| 11 | 9 | 文学院 | 高*欣 | 女 | 19文12 |
| 12 | 10 | 文学院 | 高*远 | 女 | 19文12 |
| 13 | 11 | 文学院 | 张*格 | 女 | 19文12 |
| 14 | 12 | 文学院 | 段*芳 | 女 | 19文13 |

图 7.1　"优秀毕业生.xlsx"内容示意图

## 7.6.2　openpyxl 模块

openpyxl 模块常用的方法和属性如表 7.5 所示。

表 7.5　openpyxl 模块常用的方法和属性

| 方法或属性名 | 说　明 |
|---|---|
| openpyxl.load_workbook([filename]) | 创建一个工作簿对象 wb=openpyxl.load_workbook("优秀毕业生.xlsx") |
| openpyxl.Workbook() | 创建一个新的工作簿 |
| 工作簿对象.sheetnames | 属性，获取当前工作簿对象中所有工作表的名称 |

续表

| 方法或属性名 | 说　明 |
|---|---|
| 工作簿对象.active | 获取工作簿对象中当前活动表对应的工作表对象 |
| 工作簿对象[工作表名] | 根据表名获取指定工作表对象 sheet=wb['优秀毕业生'] |
| 工作簿对象.save(savefilename) | 按照 savefilename 中指定路径和名字保存工作簿 |
| 工作表对象.title | 获取表对象的表名 |
| 工作表对象.max_row | 获取表的最大有效行数 |
| 工作表对象.max_column | 获取表的最大有效列数 |
| 工作表对象[单元格1坐标:单元格2坐标] | 将工作表对象进行切片操作，从而取得表格中一行、一列或一个矩形区域中所有的 Cell 对象 |
| 工作表对象.columns | 返回工作表对象所有列的一个生成器 |
| 工作表对象.rows | 返回工作表对象所有行的一个生成器 |
| 工作簿对象.create_sheet([工作表名],[n]) | 创建一个新工作表，默认以 sheet1 命名。n=0 时，在第1个位置插入工作表；n=−1 时，在倒数第2个位置插入工作表 |
| 表对象[单元格地址字符串] | 创建单元格对象，如 cell=sheet['B3'] |
| 表对象.cell(row,column) | 创建单元格对象。第1行、第1列的值从1开始，不是从0开始 |
| 单元格对象.value | 单元格的值，如 cell.value |
| 单元格对象.row | 单元格的行号 |
| 单元格对象.column | 单元格的列号 |
| 单元格对象.coordinate | 单元格的坐标(地址) |

**【实例7.13】** 编写 Python 程序，从 Excel 文件“优秀毕业生.xlsx”中读取数据，计算每个学院的优秀毕业生总数；所有优秀毕业生中男生和女生的人数，并将其写入 Excel 文件“优秀毕业生.xlsx”的“统计结果”工作表，同时写入一个文本文件并输出至屏幕。

```
1    import openpyxl
2    def readFromWorkbook(wb):
3        sheet = wb['优秀毕业生']
4        departmentData = {}
5        genderData = {}
6        #第3行开始是真正的数据
7        print("Reading rows…")
8        for row in range(3,sheet.max_row + 1):          #遍历每行数据
9            cell = sheet['B' + str(row)]                 #创建单元格
10           departmentName = cell.value                  #获得单元格的值
11           gender = sheet['D' + str(row)].value         #获得单元格的值
12           #创建学院的字典
13           departmentData[departmentName] = departmentData.get(departmentName,0) + 1
14           #创建性别的字典
15           genderData[gender] = genderData.get(gender,0) + 1
16       return departmentData,genderData
17       def writeToWorkbook(wb,departmentData,genderData):
18       items = DicToList(departmentData)
19       #统计数据写入工作簿文件优秀毕业生.xlsx的工作表“统计结果”
20       sheetResult = wb.create_sheet("统计结果表")
21       sheetResult['A1'].value = "优秀毕业生统计结果"
```

```
22        sheetResult['A2'].value = "学院名称"
23        sheetResult['B2'].value = "人数"
24        for i in range(len(items)):
25            name, count = items[i]
26            c1 = sheetResult['A' + str(3 + i)]
27            c2 = sheetResult['B' + str(3 + i)]
28            c1.value = name
29            c2.value = count
30        #将优秀毕业生性别统计数据写入工作簿
31        sheetResult['D2'] = '女'
32        sheetResult['E2'] = '男'
33        sheetResult['D3'] = genderData['女']
34        sheetResult['E3'] = genderData['男']
35        wb.save("优秀毕业生.xlsx")
36    def writeToText(departmentData, genderData):
37        items = DicToList(departmentData)
38        #数据写入文本文件
39        print("Writing results…")
40        with open("result.txt","w") as resultFile:
41            for i in range(len(items)):
42                name, count = items[i]
43                resultFile.write(name + " " * 5 + str(count) + '\n')
44    def writeToScreen(departmentData, genderData):
45        items = DicToList(departmentData)
46        #将结果显示至屏幕
47        print("每个学院优秀毕业生人数")
48        print()
49        for i in range(len(items)):
50            name, count = items[i]
51            if '-' not in name:
52                print("{0:{2}<25}{1:^5}".format(name, count, chr(12288)))
53            else:
54                n = name.split('-')
55                print("{0:}--{1:{3}<17}{2:^5}".format(n[0], n[1], count, chr(12288)))
56        print("优秀毕业生性别分布:")
57        for key in genderData:
58            print(key, genderData[key], end = " ")
59        print()
60    def DicToList(departmentData):
61        #将学院字典数据转换为列表
62        items = list(departmentData.items())
63        items.sort(key = lambda x:x[1], reverse = True)  #按每个学院优秀毕业生人数降序排序
64        return items
65    def main():
66        excelname = "优秀毕业生.xlsx"
67        print("Opening workbook…")
68        wb = openpyxl.load_workbook(excelname)
69        departmentData = {}
70        genderData = {}
71        departmentData, genderData = readFromWorkbook(wb)
72        writeToWorkbook(wb, departmentData, genderData)
73        writeToText(departmentData, genderData)
```

```
74          writeToScreen(departmentData,genderData)
75          print('\n 读写 Excel 文件完成!')
76      if __name__ == '__main__':
77          main()
```

运行结果如下：

```
Opening workbook…
Reading rows…
Writing results…
每个学院优秀毕业生人数

外国语学院                                    42
教育科学学院                                  39
数学与统计学院                                39
文学院                                        36
地理测绘与城乡规划学院                        30
江苏圣理工学院——中俄学院                      27
美术学院                                      26
智慧教育学院                                  25
化学与材料科学学院                            23
历史文化与旅游学院                            22
物理与电子工程学院                            22
生命科学学院                                  21
体育学院                                      21
敬文书院                                      18
传媒与影视学院                                17
法学院                                        16
马克思主义学院                                16
商学院                                        16
音乐学院                                      14
语言科学与艺术学院                            11
公共管理与社会学院                            11
电气工程及自动化学院                          11
机电工程学院                                  8
优秀毕业生性别分布：
女 420 男 91

读写 Excel 文件完成!
```

程序分析：

(1) 第 2～16 行代码定义了函数 readFromWorkbook(wb)，实现从工作簿 wb 中读取有关数据到字典 departmentData 和 genderData 中。这两个字典分别保存学院的优秀毕业生人数和优秀毕业生中的男生、女生人数。

(2) 第 17～35 行代码定义的函数 writeToWorkbook(wb, departmentData, genderData)实现将字典中的数据写入工作簿的工作表，并保存工作簿。

(3) 第 36～43 行代码定义的函数 writeToText(departmentData, genderData)实现将字典中的数据写入文本文件。

(4) 第 44～59 行代码定义的函数 writeToScreen(departmentData, genderData)实现将字典中的数据显示至屏幕。注意，第 51～55 行代码实现了中英文数据的对齐输出，其中，chr(12288)表示中文空格。

# 7.7 图像文件的操作

## 7.7.1 PIL 库概述

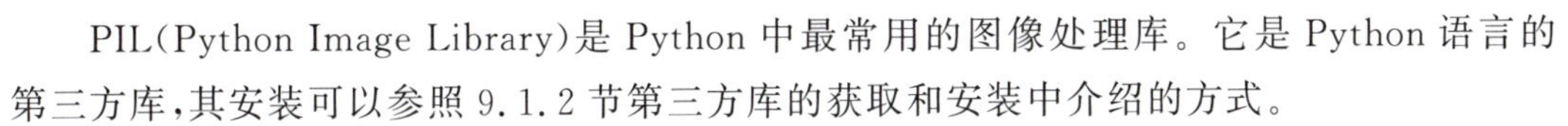

PIL(Python Image Library)是 Python 中最常用的图像处理库。它是 Python 语言的第三方库,其安装可以参照 9.1.2 节第三方库的获取和安装中介绍的方式。

PIL 几乎能处理任何格式的图像,支持图像存储、显示和处理,可实现图像缩放、裁剪、叠加及添加线条、图像和文字等操作。

根据功能的不同,PIL 库共包括 21 个与图片相关的类,这些类可看作子库或 PIL 库中的模块。

本书主要介绍 PIL 库中最常用的 Image 子库。

## 7.7.2 Image 模块

Image 模块是 PIL 中重要的子库。使用时要先将其导入。导入方法如下:

```
from PIL import Image
```

Image 模块常用的方法和属性如表 7.6 所示。

表 7.6 Image 模块常用的方法和属性

| 方法或属性名 | 说明 |
|---|---|
| open(filename) | 从 filename 指定的路径加载图像文件。如 im=Image.open("jsnu.jpg") |
| new(mode,size,color) | 根据给定参数创建一个新图像。mode:图像的色彩模式,是字符串,“RGB”(真彩图像)、“L”(灰度图像)、“CMYK”(色彩图打印模式)等。<br>size:图像大小,元组参数(width, height)代表图像的像素大小;color:图片颜色,默认值为 0,表示黑色,参数值支持(R,G,B)三元组数值格式、颜色的十六进制值及颜色英文单词 |
| size | 图像的大小。如 im.size |
| readonly | 图像是否为只读,1 为是,0 为否。如 im.readonly |
| format | 图像格式或来源,如果图像不是从文件读取,则值为 None。如 im.format |
| mode | 图像的色彩模式,是字符串,“RGB”(真彩图像)、“L”(灰度图像)、“CMYK”(色彩图打印模式)等。如 im.mode |
| info | 图像的相关信息。如 im.info |
| save(filename,format) | 将图像保存为 filename 文件名,format 为图片格式 |
| resize(size) | 按 size 大小缩放图像,返回图像副本 |
| rotate(angle) | 按 angle 角度旋转图像,返回图像副本 |
| point(func) | 根据函数 func 的功能对每个元素进行运算,返回图像副本 |
| split() | 提取 RGB 图像的每个颜色通道,返回图像副本。如 r,g,b=im.split() |
| merge(mode,bands) | 通道合并。mode 指定输出图像的模式;bands 参数类型为元组或者列表序列,其元素值为组成图像的颜色通道,比如 RGB 分别代表三种颜色通道,可以表示为 (r,g,b)<br>im1=Image.merge('RGB',(b,g,r)) |

续表

| 方法或属性名 | 说　明 |
| --- | --- |
| blend(im1,im2,alpha) | im1：图像1<br>im2：图像2<br>alpha：透明度，取值范围为0～1，当取值为0时，输出图像相当于im1的副本，当取值为1时，则是im2的副本，只有当取值为0.5时，才为两幅图像的混合。该值的大小决定了两幅图像的混合程度<br>im3＝Image.blend(im1,im2,0.5) |
| crop(box＝None) | 图像裁剪。box是一个包含4个数值的元组参数（x_左上，y_左下，x1_右上，y1_右下），分别表示被裁剪矩形区域的左上角x、y坐标和右下角x、y坐标。默认(0,0)表示坐标原点，宽度的方向为x轴，高度的方向为y轴，每个像素点代表一个单位<br>im4＝im.crop(120,120,220,250) |
| copy() | 图像的复制<br>im_copy＝im.copy() |
| paste（image，box ＝ None,mask＝None) | image：指被粘贴的图片<br>box：指定图片被粘贴的位置或区域，其参数值为长度为2或4的元组序列，长度为2时，表示具体的某一点(x,y)；长度为4时，则表示图片粘贴的区域，此时区域的大小必须与被粘贴的图像大小保持一致<br>mask：可选参数，为图片添加蒙版效果<br>im_copy(im4,(100,100,300,200)) |

**【实例7.14】** Image模块用法示例。

```
1    from PIL import Image
2    im = Image.open("jsnu.jpg")
3    ##im.show()
4    print("图像大小：",im.size,"颜色模式：",im.mode)
5    im1 = im.rotate(45)
6    ##im1.show()
7    im2 = im.point(lambda i:i * 1.2)
8    ##im2.show()
9    r,g,b = im.split()
10   im3 = Image.merge("RGB",(b,g,r))
11   ##im3.show()
12   im4 = im.crop((350,400,700,700))
13   im4.show()
```

# 7.8 json模块的使用

## 7.8.1 JSON格式概述

JSON(JavaScript Object Notation)是一种轻量级的数据交换格式，易于阅读和编写，可在多种语言之间进行数据交换。它比XML(eXtensible Markup Language，可扩展标记语言)格式的文件更小、更快，更易解析。

JSON 格式如下：

- 数据以键值对的形式存在(必须要使用双引号)，如："姓名"："郭小荟"。
- 可以包含多个键值对，数据由逗号分隔。如{"姓名"："郭小荟"，"单位"："江苏师范大学"}。
- 大括号保存键值对数据组成的对象。
- 方括号保存键值对数据组成的数组。
- JSON 格式可由方括号和花括号两种形式自由组合，并可无限次嵌套。

使用 JSON 对象描述一个人的信息如下：

```
{
    "姓名":"郭小荟",
    "单位":"江苏师范大学",
    "职称":"副教授"
}
```

使用 JSON 数组描述本书作者信息如下：

```
[
{
    "姓名":"王霞",
    "单位":"江苏师范大学",
    "职称":"讲师"
},
{
    "姓名":"王书芹",
    "单位":"江苏师范大学",
    "职称":"讲师"
},
{
    "姓名":"郭小荟",
    "单位":"江苏师范大学",
    "职称":"副教授"
},
{
    "姓名":"梁银",
    "单位":"江苏师范大学",
    "职称":"副教授"
}
]
```

## 7.8.2　json 模块

json 库是处理 JSON 格式的 Python 标准库。其导入方式如下：

```
import json
```

json 库主要用于将 Python 对象序列化为 JSON 格式输出或存储，并将 JSON 格式对象反序列化为 Python 对象。表 7.7 列出了 json 模块的常用方法。

表 7.7 json 模块的常用方法

| 方法名 | 说明 |
|---|---|
| dumps(obj,sort_keys=False,indent=None) | 将 Python 的数据类型对象 obj 转换为 JSON 格式的字符串；obj 可以是列表或字典类型；sort_keys 可以对字典 obj 按照 key 进行排序；indent 参数用于增加数据缩进 |
| loads(string) | 将 JSON 格式字符串转换为 Python 的数据类型 |
| dump(obj,fp,sort_keys=False,indent=None) | 与 dumps()功能一致，输出到文件 fp |
| load(fp) | 与 loads()功能一致，从文件 fp 读入 |

**【实例 7.15】** 将 Python 对象序列化为 JSON 格式示例。

```
1  import json
2  author1 = {"姓名":"王霞","单位":"江苏师范大学","职称":"讲师"}
3  author2 = {"姓名":"王书芹","单位":"江苏师范大学","职称":"讲师"}
4  author3 = {"姓名":"郭小荟","单位":"江苏师范大学","职称":"副教授"}
5  author4 = {"姓名":"梁银","单位":"江苏师范大学","职称":"副教授"}
6  authors = {"本书作者":[author1,author2,author3,author4]}
7  with open(r'd:\pycodes\au.json','w')as f:
8      json.dump(authors,f)
9  print("Python 对象已经写入 json 文件")
```

程序分析：

(1) 第 1 行代码导入 json 模块。

(2) 第 2～6 行代码将 4 位作者的信息保存在字典中。

(3) 第 7 行代码用 with 语句，以“w”模式创建 au.json 文件。

(4) 第 8 行代码调用 json 库的 dump 方法，实现将字典 authors 序列化，输出至文件 f 中。

(5) 第 9 行代码输出一行提示信息。

**【实例 7.16】** 将 JSON 格式反序列化为 Python 对象示例。

```
1  import json
2  with open(r'd:\pycodes\au.json','r') as f:
3      authors = json.load(f)
4  au = authors.get("本书作者")
5  for a in au:
6      print(a)
```

程序分析：

(1) 第 2 行代码以“r”模式打开文件 au.json。

(2) 第 3 行代码调用 json 库中的 load 方法，将 f 指向的 JSON 文件中的 JSON 格式数据解析到 Python 数据对象 authors 中。

(3) 第 4～6 行代码输出 authors。

## 7.9 文件与目录操作

Python 中，有关文件及目录操作的功能通过专门的模块实现。常用的文件与目录操作相关的模块是 os 及其子模块 os.path 和 shutil。

## 7.9.1 os 和 os.path 模块

os 模块是 Python 标准库中一个用于访问操作系统功能的模块，使用 os 模块提供的接口，可实现跨平台访问。os 及其子模块 os.path 常用的文件与目录操作的属性和方法如表 7.8 所示。

表 7.8 os 及其子模块 os.path 常用的文件与目录操作属性和方法

| 方法分类 | 属性名或方法名 | 功能说明 |
|---|---|---|
| 获取平台信息 | os.name | 当前使用的操作系统平台 |
| | os.sep | 当前操作系统使用的路径分隔符 |
| | os.extsep | 当前操作系统使用的文件扩展名分隔符 |
| 目录操作 | os.getcwd() | 获取当前工作目录 |
| | os.chdir(path) | 切换当前工作目录为 path。如 os.chdir("d:\\Python") |
| | os.mkdir(path) | 创建目录，参数 path 为要创建的目录。如 os.mkdir("e:\\Python") |
| | os.makedirs(path) | 创建多级目录。如 os.makedirs("e:\\Python\\code") |
| | os.rmdir(path) | 删除指定目录 path。只能删除空目录 |
| | os.removedirs(path) | 删除多级目录。只能删除空目录 |
| | os.listdir(path) | 返回 path 目录下的文件和目录列表 |
| | os.walk(top) | 遍历指定的目录 top，得到 top 下所有的子目录。返回一个元组(dirpath，dirnames，filenames)，dirpath 为目录，dirnames 为其中包含的子目录列表，filenames 为其中包含的文件列表 |
| | os.path.exists(path) | 判断文件或目录是否存在 |
| | os.path.abspath(path) | 返回 path 的绝对路径 |
| | os.path.isabs(path) | 判断 path 是否为绝对路径 |
| | os.path.isdir(path) | 判断 path 是否为目录 |
| | os.path.join(path, * paths) | 连接两个或多个 path |
| | os.path.split(path) | 对 path 进行分割，以列表形式返回 |
| | os.path.splitext(path) | 从 path 中分割文件的扩展名 |
| | os.path.splitdrive(path) | 从 path 中分割驱动器的名称 |
| 文件操作 | os.path.isfile(path) | 判断 path 是否为文件 |
| | os.path.getatime(filename) | 返回文件的最后访问时间 |
| | os.path.getctime(filename) | 返回文件的创建时间 |
| | os.path.getmtime(filename) | 返回文件的最新修改时间 |
| | os.path.getsize(filename) | 返回文件的大小 |
| | os.remove(filename) | 删除指定的文件 |
| | os.rename(src,dst) | 重命名文件或目录，src 为要修改的名字，dst 为修改后的名字 |

【实例 7.17】 通过键盘输入一个路径，输出此路径下所有的文件和目录。

源代码如下：

```
1    import os
2    def traversDirByWalk(path):
```

```
3       if not os.path.exists(path):
4           print("输入的路径不存在!")
5           return
6       file_list = os.walk(path)                    #遍历 path
7       for dirpath, dirnames, filenames in file_list:
8           for dir in dirnames:
9               print(os.path.join(dirpath, dir))     #得到目录的完整路径
10          for file in filenames:
11              print(os.path.join(dirpath, file))    #得到文件的完整路径
12
13  path = input("请输入要遍历的路径: ")
14  traversDirByWalk (path)
```

程序运行后，如果输入的路径存在，则以绝对路径的形式输出路径下的所有目录和文件，运行结果由所用计算机相应路径下的实际内容决定。

上述代码主要利用 os.walk()方法实现遍历，也可用递归方法实现遍历。

源代码如下：

```
1   # 递归遍历指定路径
2   import os
3   def recurTraverseDir(path):
4       if not os.path.exists(path):
5           print("输入的路径不存在!")
6           return
7       for subpath in os.listdir(path):
8           fullpath = os.path.join(path, subpath)
9           print(fullpath)
10          if os.path.isdir(fullpath):
11              recurTraverseDir(fullpath)
12  path = input("请输入要遍历的路径: ")
13  recurTraverseDir(path)
```

【实例 7.18】 删除指定路径下所有扩展名为 txt 的文件。

源代码如下：

```
1   import os
2   def deltxt(path):
3       if os.path.isdir(path):
4           file_list = [filename for filename in os.listdir(path) if filename.endswith(".txt")]
5           print("删除了", len(file_list), "个 TXT 文件!")
6           for item in file_list:
7               fullpath = os.path.join(path, item)
8               os.remove(fullpath)
9       else:
10          print("输入的不是目录路径!")
11
12  path = input("请输入路径: ")
13  deltxt(path)
```

### 7.9.2 shutil 模块

shutil 模块是高级文件操作模块。7.9.1 节介绍的 os 模块提供了目录及文件的新建、

删除、属性查看等功能，还提供了对目录及文件的路径操作功能。但是，os 模块没有提供文件或目录的移动、复制、压缩、解压等操作功能。shutil 模块提供的操作功能是对 os 模块文件操作功能的补充。使用 shutil 模块之前要先导入。shutil 模块常用的方法如表 7.9 所示。

表 7.9　shutil 模块常用的方法

| 方法名 | 功能说明 | 使用示例 |
| --- | --- | --- |
| shutil. copyfile(src,dst) | 将源文件 src 复制到目标文件 dst 中，两者可以包含路径名 | import shutil<br>shutil. copyfile("d:\\code\\实例 1. txt","e:\\实例 1. txt") |
| shutil. copy(src,dst) | 将路径 src 处的文件复制到路径 dest 处。如果 dest 为文件名，它将作为被复制文件的新名字 | import shutil<br>shutil. copy("d:\\Python\\code\\实例 1. txt","e:\\Python\\")<br>shutil. copy("d:\\Python\\code\\实例 1. txt",<br>"e:\\Python\\实例. py") |
| shutil. copytree(src, dest) | 将路径 srcdir 的所有文件和子文件夹，复制到路径 destdir 处 | import shutil<br>shutil. copytree("d:\\Python\\code\\","e:\\Python\\") |
| shutil. move(src,dst) | 将路径 src 处的文件和子文件夹移动到路径 dst 处 | import shutil<br>shutil. move("d:\\Python\\code\\","e:\\Python\\") |
| shutil. rmtree(path) | 删除 path 处的文件夹，其包含的所有文件和文件夹都会被删除 | import shutil<br>shutil. rmtree("e:\\Python\\") |
| shutil. make_archive(base_name, format, root_dir, base_dir) | 创建压缩包并返回文件路径。<br>base_name：创建的目标文件名，包括路径；format：压缩包格式。"zip""tar""bztar"或"gztar"中的一个；root_dir：打包时切换到的根路径，默认为当前路径；base_dir：开始打包的路径；该命令会对 base_dir 指定的路径进行打包，默认值为 root_dir | import shutil<br>shutil. make_archive("d:\\教材",'zip',"d:\\Python")<br>此时，d 盘下会得到一个压缩文件：教材. zip |
| shutil. unpack_archive(压缩文档名,dst) | 将压缩文档解压缩到路径 dst。若 dst 不存在，则会创建 | import shutil<br>shutil. unpack_archive("d:\\教材. zip","e:\\Python") |

## 7.10　综合例子

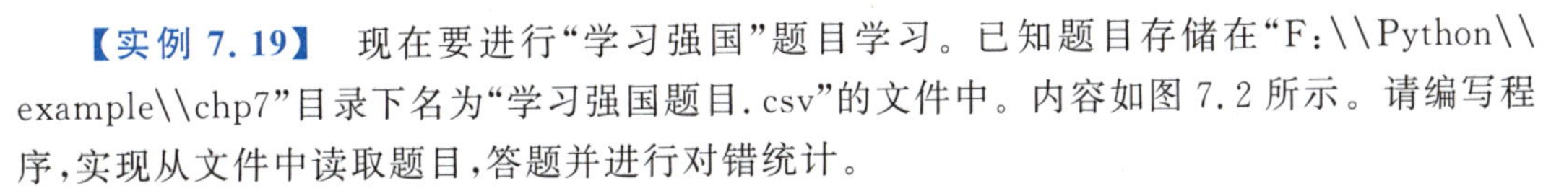

【实例 7.19】　现在要进行"学习强国"题目学习。已知题目存储在"F:\\Python\\example\\chp7"目录下名为"学习强国题目. csv"的文件中。内容如图 7.2 所示。请编写程序，实现从文件中读取题目，答题并进行对错统计。

算法分析：

(1) 以"r"模式打开指定目录下的 CSV 文件"学习强题目. csv"，生成题目列表 pls。

(2) 调用 random 模块的 shuffle()方法，将题目列表打乱，题干和 4 个选项生成 problems 列表，答案生成 ans 列表。

| | 题干 | 选项A | 选项B | 选项C | 选项D | 答案 |
|---|---|---|---|---|---|---|
| 2 | 根据《生产安全事故应急预案管理办法》，应急预案编制单位应当建立应急预案（　　）制度，对预案内容的针对性和实用性进行分析，并对应急预案是否需要修订作出结论。 | 定期评估 | 不定期评估 | 会审评价 | 综合评价 | 定期评估 |
| 3 | 安全生产举报投诉电话号码是（　　　）。 | 12119 | 12350 | 12315 | 12120 | 12350 |
| 4 | 根据《地方党政领导干部安全生产责任制规定》，建立完善地方各级党委和政府(　　　)考核制度，对下级党委和政府安全生产工作情况进行全面评价，将考核结果与有关地方党政领导干部履职评定挂钩。 | 安全生产责任 | 领导力 | 执行力 | 凝聚力 | 安全生产责任 |
| 5 | 某职业技术学院要建设新的教学楼，根据《中华人民共和国防震减灾法》，该教学楼应按照（　　）当地房屋建筑的抗震设防要求进行设计和施工。 | 等于 | 低于 | 高于 | 不符合 | 高于 |
| 6 | 我国第一部新歌剧是由丁毅、贺敬之等人作词，马可等人作曲，王昆等人主演的(　　)，1945年在延安演出。 | 白毛女 | 梁祝 | 长恨歌 | 洪湖赤卫队 | 白毛女 |
| 7 | 张仲景"勤求古训，博采众方",其著作全面阐述了中医理论和治病原则。该著作是(　　) | 千金方 | 本草纲目 | 黄帝内经 | 伤寒杂病论 | 伤寒杂病论 |
| 8 | 《中华人民共和国反恐怖主义法》规定，公安机关、国家安全机关和有关部门应当(　　)，加强基层基础工作，建立基层情报信息工作力量，提供反恐怖主义情报信息工作能力。 | 加强情报收集 | 利用网络大数据 | 依靠群众 | 依靠基础干部 | 依靠群众 |
| 9 | 中国现代空中力量的代表作，（　　）隐形战斗机，为第五代隐形战斗机，具备高隐身性，高态势感知，高机动性等能力，成为我国空军维护国家主权安全和领土完整的重要力量。 | 歼-20 | 歼-8 | 歼-10 | 歼-9 | 歼-20 |

学习强国题目1

图 7.2 "学习强国题目.csv"内容示意图

（3）答题者从 problems 列表中随机选择 n 道题目，进行答题。题目的选项也随机排列。

（4）统计答题的正确数目和错误数目。

（5）本题处理的是中文文本文件，所以要注意打开文件时设置 encoding 参数为 utf-8。

为使程序具有通用性，定义了 getProblemList 函数、createProblemsAndAnswers 函数和 answerProblems 函数，分别用于实现题目列表生成、试题列表和答案列表生成及答题功能。

源代码如下：

```
1   import os
2   import csv
3   import random
4   import time
5   # 定义函数打开文件,将题目集读为列表
6   def getProblemList(filename):
7       pls = []
8       with open(filename, 'r', encoding = 'utf-8') as file:
9           reader = csv.reader(file)
10          next(reader)
11          for row in reader:
12              pls.append(row)
13      return pls
14  # 定义函数,将列表中题目顺序打乱,返回随机试题及答案
15  def createProblemsAndAnswers(problemlist):
16      problems = []
17      ans = []
18      random.shuffle(problemlist)
19      for item in problemlist:
20          problems.append(item[:5])
```

```
21            ans.append(item[ - 1])
22        return problems, ans
23    # 答题函数
24    def answerProblems(problems, ans, n):
25        correct = 0
26        wrong = 0
27        for i in range(n):
28            qs = problems[i][0]  # 题干
29            print(str(i+1),".",qs)  # 输出题干
30            items = problems[i][1:5]  # 选项
31            random.shuffle(items)
32            # 输出选项
33            s = 'ABCD'
34            d = {'A': 0, 'B': 1, 'C': 2, 'D': 3}
35            for j in range(len(items)):
36                print(s[j] + ".", items[j])
37            choice = input("请输入你的选择: ")
38            while True:
39                if 'A'<= choice <= 'D' or 'a'<= choice <= 'd':
40                    chstr = items[d[choice.upper()]]
41                    break;
42                else:
43                    print("输入格式有误!")
44                    print("请输入你的选择: ")
45                    choice = input("请输入你的选择: ")
46            if chstr == ans[i]:
47                print("恭喜你,你答对了本题!")
48                correct += 1
49            else:
50                print("不好意思,你答错了本题!")
51                wrong += 1
52            time.sleep(1)
53            os.system("cls")
54        print("本次测试共有", str(correct + wrong), "题。")
55        print("你总共答对了", str(correct), "题!")
56        print("你总共答错了", str(wrong), "题!")
57        time.sleep(1)
58    # 主程序
59    os.chdir("F:\\Python\\example\\chp7")
60    fn = "学习强国题目.csv"
61    n = 10
62    pls = getProblemList(fn)
63    problems, ans = createProblemsAndAnswers(pls)
64    answerProblems(problems, ans, n)
```

## 7.11 中国诗词大会——寻文化基因、品生活之美

### 7.11.1 案例背景

党的十八大以来,习近平总书记在多个场合谈到中国传统文化,表达了自己对传统文化、传统思想价值体系的认同与尊崇。2015 年 5 月 4 日他与北京大学学子座谈时多次提到核心价值观和文化自信。习近平总书记在国内外不同场合的活动与讲话中,展现了中国政

府与人民的精神志气，提振了中华民族的文化自信。

《中国诗词大会》是央视首档全民参与的诗词节目，节目以“赏中华诗词、寻文化基因、品生活之美”为基本宗旨，力求通过对诗词知识的比拼及赏析，带动全民重温那些曾经学过的古诗词，分享诗词之美，感受诗词之趣，从古人的智慧和情怀中汲取营养，涵养心灵。

截至2023年，《中国诗词大会》已经播出八季。节目中的选手来自各行各业，有以唱歌方式教学生背诗的中学教师，也有用广东话朗诵诗词的图书编辑，有喜欢玩游戏的日语专业的大学生，也有失去双臂的法律系大学生，有热爱诗词的警察，还有一起参赛的年轻情侣……《中国诗词大会》带动了全民学习、诵读古诗词的潮流。

《中国诗词大会》每场比赛由个人追逐赛和擂主挑战赛两部分组成。个人追逐赛的题型包括点字成诗（九宫格、十二宫格）、对句题、填字题和选择题等题型。擂主挑战赛包括看图猜诗和线索题等题型。下面通过Python文件和目录的相关知识模拟《中国诗词大会》个人追逐赛，实现人人都能参加《中国诗词大会》。

## 7.11.2 案例任务

若已将个人追逐赛各种题型的题目分别存储在“F:\\Python\\example\\chp7”目录下的“点字成诗（九宫格）.csv”“点字成诗（十二宫格）.csv”“对句题（对上句或下句）.csv”“填字题.csv”“选择题.csv”等文件中，编程实现模拟《中国诗词大会》个人追逐赛的Python程序。

## 7.11.3 案例分析与实现

《中国诗词大会》个人追逐赛模拟流程图如图7.3所示。

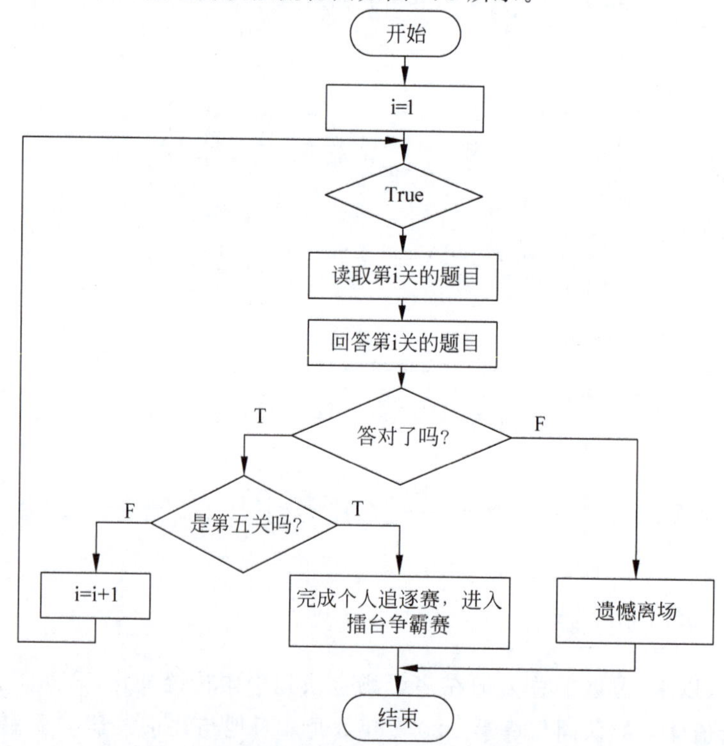


图7.3 《中国诗词大会》个人追逐赛模拟流程图

参考源代码如下：

```
1    import os
2    import csv
3    import random
4    import time
5    # 定义函数,打开文件,将题目集读为列表
6    def getProblemList(filename):
7        pls = []
8        with open(filename, 'r') as file:
9            reader = csv.reader(file)
10           next(reader)
11           for row in reader:
12               pls.append(row)
13       return pls
14   # 点字成诗(九宫格、十二宫格)答题函数
15   def answerDZCS(problems, n):
16   # 随机从 problems 中选出一道题
17   random.shuffle(problems)
18       stem = problems[0][0].strip()                # 取出题干
19       stem = list(stem)                            # 将题干转换为列表
20       random.shuffle(stem)
21       m = (int)(n / 3)
22       for i in [0, m, 2 * m]:
23           for ch in stem[i:m + i]:
24               print(ch, end = '')
25           print()
26       print("请输入你的答案: ")
27       answer = input()
28       return (answer == problems[0][1])
29   # 对句题和填字题的解答函数
30   def answer(problens):
31       # 随机从 problems 中选出一道题
32       random.shuffle(problems)
33       stem = problems[0][0].strip()                # 取出题干
34       print(stem)  # 输出题干
35       answer = input("请输入你的答案: ")
36       return ("".join(answer.split()) == problems[0][1])
37
38   # 对句题答题函数
39   def answerDJT(problems):
40       return answer(problems)
41
42   # 填字题答题函数
43   def answerTZT(problems):
44       return answer(problems)
45   # 选择题答题函数
46   def answerXZT(problems):
47       # 随机从 problems 中选出一道题
48       random.shuffle(problems)
49       stem = problems[0][0].strip()                # 题干
50       print(stem)                                  # 输出题干
51       items = problems[0][1:4]                     # 选项
```

```
52          for j in range(len(items)):
53              print(items[j])
54          choice = input("请输入你的选择：\n")
55          if 'A'<= choice <= 'C' or 'a'<= choice <= 'c':
56              answer = choice.upper()
57          return answer == problems[0][4]
58      def answerProblems(problems, i):
59          if i == 1:  # 九宫格
60              print("欢迎来到第1关：点字成诗(九宫格)!")
61              ret = answerDZCS(problems, 9)
62          elif i == 2:  # 十二宫格
63              print("欢迎来到第2关：点字成诗(十二宫格)!")
64              ret = answerDZCS(problems, 12)
65          elif i == 3:  # 对句题
66              print("欢迎来到第3关：对句题!")
67              ret = answerDJT(problems)
68          elif i == 4:  # 填字题
69              print("欢迎来到第4关：填字题!")
70              ret = answerTZT(problems)
71          elif i == 5:  # 选择题
72              print("欢迎来到第5关：选择题!")
73              ret = answerXZT(problems)
74          return ret
75      # 主程序
76      print("欢迎来到中国诗词模拟大会!")
77      print("欢迎参加个人追逐赛!")
78      os.chdir("F:\\Python\\example\\chp7")
79      fn = ["点字成诗(九宫格).csv", "点字成诗(十二宫格).csv", "对句题(对上句或下句).csv",
80      "填字题.csv", "选择题.csv"]
81      i = 1;
82      while True:
83          problems = getProblemList(fn[i - 1])
84          ret = answerProblems(problems, i)
85          if ret:
86              if i == 5:
87                  print("恭喜你,顺利完成个人追逐赛,进入擂台争霸赛!")
88                  break;
89              print("恭喜你,答对了!")
90              print("欢迎进入下一关!")
91              i = i + 1
92              time.sleep(1)
93              os.system("cls")
94          else:
95              print("不好意思,你答错啦!")
96              print("遗憾离场!")
97              break
```

### 7.11.4 总结和启示

上述案例利用文件和目录的知识，模拟实现了《中国诗词大会》个人追逐赛的比赛过程。为便于读取题目文件，第78行代码对当前目录进行了设置，读者可根据自己计算机的目录情况设置当前目录。

《中国诗词大会》《中国成语大会》《中国谜语大会》等现象级综艺，使喧嚣的现代社会与传统文化有了一次次美丽的“邂逅”，中华文化基因逐渐苏醒，这危机中的微熹弥足珍贵。

现象级综艺背后的社会成因是人们对中华文化中最精致文字的膜拜心理，如今虽然浸淫于网络语汇，仍心向往之。借古诗词爆红的契机，期待在全社会的努力下，改变古诗词整体教育氛围，使更多的人感受到诗词的乐趣和文化内涵，丰富自身精神生活。

特别是今天，在创造了巨大的物质文明财富之后，要着力补齐精神文明建设和社会主义核心价值观建设这个短板，在国家综合实力特别是国家硬实力得到迅速提升之后，要着力补齐国家文化软实力这个短板，就必须开启当代中国的精神文化“寻根之旅”。正如习近平总书记所指出的：“历史和现实都证明，中华民族有着强大的文化创造力。”“没有中华文化繁荣兴盛，就没有中华民族伟大复兴。”

## 7.12 本章小结

所有文件本质上都是二进制的字节串。

文件使用前要先打开，再进行读写操作，使用完毕后关闭。

Python 通过一些标准模块或第三方模块实现二进制文件的操作。

CSV 文件是一种常见的文件格式，主要用于不同程序之间的数据交换。

openpyxl 模块用于读写后缀为.xlsx 的 Excel 文件，不支持.xls 格式。

PIL 模块主要用于图像处理，本章主要介绍了 PIL 模块的子模块 Image 的主要方法和属性。

JSON 数据交换格式可在多种语言之间进行数据交换，本章简要介绍了 Python 内置标准库 json 的使用。

os 及其子模块 os.path 和 shutil 提供了许多对文件和目录进行操作的方法。

## 7.13 巩固训练

【训练 7.1】 将所有的 4 位“回文数”写入文件“palindrome.txt”中，每行 10 个(“回文数”是一种特殊数字，即一个数字从左边读和右边读的结果是一模一样的)。

【训练 7.2】 通过键盘输入 n 个学生信息，包括学号、姓名和成绩。用 struct 方式保存到文件 students.bin 中。再读取所有学生信息，并按照成绩从高到低排序，输出至屏幕。

【训练 7.3】 编写程序，先根据图 7.4 中的内容创建“学习强国学习平台使用情况.csv”文件，再查询“商学院党委”的平均参与度和人均积分。

【训练 7.4】 设一个文本文件 student.txt 的内容如下：

```
学号    姓名    成绩
1001    张三    90
1002    李四    80
1003    王五    88
```

请编写 Python 程序，读取 student.txt 文件中的内容，并保存到 Excel 文件 student.xlsx 中。

| 党 组 织 | 平均参与度 | 人均积分 |
|---|---|---|
| 贾汪校区党委 | 100.00% | 40 |
| 敬文书院党总支 | 100.00% | 42 |
| 化学与材料科学学院党委 | 99.76% | 36 |
| 科文学院党委 | 99.14% | 25 |
| 国际学院党总支 | 97.75% | 49 |
| 马克思主义学院党委 | 97.62% | 37 |
| 传媒与影视学院党委 | 97.56% | 43 |
| 商学院党委 | 95.37% | 22 |
| 图书馆党总支 | 92.35% | 40 |
| 生命科学学院党委 | 89.73% | 25 |
| 继续教育学院党总支 | 89.29% | 41 |

图 7.4 “学习强国”学习平台使用情况

# 第8章 异常处理

## 能力目标

【应知】 理解异常的概念、异常产生的原因；了解 Python 异常类的层次结构。

【应会】 掌握 try-except-finally 异常处理结构和主动抛出异常语句 raise；掌握自定义异常类的定义和使用；掌握断言的定义和使用。

【难点】 在项目实践中编写异常处理程序。

## 知识导图

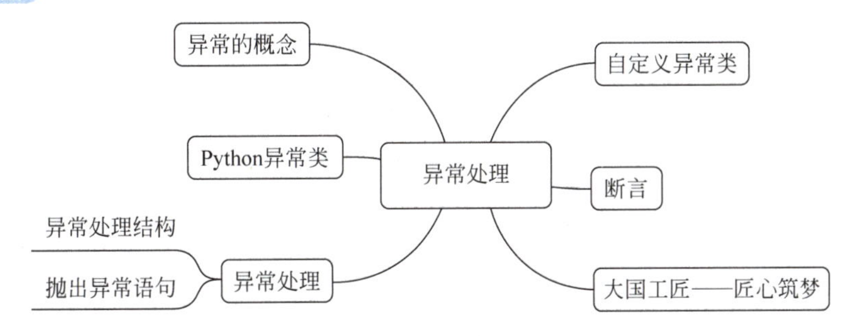


## 8.1 异常的概念

编写程序时，代码中即使没有语法错误、逻辑错误，运行时也可能出现非正常情况，如除数为零、文件不存在、网络链接断开等。这种非正常情况，就是异常(exception)。

Python 提供了异常处理机制。当异常发生时，程序会停止当前所有工作，跳转到异常处理部分，进行异常处理。

【实例 8.1】 除数为 0 的异常示例。

源代码如下：

```
1    a = int(input("请输入被除数: "))
2    b = int(input("请输入除数: "))
3    result = a/b
4    print(result)
```

可以看出，实例 8.1 中的代码没有语法错误和逻辑错误。

程序的一次运行结果如下：

```
请输入被除数：5
请输入除数：0
Traceback (most recent call last):
  File "D:/Python/异常处理/代码/实例 8.1.没有处理异常.py", line 3, in <module>
    result = a/b
ZeroDivisionError: division by zero
```

从运行结果可以看出，发生了除数为零的异常，异常类名为 ZeroDivisionError。因为两数相除时，除数为 0 是没有意义的。

## 8.2 Python 异常类

Python 的异常类层次结构中 BaseException 是所有内建异常类的基类。由 BaseException 类直接派生的类包括 SystemExit（解释器请求退出）、KeyboardInterrupt（用户中断执行）、GeneratorExit（生成器发生异常通知退出）和 Exception（常见错误的基类）。

由 Exception 直接派生的类最多，该类直接派生 StopIteration（迭代器没有更多的值）、ArithmeticError（所有数值计算错误的基类）、AssertError（断言语句失败）等，都是常见的异常类型。

各异常类的继承关系形成了一个树状层次结构，部分异常类继承关系如图 8.1 所示。

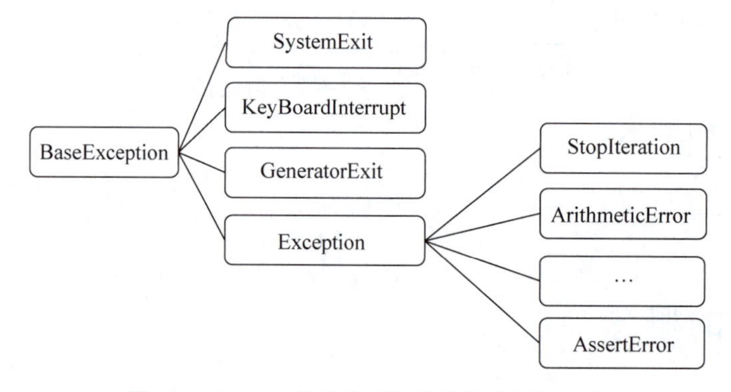


图 8.1 Python 部分内建异常类的继承层次图

图 8.1 中的异常类都是 Python 的内建异常类，除了内建异常类外，程序员可以自定义异常类。

异常既可能由程序错误自动引发，也可能由代码主动触发。

## 8.3 异常处理

### 8.3.1 异常处理结构

Python 中，异常处理结构的语法格式如下：

```
try:
    ...    #被检测的语句块
except ExceptionName1  [as 变量名 1]:
    ...    #try 抛出 ExceptionName1 类型异常时的处理代码
[except ExceptionName2  [as 变量名 2]:
    ...    #try 抛出 ExceptionName2 类型异常时的处理代码
except ExceptionName3  [as 变量名 3]:
    ...    #try 抛出 ExceptionName3 类型异常时的处理代码
except (ExceptionNameK1,ExceptionNameK2, … ) [as 变量名 K]:
    ... #try 抛出 ExceptionNameK1,ExceptionNameK2, … 中任一种异常时的处理代码
except:
    ... #若 try 抛出的异常和前面的类型都不匹配时的处理代码
]
[else:
    ...    #try 中没有抛出异常时的执行代码
]
[finally:
    ...   #必须执行的程序语句
]
```

其中,用[]括起来的为可选参数,ExceptionName1、ExceptionName2……ExceptionNameK是可能产生异常的类型名。

try 子句:指定了一段代码,该段代码可能抛出 0 个、1 个或多个异常。

except 子句:用于捕获 try 子句中抛出的异常,每个 try 子句后一般会有一个或多个 except 子句。ExceptionName1、ExceptionName2……ExceptionNameK 表示各 except 子句捕获的异常类型。except 可与 as 结合使用,并在异常类型名称后面指定一个变量名,将捕获的异常对象赋给这个变量。

else 子句:except 子句后面可以有 0 个或 1 个 else 子句。如果 try 子句中的代码抛出了异常,并被某个 except 捕捉,则执行相应的异常处理代码。此时,不会执行 else 子句中的代码;如果 try 子句中的代码没有抛出任何异常,则执行 else 子句中的代码。

finally 子句:无论 try 子句中的代码是否抛出异常,都会执行 finally 子句中的代码。通常在 finally 子句中进行资源清除工作。

如果执行 try 子句过程中发生了异常,那么 try 子句余下的部分将被忽略。如果异常的类型和 except 之后的名称相符,那么对应的 except 子句将被执行。

如果一个异常无法与任何 except 匹配,那么此异常将被传递至上层 try。

**【实例 8.2】** 处理不同类型的异常示例。

源代码如下:

```
1   try:
2       a = int(input("请输入被除数: "))
3       b = int(input("请输入除数: "))
4       result = a/b
5       print(result)
6   except ZeroDivisionError as zd:
7       print("发生了异常: {}".format(zd.args))
8   except ValueError:
9       print("发生了异常:{}".format(ValueError.__doc__))
```

```
10    except:
11        print("其他异常!")
12    else:
13        print("没有发生异常!")
14    finally:
15        print("请注意,除数不能为 0!")
```

多次运行实例 8.2，每次输入不同的操作数。

第 1 次：输入的除数不为 0，运行结果如下：

```
请输入被除数: 5
请输入除数: 4
1.25
没有发生异常!
请注意,除数不能为 0!
```

第 2 次：输入的除数为 0，运行结果如下：

```
请输入被除数: 5
请输入除数: 0
发生了异常: ('division by zero',)
请注意,除数不能为 0!
```

第 3 次：输入的被除数或除数不是数字，运行结果如下：

```
请输入被除数: 5
请输入除数: a
发生了异常: Inappropriate argument value (of correct type).
请注意,除数不能为 0!
```

### 8.3.2 抛出异常语句

Python 会自动引发异常，也可通过 raise 语句显式引发异常。即使程序没有任何问题，使用 raise 语句也可能抛出异常。

raise 语句一般用于 try 子句的代码块中，用来抛出一个异常对象。程序一旦执行到 raise 语句，其后的语句将不再执行。

raise 语句的语法格式如下：

```
raise [ExceptionName [(description)]]
```

其中，ExceptionName 为异常的类型，如 ValueError；description 为异常的描述信息。如：

```
raise ValueError("必须输入数字")
```

**【实例 8.3】** raise 语句抛出异常示例。

源代码如下：

```
1    try:
2        a = input("输入一个数: ")
3        #判断用户输入的是否为数字
4        if(not a.isdigit()):
```

```
5            raise ValueError("a 必须是数字")
6    except Exception as e:
7        print(e)
8        else:
9        print("输入正确!")
```

一次运行结果如下：

```
输入一个数：a
a 必须是数字
```

可以看到，当用户输入数据后，程序会进入 if 判断语句。如果输入的不是数字，则执行 raise 语句，抛出 ValueError 异常，抛出的异常被 except 子句捕获并处理。

## 8.4　自定义异常类

Python 内置的异常类能处理大多数异常情况。但是，程序开发时，程序可能出现内置异常类之外的情况。此时，开发人员需要自己建立异常类型，处理程序中的特殊情况，或建立具有个性化的异常类——自定义异常类。

自定义异常类必须继承 Exception 类。由于大多数内建异常类的名字都以“Error”结尾，因此，建议自定义异常类名以 Error 结尾，尽量与内建异常类命名一致。自定义异常同样用 try-except-finally 捕获，但必须用 raise 语句抛出。

**【实例 8.4】** 自定义异常类：创建一个自定义异常类 AgeError，如果输入的年龄不到 7 岁，则抛出 AgeError 对象，输出“您的孩子还不到上小学的年龄！”否则继续执行程序。

源代码如下：

```
1    class AgeError(Exception):
2        def __init__(self,msg):
3            self.msg = msg
4        def __str__(self):
5            return self.msg
6    try:
7        age =  int(input("输入孩子的年龄: "))
8        #判断是否达到入学年龄
9        if age < 7:
10           raise AgeError("您的孩子还不到上小学的年龄!")
11       elif age == 7:
12           print("欢迎报名上小学!")
13       else:
14          raise AgeError("孩子的年龄输错了!")
15   except AgeError as e:
16       print(e)
```

程序分析：

(1) 第 1～5 行代码定义了自定义异常类：AgeError 是一个自定义异常类。其中，函数__init__将出错的提示信息赋给 self.msg 属性，__str__函数返回出错信息。

(2) 第 9 行代码判断输入的孩子年龄是否小于 7 岁。第 10 行代码用 raise 语句主动抛出一个自定义异常类 AgeError 对象。

第 1 次运行，如果输入年龄为 4，则运行结果如下：

```
输入孩子的年龄：4
您的孩子还不到上小学的年龄!
```

第 2 次运行，如果输入年龄为 7，则运行结果如下：

```
输入孩子的年龄：7
欢迎报名上小学!
```

程序分析：

程序第 1 次运行，输入的年龄小于 7，执行 raise 语句，抛出 AgeError 异常，该异常被 except 捕捉，输出异常的信息；程序第 2 次运行，输入的年龄等于 7，则不执行 raise 语句。

## 8.5 断言

Python 处理程序运行中出现的异常和错误有两种方法：一种是上面讲过的异常处理；另一种是断言。

断言语句的语法格式如下：

```
assert condition[,description]
```

当 condition 为真时，什么都不做；如果 condition 为假，则抛出一个 AssertError 异常。等同于：

```
if not condition:
    rasie AssertError
```

断言经常与异常处理结构结合使用。

**【实例 8.5】** 断言的使用：每个银行账户包括账号 id 和余额 balance。可对银行账户进行存钱 deposit 和取钱 withdraw 操作。存钱时，存入的金额 inMoney 必须为正数；取钱时，取出的金额 outMoney 必须小于余额 balance。编写程序，使用断言对存入和取出金额进行判断。

源代码如下：

```
1    class Account(object):
2        def __init__(self, id, balance):
3            self.__id = id
4            self.__balance = balance
5
6        def deposit(self, inMoney):
7            try:
8                assert inMoney > 0
9                self.__balance += inMoney
10               print("你向账户成功存入",str(inMoney),"元!")
11           except:
12               print("存入的金额必须大于 0!")
```

```
13
14        def withdraw(self, outMoney):
15            try:
16                assert outMoney > 0 and outMoney <=  self.balance
17                self.__balance -= outMoney
18                print("你从账户成功取出",str(outMoney),"元!")
19            except:
20                print("你的账户余额不足!")
21
22    if __name__ == "__main__":
23        account = Account("1001", 100)
24        account.deposit( - 10)
25        account.withdraw(200)
```

程序分析：

(1) 第 1～20 行代码定义了一个 Account 类，该类中有 3 个成员方法：__init__()、deposit()和 withdraw()。

(2) 第 6～12 行代码定义了 Accout 类的 deposit()方法。利用断言对参数 inMoney 进行了判断：assert inMoney > 0。

(3) 第 14～20 行代码定义了 withdraw()方法。利用断言对参数 outMoney 进行了判断：assert outMoney > 0 and outMoney <= self. balance。

(4) 第 23 行代码先创建一个 Account 类的对象 account，账户为 1001，余额为 100 元。第 24 行代码向账户存入－10 元，此时抛出 AssertError 异常对象；第 25 行代码向账户取出 200 元，由于余额不足，也抛出 AssertError 异常对象。

运行结果如下：

```
存入的金额必须大于 0!
你的账户余额不足!
```

断言常用于测试程序。assert 语句中包含测试条件，根据条件引发异常。

## 8.6 大国工匠——匠心筑梦

### 8.6.1 案例背景

2015 年“五一”劳动节，央视新闻推出 8 集系列节目——《大国工匠》，讲述了 8 位不同岗位劳动者用自己的灵巧双手，匠心筑梦的故事。

这群不平凡的劳动者在平凡的岗位上追求职业技能的完美和极致，最终脱颖而出，跻身“国宝级”技工行列，成为各领域不可或缺的人才。他们的文化程度不同，年龄有别，之所以能够匠心筑梦，凭的是传承和钻研，靠的是专注和磨炼。

在 2016 年政府工作报告中，李克强总理提出“培育精益求精的工匠精神”。

在 IT 行业，也有许多劳动者在自己的岗位上刻苦钻研，创新创造，实现梦想。密码学专家王小云院士就是其中的一位。网络信息技术高度发展的时代，密码信息是国家各行各业的屏障。王小云院士提出了一系列针对密码哈希函数的强大密码分析方法，特别是模差分比特分析法。她的方法攻破了多个以前被普遍认为是安全的密码哈希函数标准，使工业界几乎所有软件系统中 MD5 和 SHA-1 哈希函数被逐步淘汰。她的工作推动了新一代密码哈希函数标准的设计，包括 SHA-3、BLAKE2 和 SM3。王小云院士还主持了中国国家标准密码哈希函数 SM3 的设计。自 2010 年发布以来，SM3 在我国金融、交通、电力、社保、教育等重要领域得到广泛应用。

学习程序设计，编写各种软件，更需要这种“精雕细琢、精益求精”的工匠精神，使软件实现要求的功能，完成预定的任务。

### 8.6.2 案例任务

登录各种软件系统，经常遇到设置用户名和登录密码的情况。常规的用户名和登录密码强度规则如下。

(1) 用户名长度不少于 6 位。

(2) 密码长度不少于 9 位。

(3) 密码由至少以下 4 种符号中的 3 种组成：大写字母、小写字母、数字、其他特殊字符。

编写程序，对用户名和登录密码进行校验。自定义一个异常类 LoginError，当用户输入的用户名或登录密码不合法时，抛出自定义的 LoginError 异常对象，捕获并处理该异常。

### 8.6.3 案例分析与实现

根据 Python 自定义异常类的方法，定义异常类 LoginError；函数 ValidateUsernamePassword (username,password)对用户名和密码进行验证。先校验用户名和密码的长度。如果用户名长度或密码长度小于规定的长度，则抛出异常 LoginError。再判断密码的符号组成，如果不符合密码的组成规则，则抛出异常 LoginError。

源代码如下：

```
1   # 自定义异常类 LoginError
2
3   class LoginError(Exception):
4       def __init__(self, msg):
5           Exception.__init__(self, msg)
6           self.msg = msg
7
8       def __str__(self):
9           return self.msg
10
11  # 验证用户名和密码的函数
12  def ValidateUsernamePassword(username, password):
13      try:
14          if len(username) < 6:
15              raise LoginError("用户名长度小于 6!")
16          if len(password) < 8:
17              raise LoginError("密码长度小于 8!")
18          flag = [False, False, False, False]
19          count = 0
```

```
20              for ch in password:
21                  if ch >= 'A' and ch <= 'Z':
22                      flag[0] = True
23                  elif ch >= 'a' and ch <= 'z':
24                      flag[1] = True
25                  elif ch >= '0' and ch <= '9':
26                      flag[2] = True
27                  else:
28                      flag[3] = True
29              for f in flag:
30                  if f: count = count + 1;
31              if count < 3:
32                  raise LoginError("设置的密码强度太低!\n 密码应该至少由以下 4 种符号中
33                              的 3 种组成: \大写字母、小写字母、数字、其他特殊字符。")
34              else:
35                  print("设置的用户名和登录密码合法!")
36
37          except LoginError as e:
38              print(e)
39
40      # 主函数
41      def main():
42          username = input("请输入用户名: ")
43          password = input("请设置登录密码: ")
44          ValidateUsernamePassword(username, password)
45
46      if __name__ == "__main__":
47          main()
```

### 8.6.4 总结和启示

此案例实现了用户名和登录密码合法性的校验。不同密码系统对密码强度有不同的要求。然而，即使再强的密码也可能被偷取、破译或泄漏。用户应尽可能地将密码设置得较为复杂，并经常更换，从而使密码安全性最高。

编写准确高效的程序是每个程序员的最大愿望。但是，随着应用程序复杂性的增加，无法保证程序代码绝对不会出错。所以，应怀有工匠精神学习程序设计，编写程序代码，尤其要考虑程序出错时如何处理，从而避免相应的损失。

## 8.7 本章小结

异常发生在方法的执行过程中。

在 Python 的异常类层次结构中 BaseException 是所有内建异常类的基类。由 Exception 直接派生的类最多，该类直接派生 StopIteration（迭代器没有更多的值）、ArithmeticError（所有数值计算错误的基类）、AssertError（断言语句失败）等，都是常见的异常类型。

将可能发生错误的语句块放入 try 子句，except 语句用于捕捉 try 子句中抛出的异常。无论 try 子句中是否发生异常，finally 子句中的语句都会被执行。

## 8.8 巩固训练

**【训练 8.1】**（ValueError 异常）编写一个程序，提示用户输入两个整数，显示两个整数的和。如果输入数据不正确，则显示相应的消息。

**【训练 8.2】**（NameError 异常）编写一个程序，提示用户输入 a、b 的值，再求它们的和。如果求得的是 a+c 的和，则程序显示消息：name 'c' is not defined。

**【训练 8.3】**（自定义异常 TriangleError）创建一个自定义异常类 TriangleError，如果三角形的三条边不满足任意两边之和大于第三边，则抛出 TriangleError 异常。

# 常用库

## 能力目标

【应知】 了解 Python 常用库。

【应会】 掌握常用第三方库的安装和使用，了解并掌握 math、random、datetime、Numpy、pandas、matplotlib 等库的常用函数的用法。

【难点】 各类常用函数的使用。

## 知识导图

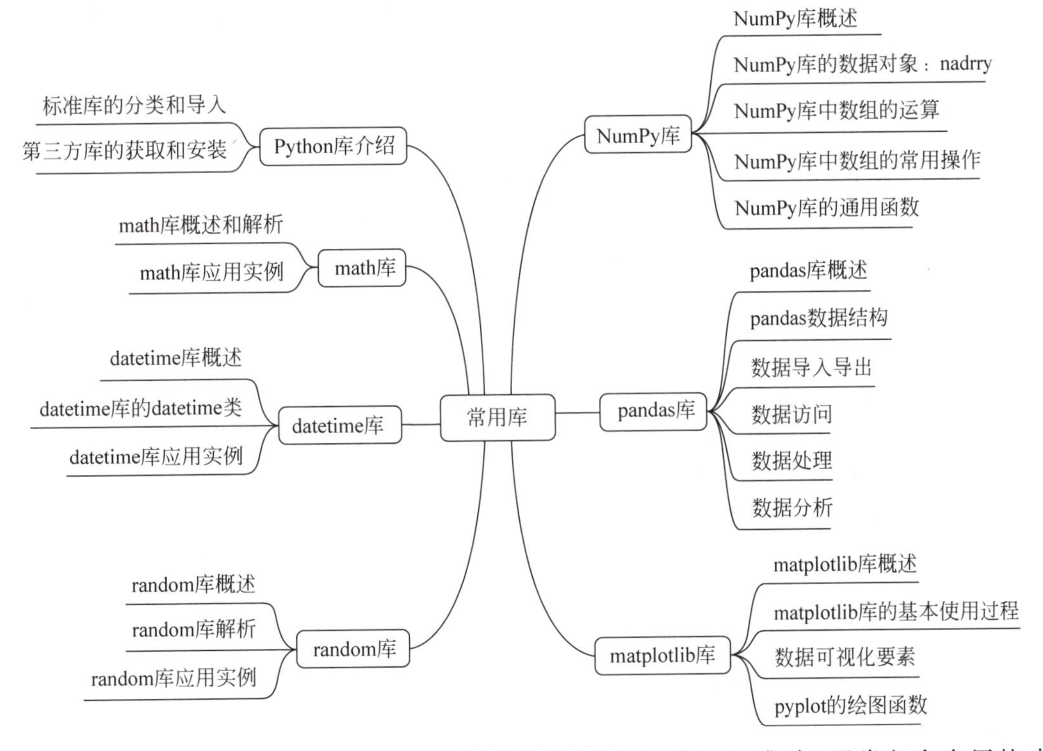


在 Python 编程中，库是指一组已编译完成的可重用代码的集合，通常包含有用的功能、数据结构、算法和接口，旨在帮助程序员快速实现特定的任务，不必自己重新编写所有代码。这些代码可在不同项目中重复使用，从而提高开发效率和代码质量。

# 9.1 Python 库介绍

Python 具有强大的标准库、第三方库及自定义模块，可涵盖多个领域，如数据科学、机器学习、图形可视化和科学计算等。

## 9.1.1 标准库的分类和导入

Python 标准库(Python standard library)是 Python 语言自带的一组常用模块和工具库，它包含众多模块，可方便地开发各种应用程序。从使用角度看，常用的 Python 标准款包括以下几类。

(1) 文本处理服务：string、re、difflib 等模块，提供文本格式化、正则表达式匹配、文本差异计算与合并等功能。

(2) 数据类型：datetime、zoneinfo、calendar、collections 等模块，提供基本日期和时间、IANA 时区支持、日历相关函数等常用数据类型。

(3) 数学和数学模块：math、cmath、random、statistics 等模块，提供数值计算与随机数生成等与数字和数学相关的函数。

(4) 文件和目录访问：pathlib、os. path、fileinput 等模块，提供面向对象的文件系统路径、常用路径操作等功能。

(5) 文件格式：csv、configparser、tomlib 等模块，提供 CSV 文件读写、配置文件解析器等方法。

(6) 通常操作系统服务：os、io、time 等模块，提供与操作系统交互的工具和功能。

(7) 并发执行：threading、multiprocessing、concurrent 等模块，支持多线程和多进程的编程。

Python 标准库还有很多，有兴趣的读者可查阅对应 Python 版本的语言参考手册(Python 3. 13 对应的中文版语言参考手册网址为 https://docs. python. org/zh-cn/3. 13/library/index. html)。

Python 标准库使用时无须安装，只需通过 import 方法导入，即可使用其中的方法和函数。常用的导入方法包括以下 3 种。

(1) import 标准库 [as 别名]

使用这种方法导入标准库，使用时需要在函数之前加库名前缀，即必须以“标准库名. 函数名”的形式进行访问。如果标准库名字较长，可为导入的库设置一个别名，再以“别名. 函数名”的方式使用。如：

```
>>> import math        #直接导入标准库 math
>>> math.sqrt(10)      #使用 math 库中的 sqrt()函数求平方根，执行结果为#3.1622776601683795
```

(2) from 标准库 import　函数名 [as 别名]

使用这种方法仅导入明确指定的函数，并可为导入的函数确定一个别名。这种导入可减少查询次数，提高访问速度，减少代码量，不需要库名前缀。如：

```
>>> from math import sqrt
>>> sqrt(10)           # 3.1622776601683795
```

(3) from 标准库 import *

这是方式(2)的一种极端情况,可一次性导入标准库中通过__all__变量指定的所有函数。如:

```
>>> from math import *              # 导入标准库 math 中所有函数
>>> math(10)
>>> gcd(26,18)                      #求两个整数的最大公约数
```

## 9.1.2 第三方库的获取和安装

Python 的强大之处在于其简洁易用,还在于其具有广泛的第三方库支持。Python 语言有超过 12 万个第三方库,覆盖网络爬虫、自动化、数据分析与可视化、Web 开发、机器学习等信息技术的绝大多数领域。强大的标准库奠定了 Python 发展的基石,丰富和不断扩展的第三方库是 Python 壮大的保证。

与标准库不同,第三方库使用前需要安装。Python 获取和安装第三方库的方式主要包括以下 3 种。

(1) 使用 pip 获取和安装。

打开命令提示符 cmd 窗口,在命令提示符后输入“pip install 库名”(如 pandas)进行安装即可,如图 9.1 所示。安装成功后可在当前安装目录的“\Lib\site-packages”文件夹中找到新安装的包文件。

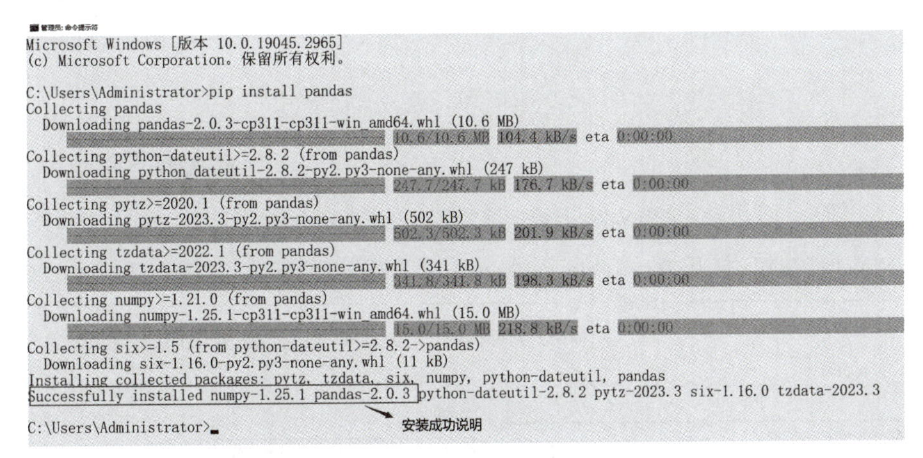


图 9.1 使用 pip 获取和安装第三方库示例

如果想要升级 pip 版本,可直接在命令提示符后输入“pip -m pip install -upgrade pip”。

由于默认 pip 获取的是 Python 官方源,经常下载较慢甚至不可用,这时可使用国内 Python 镜像源,常用的国内镜像源如下。

- 清华大学:https://pypi.tuna.tsinghua.edu.cn/simple
- 阿里云:http://mirrors.aliyun.com/pypi/simple/
- 中国科技大学 https://pypi.mirrors.ustc.edu.cn/simple/
- 华中理工大学:http://pypi.hustunique.com/
- 山东理工大学:http://pypi.sdutlinux.org/
- 豆瓣:http://pypi.douban.com/simple/

使用时只需在命令提示符后输入“pip install -i https://pypi.tuna.tsinghua.edu.cn/simple pandas”(使用清华镜像源)，即可成功安装第三方库 pandas。

(2) 使用 PyCharm 获取和安装。

在 PyCharm 运行界面中，打开“Settings”对话框，选择“Python Interpreter”选项。左侧空白区域即显示已经安装的第三方库或包，如图 9.2 所示。

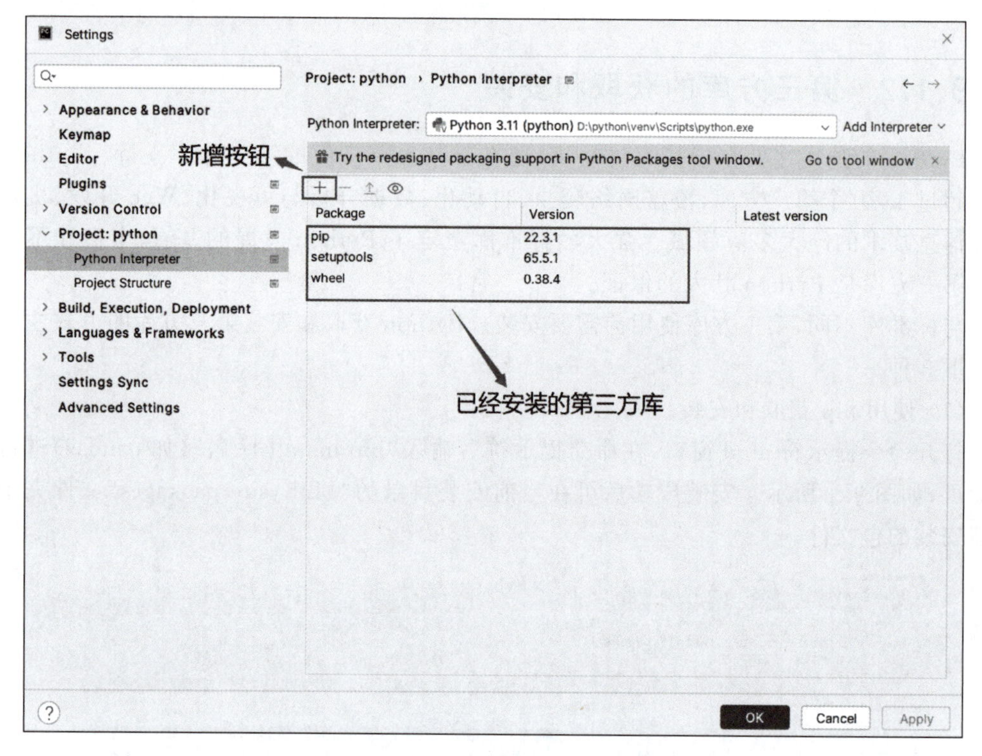


图 9.2　已经安装的第三方库或包示例

单击“新增”按钮，打开 Available Packages 对话框，进行安装，如图 9.3 所示。

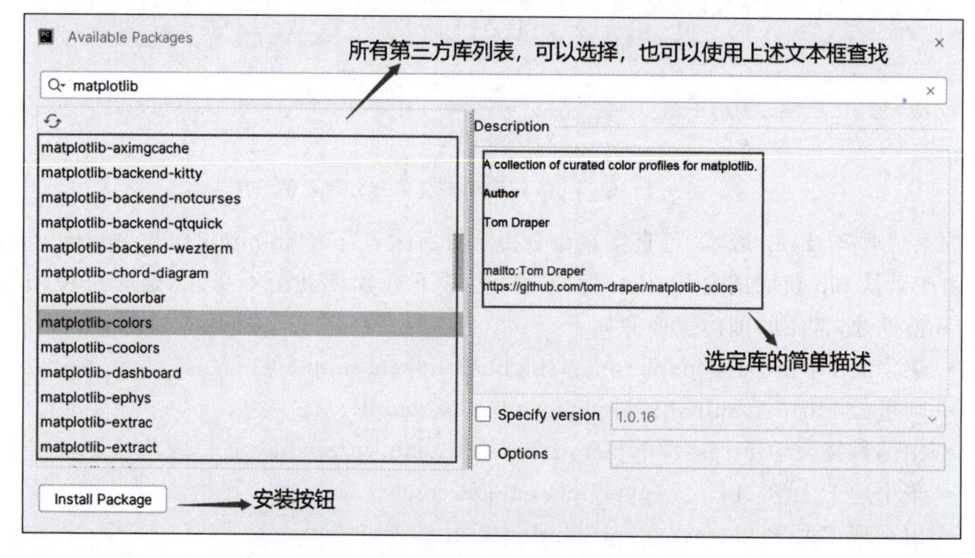


图 9.3　Available Packages 对话框

在 PyCharm 2021.1 及更高版本中，也可用 Python Packages 工具窗口安装第三方库（在主菜单中选择 view→tool window→Python Packages 命令），如图 9.4 所示。

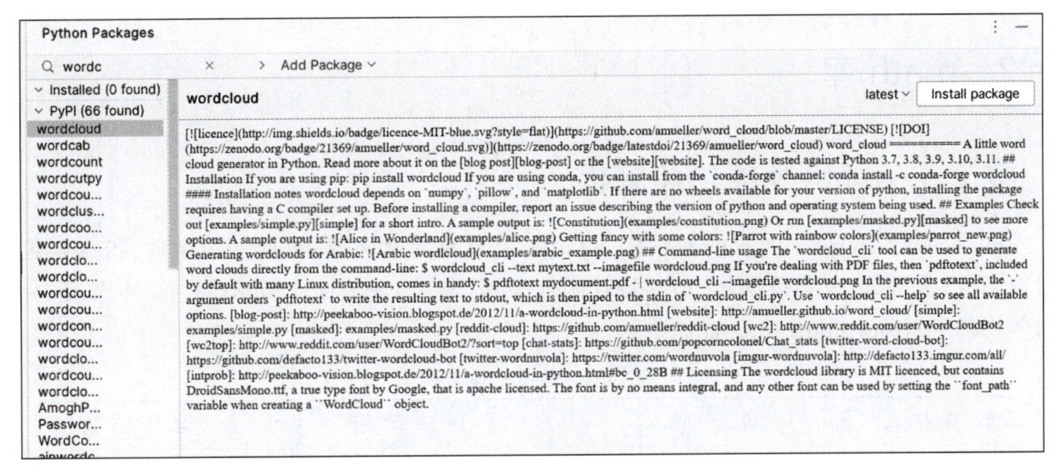


图 9.4 Python Packages 对话框

（3）先将待安装的第三方库文件下载到本地，再进行安装。

可以在 The Python Package Index(PyPI)软件库（官网地址 https://pypi.org）中查询、下载和发布 Python 包或库，也可使用国内镜像网址（如 https://www.lfd.uci.edu/～gohlke/pythonlibs/#genshi）下载所需的第三方库的安装包。比如需要第三方库 wordcloud，可根据操作系统和 Python 编译器选择对应版本，如图 9.5 所示。

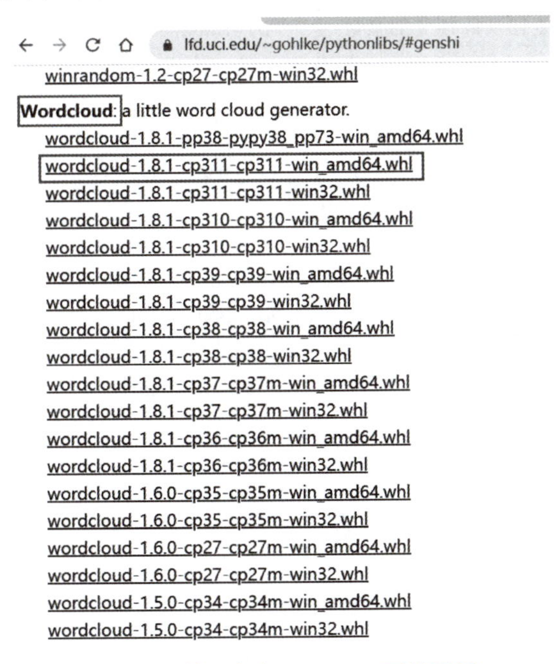


图 9.5 第三方库 wordcloud 下载示例

将下载后的"wordcloud-1.8.1-cp311-cp311-win_amd64.whl"移动到 Python 目录下的 Scripts 文件夹中。再在 cmd 命令提示符后输入"pip install wordcloud-1.8.1-cp311-cp311-win_amd64.whl"，即可成功安装第三方库 wordcloud。

下面对常用的标准库 math、random、datetime 及第三方库 NumPy、pandas 和 matplotlib 进行介绍。

## 9.2 math 库

### 9.2.1 math 库概述和解析

math 库是 Python 内置的数学库，提供了大量的数学函数，包括三角函数、指数函数、对数函数、幂函数、三角反函数、高等特殊函数等，如表 9.1～表 9.4 所示(备注：本节表中的示例均基于“from math import *”)。

表 9.1 数值处理函数

| 函数名称 | 说明 | 用法示例 | 运行结果 |
|---|---|---|---|
| ceil(x) | $\lceil x \rceil$，向上取整，返回不小于 x 的最小整数 | >>> ceil(2.1)<br>>>> ceil(−2.1) | 3<br>−2 |
| copysign(x,y) | 返回一个基于 x 的绝对值和 y 的符号+/−的浮点数 | >>> copysign(−3,10) | 3.0 |
| fabs(x) | $\lvert x \rvert$，返回 x 的绝对值 | >>> fabs(−3.5) | 3.5 |
| factorial(x) | 返回正整数 x 的阶乘 | >>> factorial(5) | 120 |
| floor(x) | $\lfloor x \rfloor$，向下取整，返回不大于 x 的最大整数 | >>> floor(3.14) | 3 |
| fmod(x,y) | x%y，返回 x 除以 y 的余数 | >>> fmod(9,2) | 1.0 |
| frexp(x) | 以(m,e)的形式返回 x 的尾数和指数。x=m * 2 ** e | >>> frexp(3.14) | (0.785, 2) |
| fsum(iterable) | 返回可迭代对象 iteralbe 中所有元素之和 | >>> fsum(range(1,11))<br>>>> fsum([1,2,3,4,5]) | 55.0<br>15.0 |
| gcd(x,y) | 返回两个整数 x 和 y 的最大公约数 | >>> gcd(12,8) | 4 |
| isfinite(x) | 判断 x 是否为有限值 | >>> isfinite(3.14)<br>>>> isfinite(inf) | True<br>False |
| ifinf(x) | 判断 x 是否为无穷大 | >>> isinf(+inf)<br>>>> isinf(−inf)<br>>>> isinf(10) | True<br>True<br>False |
| isnan(x) | 判断 x 是否非数字 | >>> isnan(3.14)<br>>>> isnan(nan) | False<br>True |
| ldexp(x,i) | 返回 x * (2 ** i)，x 是实数，i 是整数 | >>> ldexp(0.785,2) | 3.14 |
| modf(x) | 返回 x 的小数部分和整数部分，结果为元组。两部分的符号都与 x 相同。整数部分作为浮点数返回 | >>> modf(3.14) | (0.14000000000000012, 3.0) |
| trunc(x) | 返回 x 的整数部分，忽略小数部分 | >>> trunc(−2.1)<br>>>> trunc(3.14) | −2<br>3 |

表 9.2 幂和对数运算函数

| 函数名称 | 说明 | 用法示例 | 运行结果 |
|---|---|---|---|
| exp(x) | $e^x$，返回 e ** x | >>> exp(2) | 7.38905609893065 |
| log(x) | $\log_e^x$，即返回 x 的自然对数 | >>> log(2) | 0.6931471805599453 |
| log(x[,base]) | 返回 $\log_{base}^x$，如省略 base，则 base=e | >>> log(2,2)<br>>>> log(2,10) | 1.0<br>0.30102999566398114 |
| log1p(x) | $\log_e^{1+x}$，返回 1+x 的自然对数 | >>> log1p(1) | 0.6931471805599453 |
| log2(x) | $\log_2^x$，返回以 2 为底的对数 | >>> log2(2) | 1.0 |
| log10(x) | $\log_{10}^x$，返回以 10 为底的对数 | >>> log10(2) | 0.3010299956639812 |
| pow(x,y) | $x^y$，返回 x 的 y 次方的值 | >>> pow(2,2)<br>>>> pow(2,0.5) | 4.0<br>1.4142135623730951 |

表 9.3 三角函数

| 函数名称 | 说明 | 用法示例 | 运行结果 |
|---|---|---|---|
| degrees(x) | 将 x 由弧度值转换为角度值 | >>> degrees(pi) | 180.0 |
| radians(x) | 将 x 由角度值转换为弧度值 | >>> radians(180) | 3.141592653589793 |
| hypot(x,y) | 返回点(x,y)到原点(0,0)之间的欧几里得距离$\sqrt{x^2+y^2}$ | >>> hypot(1,1) | 1.4142135623730951 |
| sin(x) | 返回弧度值 x 的正弦函数值 | >>> sin(pi/2) | 1.0 |
| cos(x) | 返回弧度值 x 的余弦函数值 | >>> cos(pi) | −1.0 |
| tan(x) | 返回弧度值 x 的正切函数值 | >>> tan(pi/4) | 0.9999999999999999 |
| asin(x) | 返回弧度值 x 的反正弦函数值 | >>> asin(1) | 1.5707963267948966 |
| acos(x) | 返回弧度值 x 的反余弦函数值 | >>> acos(1) | 0.0 |
| atan(x) | 返回弧度值 x 的反正切函数值 | >>> atan(1) | 0.7853981633974483 |
| atan2(y,x) | 返回给定的 x 及 y 坐标值的反正切值函数值，即 atan(y/x) | >>> atan2(1,1) | 0.7853981633974483 |
| sinh(x) | 返回弧度值 x 的双曲正弦函数值 | >>> asinh(1) | 0.8813735870195429 |
| cosh(x) | 返回弧度值 x 的双曲余弦函数值 | >>> cosh(1) | 1.5430806348152437 |
| tanh(x) | 返回弧度值 x 的双曲正切函数值 | >>> atanh(0.1) | 0.1003353477310756 |
| asinh(x) | 返回弧度值 x 的反双曲正弦函数值 | >>> asinh(1) | 0.8813735870195429 |
| acosh(x) | 返回弧度值 x 的反双曲余弦函数值 | >>> acosh(1) | 0.0 |
| atanh(x) | 返回弧度值 x 的反双曲正切函数值 | >>> atanh(0.1) | 0.1003353477310756 |

表 9.4 高等特殊函数

| 函数名称 | 说明 | 用法示例 | 运行结果 |
|---|---|---|---|
| erf(x) | $\frac{2}{\sqrt{\pi}}\int_0^x e^{-t^2}dt$，高斯误差函数 | >>> erf(1) | 0.8427007929497149 |
| erfc(x) | $\frac{2}{\sqrt{\pi}}\int_x^{\infty} e^{-t^2}dt$，余补高斯误差函数，返回 1.0−erf(x) | >>> erfc(1) | 0.1572992070502851 |
| gamma(x) | $\int_0^{\infty} x^{t-1}e^{-x}dx$，返回 x 的伽马(Gamma)函数 | >>> gamma(1) | 1.0 |
| lgamma(x) | ln (gamma(x))，返回 x 的伽马函数的自然对数 | >>> lgamma(1) | 0.0 |

此外，math 库还包含 4 个数字常量，如表 9.5 所示。

**表 9.5　math 库的 4 个数字常量**

| 函数名称 | 说　明 | 用法示例 | 运行结果 |
|---|---|---|---|
| pi | π，圆周率<br>约为 3.1415926…… | >>> r=3<br>>>> pi * r ** 2 | 28.274333882308138 |
| e | e，自然常数，约为 2.718281828459045 | >>> print(e ** 2) | 7.3890560989306495 |
| ±inf | ±∞，正负无穷大 | >>> +inf<br>>>> -inf | inf<br>-inf |
| nan | NAN，非数字(not a number)<br>表示一个无法表示的数，在 Python 中是浮点数的一个值，一个特殊的浮点数值，用于表示无效计算结果或未知值 | >>> nan | nan |

## 9.2.2　math 库应用实例

**【实例 9.1】**　计算实心球水平抛出距离。

实心球是一种体育器材，实心材质，呈球形。投掷实心球是一项体育运动，讲究力量性和动作速度，部分地区将“投掷实心球”的成绩计入中考。

假设没有空气阻力和其他因素影响，已知出手角度为 θ(以水平面为基准)，出手速度为 v，出手高度为 h，请计算实心球经过的水平距离 s。简化的计算模型如图 9.6 所示。其中 $x_1$ 为实心球到达最高点经过的水平距离，$x_2$ 为实心球从最高点到地面经过的水平距离，重力加速度为 g。

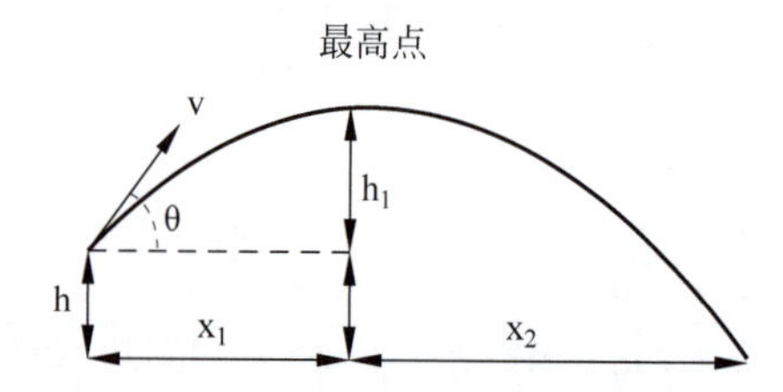


图 9.6　实心球水平距离简化计算模型图

算法分析：由题意可知，实心球出手时的水平方向初速度 $v_x = v\cos\theta$；实心球出手时的竖直方向初速度 $v_y = v\sin\theta$。

设 $t_1$ 为实心球运动到最高点用的时间，$t_2$ 为实心球从最高点落至地面用的时间。

$$t_1 = \frac{v_y}{g} = \frac{v\sin\theta}{g}$$

$$t_2 = \sqrt{\frac{2(h+h_1)}{g}} = \frac{\sqrt{2gh + v_y^2}}{g} = \frac{\sqrt{2gh + (v\sin\theta)^2}}{g}$$

则实心球经过的水平距离 $s = x_1 + x_2 = v_x(t_1 + t_2) = v\cos\theta(t_1 + t_2)$。

源代码如下：

```
1    import math
2    def calculate_dist(angle, v, height):
3        # 将角度转换为弧度
```

```
4        theta = math.radians(angle)
5        # 计算水平速度和垂直速度分量
6        vx = v * math.cos(theta)
7        vy = v * math.sin(theta)
8        # 计算实心球从出手高度到最高点的时间 t1
9        g = 9.8                          # 重力加速度
10       t1 = vy/g
11       #计算实心球从最高点落至地面用的时间 t2
12       t2 = math.pow(2 * g * height + vy ** 2,0.5)/g
13       # 计算最终的抛出距离
14       s = vx * (t1 + t2)
15       return s
16
17   # 主代码
18   angle = eval(input("请输入出手角度(角度):"))
19   v = eval(input("请输入出手速度(m/s):"))
20   h = eval(input("请输入出手高度(m):"))
21   # 计算抛出距离
22   s = calculate_dist(angle, v, h)
23   print("抛出距离:{:.3f}米".format(s))
```

运行结果如下：

```
请输入出手角度(角度): 45
请输入出手速度(m/s): 10
请输入出手高度(m): 1.8
抛出距离: 11.765 米
```

【提示】 修改程序代码，以便通过修改后的程序代码运行结果判断影响实心球抛出距离的主要因素，从而提高学生的实心球训练效果。

## 9.3 random 库

### 9.3.1 random 库概述

random 库采用梅森旋转算法(Mersenne Twister)生成伪随机数序列，包含各种伪随机数生成函数及各种概率分布生成随机数的函数。random 库在随机数游戏、数据集抽样、随机排序及科学模拟实验等方面发挥着重要作用，开发者可根据具体应用场景选择适当的函数以满足需求。

### 9.3.2 random 库解析

表 9.6 中列出了 random 库中常用的函数。注意，表中的用法示例对应的运行结果每次执行后的结果不一定相同。表中的示例基于“from random import * ”。

注意：生成随机数之前可通过 seed 函数指定随机数种子。随机数种子一般为整数，只要种子相同，每次生成的随机数序列也相同。通过设置相同的种子，可重现相同的随机数序列。

表 9.6 random 库中常用的函数

| 函数名称 | 说明 | 用法示例 | 运行结果 |
| --- | --- | --- | --- |
| random() | 生成一个位于[0.0, 1.0)区间的随机浮点数 | >>> random() | 0.6291260672271969 |
| seed(a = None, version=2) | 初始化随机数生成器的种子。如果没有指定种子,将系统时间作为默认种子。同一种子每次运行产生的随机数相同 | >>> seed(100)<br>>>> random()<br>>>> seed()<br>>>> random() | 0.1456692551041303<br>0.06470417577842769 |
| randrange ([start,] stop [,step]) | 返回一个[start,stop)内以 step 为步长的随机整数,可设置起始值、终止值和步长 | for i in range(5):<br>print(randrange(10,100,2),end=" ") | 16 32 30 94 30 |
| randint(start,end) | 返回一个[start,end]之间的随机整数 | for i in range(5):<br>print(randint(1,10),end=" ") | 7 4 4 6 8 |
| uniform(a,b) | 生成一个[a, b]之间的随机浮点数 | >>> uniform(1,10) | 7.260908394252133 |
| choice(seq) | 从序列 seq 中随机选择一个元素 | >>> choice("abcdefg")<br>>>> choice([1,2,3,4,5]) | 'c'<br>3 |
| shuffle(seq) | 将序列类型 seq 中的元素随机排列,返回打乱后的序列。注意,序列必须是可变序列 | ls=[1,2,3,4,5]<br>shuffle(ls)<br>print(ls) | [5, 3, 1, 4, 2] |
| sample(population, k) | 从总体 population 中随机选择 k 个不重复的样本,以列表类型返回 | >>> sample("abcdefg",5)<br>>>> sample(range(10),5) | ['a', 'd', 'c', 'f', 'e']<br>[0, 8, 1, 2, 5] |
| getrandbits(k) | 生成一个具有 k 个随机比特的整数 | >>> getrandbits(8) | 146 |

random 库中 seed 函数用法的源代码如下。

```
1    import random
2    # 生成随机数(未设置种子)
3    #未使用 seed() 函数时,random 模块默认使用当前系统时间作为种子生成随机数
4    print("随机数(未设置种子):")
5    for _ in range(5):
6        random_number = random.randint(1, 10)
7        print(random_number,end = " ")
8    print()
9    # 设置种子为固定值 34
10   random.seed(34)
11   # 生成随机数(设置种子为 34)
12   print("\n随机数(设置种子为 34):")
13   for _ in range(5):
14       random_number = random.randint(1, 10)
15       print(random_number,end = " ")
16   print()
```

```
17      # 重新设置种子为 34
18      random.seed(34)
19      # 再次生成随机数(设置种子为 34)
20      print("\n 再次生成随机数(设置种子为 34): ")
21      for _ in range(5):
22          random_number = random.randint(1, 10)
23          print(random_number, end = " ")
24      print()
```

运行结果如下：

```
随机数(未设置种子):
9 6 4 2 10

随机数(设置种子为 34):
9 6 10 1 4

再次生成随机数(设置种子为 34):
9 6 10 1 4
```

## 9.3.3 random 库应用实例

**【实例 9.2】** 学生随机点名示例。

假设一个班级的学生名单保存在 stu.txt 文本文件中，每行存储一个学生姓名，如图 9.7 所示。编写 Python 程序，实现学生随机点名。

stu - 记事本
文件(F) 编辑(E)
周雅芳
施怡
周瑞
王旭政
张锦
唐佳玲
朱芃卉

图 9.7 "stu.txt"文本文件部分数据示例

源代码如下：

```
1       import random
2       # 从文本文件中读取学生名单
3       with open("stu.txt", "r") as file:
4           stu_list = file.readlines()
5           stu_list = [s.strip() for s in stu_list]
6       # 随机点名
7       random_stu = random.choice(stu_list)
8       print("随机点名结果: ", random_stu)
```

分析：

在上述代码中，首先使用 with 语句和 open 函数打开名为"stu.txt"的文本文件，文件对象为 file；其次使用 readlines()方法逐行读取文件内容，并将每行的学生姓名去除"\n"后存入 stu_list 列表。再次使用 random.choice 随机函数从学生列表 stu_list 中随机选择一个学生姓名作为随机点名结果。最后，输出随机点名结果。

运行程序之前，将学生名单按照要求保存在"stu.txt"文本文件中，每行存储一个学生姓名，不包含其他额外字符或空格。

一次运行结果如下：

```
随机点名结果: 蒋光亮
```

# 9.4 datetime 库

## 9.4.1 datetime 库概述

datetime 库是用于处理日期和时间相关操作的标准库。它提供了各种类和函数,用于处理日期、时间、时间间隔并执行日期和时间的算术运算。datetime 库的组成如表 9.7 所示。

表 9.7 datetime 库的组成

| 名　称 | 说　明 |
|---|---|
| datetime. MINYEAR | datetime 类所能表示的最小年份,值为 1 |
| datetime. MAXYEAR | datetime 类所能表示的最大年份,值为 9999 |
| datetime. date | date 类用于表示日期。它提供了各种方法和属性,用于处理日期对象的创建、访问和操作 |
| datetime. time | time 类用于表示时间。它提供了各种方法和属性,用于处理时间对象的创建、访问和操作 |
| datetime. datetime | datetime 类是日期和时间的组合表示。它是 datetime 库中最常用的类之一,提供了处理日期和时间的各种方法和属性 |
| datetime. timedelta | timedelta 类用于表示时间间隔,即两个日期或时间之间的差异。它提供了各种方法和属性,用于处理时间间隔的创建、访问和操作 |
| datetime. tzinfo | tzinfo 是一个抽象基类,用于表示时区信息。它是其他具体时区类的基类,用于支持日期和时间对象的时区操作 |

## 9.4.2 datetime 库的 datetime 类

datetime 库包括 3 个主要的日期和时间类:datetime、date 和 time。每个类都包含许多有用的函数和方法,以处理相关操作。datetime 类是 datetime 库的核心模块,用于处理日期和时间,包括年份、月份、日期、小时、分钟、秒和微秒等。datetime 类的常用属性和方法如表 9.8 所示。date 类和 time 类的使用方式与 datetime 类似。

表 9.8 datetime 类的常用属性和方法

| 名　称 | 说　明 | 用法示例 | 运行结果 |
|---|---|---|---|
| datetime(year, month, day, hour=0, minute=0, second=0, microsecond=0, tzinfo=None) | 创建一个 datetime 对象,参数包括年、月、日、时、分、秒、微秒和时区信息 | dt = datetime(2023,6,1,10,30,0)<br>print("日期时间对象:", dt) | 日期时间对象:2023-06-01 10:30:00 |
| datetime. now() | 返回一个 datetime 类型的对象,表示当前日期和时间 | today=datetime. now()<br>print("当前的日期时间:",today) | 当前的日期时间:2023-07-09 09:10:25.363749 |
| datetime. utcnow() | 返回一个 datetime 类型的对象,表示当前日期和时间的 UTC(世界标准时间) | today=datetime. utcnow()<br>print("当前的世界标准日期时间:",today) | 当前的世界标准日期时间:2023-07-09 01:14:14.833087 |

续表

| 名称 | 说明 | 用法示例 | 运行结果 |
|---|---|---|---|
| min | datetime 的最小时间对象,datetime(MINYEAR,1,1,0,0) | print(today.min) | 0001-01-01 00:00:00 |
| max | datetime 的最大时间对象,datetime(MAXYEAR,12,31,23,59,59,999999) | print(today.max) | 9999-12-31 23:59:59.999999 |
| year | 返回 datetime 类对象包含的年份 | print(today.year) | 2023 |
| month | 返回 datetime 类对象包含的月份 | print(today.month) | 7 |
| day | 返回 datetime 类对象包含的日份 | print(today.day) | 9 |
| hour | 返回 datetime 类对象包含的小时 | print(today.hour) | 9 |
| Minute | 返回 datetime 类对象包含的分 | print(today.minute) | 27 |
| second | 返回 datetime 类对象包含的秒 | print(today.second) | 54 |
| microsecond | 返回 datetime 类对象包含的微秒 | print(today.microsecond) | 922654 |
| date() | 获取日期部分,返回一个 datetime.date 对象 | date_part = today.date()<br>print(date_part) | 2023-07-09 |
| time() | 获取时间部分,返回一个 datetime.time 对象 | time_part = today.time()<br>print(time_part) | 09:37:49.732350 |
| weekday() | 获取星期几(0 表示星期一) | print(today.weekday()) | 6 |
| isoweekday() | 获取星期几(1 表示星期一) | print(today.isoweekday()) | 7 |
| replace(year, month, day, hour, minute, second, microsecond, tzinfo) | 用给定的参数替换 datetime 对象的内容,返回一个修改后的日期时间对象 | new_datetime = today.replace(year=2023, month=7,day=1)<br>print("替换后的日期时间对象:",new_datetime) | 替换后的日期时间对象:2023-07-01 09:41:58.753272 |
| strftime(格式化字符串) | 将日期时间对象格式化为字符串 | formatted_datetime = today.strftime("%Y-%m-%d %H:%M:%S") | 格式化后的日期时间:2023-07-09 09:47:25 |

说明:表 9.8 中的部分运行结果与代码运行时的日期时间有关,每次运行时结果可能会不相同。

表 9.8 中的 strftime 方法根据指定的格式将日期和时间以字符串的形式表示,strftime 是“string format time”的缩写。strftime 方法中常用的格式化控制符如表 9.9 所示。

表 9.9　strftime 方法中常用的格式化控制符

| 格式化控制符 | 含　义 | 值范围 | 实　例 |
| --- | --- | --- | --- |
| %Y | 四位数的年份 | 0001～9999 | 2023 |
| %y | 两位数的年份 | 01～99 | 23 |
| %m | 两位数的月份 | 01～12 | 07 |
| %B | 完整的月份名称 | January～December | July |
| %b 或 %h | 缩写的月份名称 | Jan～Dec | Jul |
| %d | 两位数的日期 | 01～31 | 09 |
| %A | 完整的星期几名称 | Monday～Sunday | Sunday |
| %a | 缩写的星期几名称 | Mon～Sun | Sun |
| %H | 24 小时制的小时数 | 00～23 | 12 |
| %I | 12 小时制的小时数 | 01～12 | 09 |
| %p | AM/PM 标记 | AM 或 PM | 上午：返回 AM，下午：返回 PM |
| %M | 两位数的分数 | 00～59 | 15 |
| %S | 两位数的秒数 | 00～59 | 30 |
| %f | 微秒数，精确到 6 位 | 000000～999999 | 922654 |
| %j | 一年中的第几天 | 001～366 | 168 |
| %w | 星期几的数字表示（0～6，其中 0 代表星期一） | 0～6 | 6 |
| %U | 一年中的第几周，星期天作为一周的开始 | 00～53 | 15 |
| %W | 一年中的第几周，星期一作为一周的开始 | 00～53 | 20 |
| %% | 百分号标记 | | % |
| %x | 日期 | 月/日/年 | 02/09/2023 |
| %X | 时间 | 时：分：秒 | 14:56:02 |

## 9.4.3　datetime 库应用实例

**【实例 9.3】**　保存随机点名的学生信息。

请改进实例 9.2，将随机点到名字的学生及点名日期存储到文本文件 record.txt 中。

源代码如下：

```
1     import random
2     from datetime import datetime
3     # 从文本文件中读取学生名单
4     with open("stu.txt", "r") as file:
5         stu_list = file.readlines()
6         stu_list = [s.strip() for s in stu_list]
7     # 随机点名
8     random_stu = random.choice(stu_list)
9     # 获取当前日期时间
10    today= datetime.now()
11    # 格式化日期时间
12    record_datetime = today.strftime("%Y-%m-%d %H:%M:%S")
13    # 保存点名记录到文件
```

```
14    with open('record.txt', 'a') as file:
15        file.write(f"学生姓名：{random_stu},点名时间：{record_datetime}\n")
16    print("随机点名结果：", random_stu)
```

分析：

在上述代码中，首先，使用 datetime.now 函数获取当前的日期时间对象，并使用 strftime()方法将其格式化为字符串形式，存储在 record_datetime 变量中。

其次，使用 open 函数打开或创建 record.txt 文件，并以追加模式将点名记录写入文件。点名记录包括选中的学生姓名和当前日期时间。

最后，输出点名结果，即选中的学生姓名。

运行程序后，将随机选择一个学生进行点名，并将点名结果及点名的日期时间保存到 record.txt 文件中。

第 1 次运行结果如下：

```
随机点名结果：施怡
```

第 2 次运行结果如下：

```
随机点名结果：戴晓蕴
```

文本文件 record.txt 此时的内容如下：

```
学生姓名：施怡,点名时间：2023-07-09 12:01:41
学生姓名：戴晓蕴,点名时间：2023-07-09 12:03:34
```

## 9.5 NumPy 库

### 9.5.1 NumPy 库概述

NumPy 库是用 Python 进行数值计算、矩阵运算、数据处理、数据分析时用到的最常见、最重要的一个第三方库，也是进一步学习 pandas、matplotlib 库的基础。其主要功能如下。

- 拥有一个类似列表的强大的 N 维数组对象 ndarry，它描述了相同类型元素的集合，并且是一个具有矢量运算和复杂广播能力的快速且节省空间的多维数组。
- 对数组进行快速方便的标准数学函数运算，无须编写循环。
- 具有实用的数值积分、线性代数运算、傅里叶变换等功能。
- 整合 C/C++/Fortran 代码的工具。

### 9.5.2 NumPy 库中的数组对象：ndarry

ndarry 对象是 NumPy 库中最重要的对象，它是一个 N 维数组对象(矩阵)，描述相同类型的元素集合。ndarry 对象由计算机内存中的一维连续空间组成，每个元素在内存中所占的空间相同。ndarry 由两部分组成：实际的数据及描述这些数据的元数据(数据维度、数据类型等)。

### 1. 创建 ndarry 对象

可根据数组的类型采用不同的函数创建 ndarry 对象，如表 9.10 所示。

**表 9.10　创建 ndarry 对象的函数(import numpy as np)**

| 函　数　名 | 说　　明 | 示例(以 a=np. array([[1,2,3],[4,5,6]])为例) |
| --- | --- | --- |
| numpy. array() | 创建自定义数组 | >>> a=np. array([1,2,3,4]) # 创建一维数组[1 2 3 4]<br>>>> a=np. array([[1,2,3],[4,5,6]]) # 创建 2 行 3 列的<br># 二维数组，执行结果为：$\begin{bmatrix}1&2&3\\4&5&6\end{bmatrix}$<br>>>> a=np. array([1,2,3,"abcd"]) # 创建多源的一维数<br># 组，且创建 numpy 对象后，都转换为字符串类型，类型<br># 的优先级为字符串 > 浮点数 > 整数 |
| numpy. arange() | 指定起止范围、步长创建一维数组 | >>> a=np. arange(1,2,0.2) # 创建区间[1,2)内，间隔为<br># 0.2 的一维数组<br># 执行结果为：[1.,1.2,1.4,1.6,1.8] |
| numpy. linspace() | 创建一维等差数列 | >>> a=np. linspace(1,2,10) # 创建区间[1,2]内，长度为<br># 10 的一维等差数列<br># 执行结果为：[1.,1.11111111,1.22222222,<br># 1.33333333,1.44444444,1.55555556,1.66666667,<br># 1.77777778,1.88888889,2.] |
| numpy. logspace() | 创建一维等比数列 | >>> a=np. logspace(1,2,5) # 创建区间[$10^1$,$10^2$]内，长<br># 度为 5 的一维等比数列<br># 执行结果为：[ 10.,17.7827941,31.6227766,<br># 56.23413252,100. ] |
| numpy. zeros() | 创建一个全部为零的数组 | >>> a=np. zeros((2,3)) # 创建一个 2 行 3 列的全零数<br># 组，执行结果为：$\begin{bmatrix}0&0&0\\0&0&0\end{bmatrix}$ |
| numpy. ones() | 创建一个全部为零的数组 | >>> a=np. ones((2,3)) # 创建一个 2 行 3 列的全 1 数<br># 组，执行结果为：$\begin{bmatrix}1&1&1\\1&1&1\end{bmatrix}$ |
| numpy. eye() | 创建一个单位矩阵 | >>> a=np. eye(3) # 创建一个 3 阶单位矩阵，执行结果<br># 为：$\begin{bmatrix}1&0&0\\0&1&0\\0&0&1\end{bmatrix}$ |
| numpy. diag() | 创建自定义对角线值的数组 | >>> a=np. diag([1,2,3]) # 执行结果为：$\begin{bmatrix}1&0&0\\0&2&0\\0&0&3\end{bmatrix}$ |

还可利用 NumPy 库中的 random 模块创建随机数组，如表 9.11 所示。

**表 9.11　创建随机数组(import numpy as np)**

| 函　数　名 | 说　　明 | 示例(以 a=np. array([[1,2,3],[4,5,6]])为例) |
| --- | --- | --- |
| numpy. random. random() | 创建 0～1 的随机浮点数的一维数组 | >>> a=np. random. random((2,3)) # 创建区间(0,1)内，指定行列值的数组<br># 执行结果为：[[0.27317542,0.62080615,0.0234658 ],<br># [0.98500932,0.03708117,0.6659361 ]] |

续表

| 函数名 | 说明 | 示例(以 a=np.array([[1,2,3],[4,5,6]])为例) |
|---|---|---|
| numpy.random.randint() | 创建指定范围的随机多维整数数组 | >>> a=np.random.randint(2,10,(2,3)) #创建区间(2,<br>#10)内,指定行列值的数组<br>#执行结果为:[[2,6,8],[4,2,2]] |
| numpy.random.rand() | 创建服从均匀分布的随机数组 | >>> a=np.random.rand(2,3) #创建区间(0,1)内,指定行<br>#列值且服从均匀分布的数组,执行结果为:[[0.38840228,<br>#0.32710643,0.50324405],[0.98909146,0.71487023,<br>#0.43586553]] |
| numpy.random.randn() | 创建服从正态分布的随机数组 | >>> a=np.random.randn(2,3) #创建区间(0,1)内,指定<br>#行列值且服从正态分布的数组,执行结果为:[[ 1.45615262,<br>#1.34844269,2.09263066],[-0.97740546,0.61171607,<br>#0.77082377]] |

说明:因为是随机生成,所以每次执行结果可能不一致。

### 2. ndarry 对象的属性

ndarry 对象中比较重要的属性如表 9.12 所示。

表 9.12 ndarry 对象中比较重要的属性

| 属性 | 说明 | 示例(以 a=np.array([[1,2,3],[4,5,6]])为例) |
|---|---|---|
| .shape | ndarray 对象维度的元组 | a.shape #结果为(2,3),即 a 为 2 行 3 列的数组 |
| .ndim | 秩,即轴的数量或维度的数量 | a.ndim #结果为 2,表示 a 的维度为 2 |
| .size | 对象的个数,相当于.shape 中 n * m 的值 | a.size #结果为 6 |
| .dtype | 对象的元素类型 | a.dtype #结果为 dtype('int32'),表示 a 中数据元素类<br>#型为 int32 |
| .itemsize | 对象中每个元素的大小,以字节为单位 | a.itemsize #结果为 4 |
| .flags | ndarry 对象的内存信息 | a.flags #执行结果为 C_CONTIGUOUS : True<br># F_CONTIGUOUS : False<br># OWNDATA : True<br># WRITEABLE : True<br># ALIGNED : True<br># WRITEBACKIFCOPY : False |

### 3. ndarry 对象的数据类型

ndarry 对象的数据类型如表 9.13 所示。

表 9.13 ndarry 对象的数据类型

| 类型 | 类型代码 | 说明 |
|---|---|---|
| int8,uint8 | i1,u1 | 有符号和无符号的 8 位(1 字节)整型数 |
| int16,uint16 | i2,u2 | 有符号和无符号的 16 位(2 字节)整型数 |
| int32,uint32 | i4,u4 | 有符号和无符号的 32 位(4 字节)整型数 |
| int64,uint64 | i8,u8 | 有符号和无符号的 64 位(8 字节)整型数 |
| float16 | f2 | 半精度浮点数 |

续表

| 类　型 | 类型代码 | 说　明 |
| --- | --- | --- |
| float32 | f4 或者 f | 标准的单精度浮点数，与 C 语言的 float 兼容 |
| float64 | f8 或者 d | 标准的双精度浮点数，与 C 语言的 double 和 Python 的 float 对象兼容 |
| float128 | f16 或者 g | 扩展精度浮点数 |
| complex64，complex128，complex256 | c8，c16，c32 | 分别用两个 32 位、64 位、128 位浮点数表示复数 |
| boot | ? | 存储 True 和 False 对象的布尔类型 |
| object | O | Python 对象类型 |
| string_ | S | 固定长度的字符串类型(每个字符 1 字节) |
| unicode_ | U | 固定长度的 Unicode 类型(字节数由平台决定) |

## 9.5.3 NumPy 库中数组的运算

NumPy 库中数组的运算可分为 3 类。

### 1. 矢量化运算

矢量的运算是指对形状相同的数组进行运算。形状相等的数组之间的任何算术运算都会应用到元素级，即只用于位置相同的元素之间，所得的运算结果组成一个新的数组。如：

```
>>> import numpy as np                  # 导入 NumPy 库并起别名为 np
>>> arr1 = np.array([1,3,5,7])          # 创建一维数组 arr1
>>> arr2 = np.array([2,4,6,8])          # 创建一维数组 arr2
>>> arr1 + arr2                         # 两个数组相加，结果为：[ 3,  7,  11,  15]
```

### 2. 广播机制

广播机制是指对形状不同的数组进行运算。当形状不同的数组执行算术计算时，会自动触发广播机制，对数组进行扩展，使数组的 shape 属性值一样，即可进行矢量化运算。

**【实例 9.4】** NumPy 广播机制示例。

源代码如下：

```
1    import numpy as np
2    arr1 = np.array([[0,0,0],[1,1,1],[2,2,2],[3,3,3]])
3    arr2 = np.array([1,2,3])
4    print(arr1 + arr2)
```

执行结果如下：

```
[[1 2 3]
 [2 3 4]
 [3 4 5]
 [4 5 6]]
```

上述广播机制的执行过程如图 9.8 所示。

### 3. 数组与标量间的运算

数组与一个数字进行的加、减、乘、除运算称标量运算。标量运算会产生一个与数组具

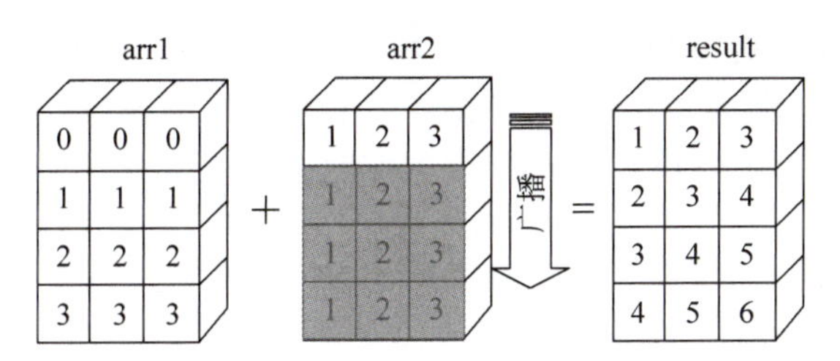


图 9.8 广播机制的执行过程

有相同数量行和列的新矩阵，原始矩阵的每个元素都被加、减、乘或除。如：

```
>>> import numpy as np                    # 导入 NumPy 库并起别名为 np
>>> arr1 = np.array([[1,2,3],[4,5,6]])    # 创建二维数组 arr1
>>> arr2 = 100                            # 整数 arr2
>>> arr1 + arr2                           # 结果为: [[101, 102, 103], [104, 105, 106]]
```

## 9.5.4 NumPy 库中数组的常用操作

NumPy 库除提供数组的创建和基本运算外，还提供一系列的数组操作，如数组的索引和切片、数组形状的改变、数组的转置、数组的叠加、数组的查找等。

### 1. 数组的索引和切片

NumPy 的数组对象 ndarrays 可与 Python 标准序列数据类型一样，使用 x[obj] 进行索引操作。其中，x 为数组，obj 为索引选择。包括 3 种可用的索引：基本切片、高级索引和字段访问。如：

```
>>> import numpy as np
>>> arr = np.arange(10)           # [0, 1, 2, 3, 4, 5, 6, 7, 8, 9]
>>> arr[1:7:2]                    # 执行结果为[1, 3, 5]
```

### 2. 数组形状的改变

可使用 reshape 函数修改数组的形状。该函数可在不改变数据的条件下修改数组的形状，如果指定的数组形状与数组的元素数量不符合，将抛出 ValueError 异常。如：

```
>>> import numpy as np
>>> arr = np.arange(9)           # [0, 1, 2, 3, 4, 5, 6, 7, 8]
>>> arr = arr.reshape(3,3)       # 执行结果为[[0, 1, 2], [3, 4, 5], [6, 7, 8]]
>>> arr =  arr.reshape(2,4)      # ValueError: cannot reshape array of size 9 into shape (2,4)
```

### 3. 数组的转置

可使用 transpose 函数和“.T”对数组进行转置操作。如：

```
>>> import numpy as np
>>> arr1 = np.array([[1,2,3],[4,5,6]])
>>> arr1.transpose()             # 对数组 arr1 进行转置，执行结果为[[1, 4], [2, 5], [3, 6]]
>>> arr1.T                       # 与上一句一样
```

### 4. 数组的叠加

NumPy 库还提供对数组进行叠加组合的函数。数组的叠加主要分为 3 类：横向叠加、纵向叠加和沿轴叠加，分别用hstack、vstack和concatenate 3个函数实现。hstack函数将一个数组追加到另一个数组的末尾，vstack将一个数组堆叠到另一个数组，concatenate中函数沿着指定轴(axis)连接形状相同的两个或多个数组。如：

```
>>> import numpy as np
>>> arr1 = np.array([[1,2],[3,4]])
>>> arr2 = np.array([[5,6,],[7,8]])
>>> np.hstack(arr1,arr2)                #横向叠加,执行结果为[[1, 2, 5, 6], [3, 4, 7, 8]]
>>> np.vstack((arr1,arr2))              #纵向叠加,执行结果为[[1, 2], [3, 4], [5, 6], [7, 8]]
>>> np.concatenate((arr1,arr2))         #沿轴叠加,默认 axis = 0(纵向),执行结果同 vstack()
>>> np.concatenate((arr1,arr2),axis = 1) #沿轴叠加,设定 axis = 1(横向),执行结果同 hstack()
```

### 5. 数组的查找

NumPy库通过where函数实现查找。where函数类似于C语言中的条件运算符，其语法格式为numpy.where(condition,x,y)。当contition为真时，返回x，否则返回y。如：

```
>>> import numpy as np
>>> x = np.arange(1,10).reshape(3,3)    #x 为[[1, 2, 3], [4, 5, 6], [7, 8, 9]]
>>> y = np.where(x > 3,x,0)             #在 x 中按照条件"x > 3"进行查找,如果满足,
                                        #则返回 x 本身,否则返回 0
>>> print(y)                            #执行结果为[[0, 0, 0], [4, 5, 6], [7, 8, 9]]
```

## 9.5.5 NumPy库中的通用函数

通用函数是一种对ndarrays对象中数据执行元素级运算的函数，函数返回一个新的数组。按照参数个数的不同，将通用函数分为一元通用函数和二元通用函数。

### 1. 一元通用函数

将通用函数中接收一个数组参数的函数称一元通用函数，如表9.14所示。

**表9.14 NumPy库中常用的一元通用函数(arr1=np.array([10.4,−10.8,20.5,−20.1,9.76]),arr2=np.arange(1,10))**

| 函数 | 描述 | 示例 |
|---|---|---|
| abs、fabs | 计算整数、浮点数或者复数的绝对值 | >>> np.abs(arr1)# [10.4,10.8,20.5,20.1,9.76] |
| sqrt | 计算各元素的平方根 | >>> np.sqrt(arr2)# [1.,1.41421356,1.73205081,2.,<br>#2.23606798,2.44948974,2.64575131,2.82842712,3.] |
| square | 计算各元素的平方 | >>> np.square(arr1)# [108.16,116.64,420.25,<br>#404.01,95.2576] |
| exp | 计算各元素的幂 $e^x$ | >>> np.exp(arr2)# [2.71828183e+00,7.38905610e+<br>#00,2.00855369e+01,5.45981500e+01,1.48413159e+<br>#02,4.03428793e+02,1.09663316e+03,2.98095799e+<br>#03,8.10308393e+03] |
| log、log10、log2 | 分别计算自然对数(底数为e)，底数为10的对数和底数为2的对数 | >>> np.log(arr2)# [0.,0.69314718,1.09861229,<br>#1.38629436,1.60943791,1.79175947,1.94591015,<br>#2.07944154,2.19722458] |

续表

| 函 数 | 描 述 | 示 例 |
|---|---|---|
| sign | 计算各元素的正负号：1(正数)、0(零)、-1(负数) | >>> np.sign(arr1)#［1.,-1.,1.,-1.,1.］ |
| ceil | 对各元素上取整 | >>> np.ceil(arr1)#［11.,-10.,21.,-20.,10.］ |
| floor | 对各元素下取整 | >>> np.floor(arr1)#［10.,-11.,20.,-21.,9.］ |
| rint | 将各元素四舍五入为最接近的整数 | >>> np.rint(arr1)#［10.,-11.,20.,-20.,10.］ |
| modf | 将数组的小数和整数部分分别以两个独立数组的形式返回 | >>> np.modf(arr1) #(array([0.4,-0.8,0.5,-0.1,#0.76]),array([10.,-10.,20.,-20.,9.])) |
| sin、inh、cos、osh、tan、tanh | 普通型和双曲型三角函数 | >>> np.sin(arr1)<br># array([-0.82782647,0.98093623,0.99682979,#-0.94912455,-0.32897886]) |
| arcos、arccosh、arcsin | 反三角函数 | >>> np.arcsin(arr2)<br># array([1.57079633,nan,nan,nan,nan,nan,nan,nan,#nan]) |

## 2. 二元通用函数

将通用函数中接收两个数组参数的函数称为二元通用函数，如表9.15所示。

表9.15 NumPy库中常用的二元通用函数(arr1=np.array([[1,2,3],[3,4,5]]),arr2=np.arange(3,9).reshape(2,3))

| 函 数 | 描 述 | 示 例 |
|---|---|---|
| add | 将数组中对应的元素相加 | >>> np.add(arr1,arr2) # array([[4,6,8],#[9,11,13]]) |
| subtract | 两个数组进行元素级相减 | >>> np.subtract(arr1,arr2) #array([[-2,-2,#-2],[-3,-3,-3]]) |
| multiply | 数组元素相乘 | >>> np.multiply(arr1,arr2) #array([[3,8,15],#[18,28,40]]) |
| divide | 除法 | >>> np.divide(arr1,arr2) #array([[0.33333333,#0.5,0.6],[0.5,0.57142857,0.625]]) |
| floor_divide | 向下整除法(舍去余数) | >>> np.floor_divide(arr1,arr2) #array([[0,0,0],#[0,0,0]]) |
| maximun | 元素级的最大值计算 | >>> np.maximum(arr1,arr2) #array([[3,4,5],#[6,7,8]]) |
| minimum | 元素级的最小值计算 | >>> np.minimum(arr1,arr2) #array([[1,2,3],#[3,4,5]]) |
| mod | 元素级的求模计算 | >>> np.mod(arr1,arr2) #array([[1,2,3],[3,4,#5]]) |
| copysign | 将第二个数组中值的符号赋给第一个数组中的值 | >>> np.copysign(arr1,arr2) #array([[1.,2.,#3.],[3.,4.,5.]]) |
| greater | 执行元素级的大于比较运算 | >>> np.greater(arr1,arr2) #array([[False,#False,False],[False,False,False]]) |

续表

| 函　数 | 描　述 | 示　例 |
| --- | --- | --- |
| greater_equal | 执行大于或等于比较运算 | |
| less | 执行元素级的小于比较运算 | >>> np.less(arr1,arr2)　#array([[True,True,<br>#True],[True,True,True]]) |
| less_equal | 执行小于或等于比较运算 | |
| equal | 执行元素级的等于比较运算 | >>> np.equal(arr1,arr2)　#array([[False,False,<br>#False],[False,False,False]]) |
| not_equal | 执行不等于比较运算 | |

## 9.6 pandas 库

### 9.6.1 pandas 库概述

pandas 是一个开放源码、BSD 许可的库，提供高性能、易于使用的数据结构和数据分析工具。pandas 主要面向数据处理与分析，主要具有以下功能特色。

（1）按索引匹配的广播机制。

（2）便捷的数据读写操作。

（3）易实现类比 SQL 的 join 和 groupby 功能。

（4）数据透视表功能。

（5）自带正则表达式的字符串向量化操作，对 pandas 中的一列字符串进行通函数操作，且自带正则表达式的大部分接口。

（6）丰富的时间序列向量化处理接口。

（7）常用的数据分析与统计功能，包括基本统计量、分组统计分析等。

（8）集成 matplotlib 的常用可视化接口，无论是 Series 还是 Dataframe，均支持面向对象的绘图接口。

### 9.6.2 pandas 数据结构

pandas 的核心数据结构有两种，分别是一维的 Series 和二维的 Dataframe，可将二者分别看作在 NumPy 的一维数组和二维数组基础上增加了相应的标签信息。

#### 1. Series 对象

Series 是一种类似 Numpy 中一维数组的对象，由一组任意类型的数据和一组与之相关的数据标签（索引）组成。如：

```
>>> import pandas as pd              #导入 pandas 库，并起别名为 pd
>>> data1 = pd.Series([1,2,3,4])     #创建一维数组 data1
                                       0  1
                                       1  2
>>> data1                            #执行结果为：2  3      ，其中，左侧列为索引，右侧列为对
                                       3  4
                                       dtype: int64
```

```
                                          #应的元素。在没有指定索引时,将默认生成从 0 开始依次
                                          #递增的索引值,dtype 表示元素的数据类型
                                                                      a  1
>>> data2 = pd.Series([1,3,5],index = ['a','b','c'])        #执行结果为: b  3
                                                                      c  5
                                                                      dtype: int64
>>> data3 = pd.Series({'a':2,'b':3,'c':4})     #也可直接使用字典,同时创建带有自定义数据标签
                                               #的数据,结果与 data2 一致
```

访问 Series 中数据的方式,与 Python 中访问列表和字典元素的方式类似,也是使用中括号加数据标签的方式获取其中的数据。

### 2. DataFrame 对象

DataFrame 对象是类似 Excel 表格的数据对象,由行和列组成,每列可以是不同的值类型(数值、字符串、布尔值等)。如:

```
>>> import pandas as pd                              #导入 pandas 库,并起别名为 pd
>>> data1 = pd.DataFrame([[1,2,3],[4,5,6]])          #创建二维数组 data1
                          0 1 2
>>> data1    #执行结果为: 0 1 2 3 ,其中,左侧列为行索引,最上面一行为列索引,中间为数据元素
                          1 4 5 6
>>> data2 =  pd.DataFrame([[1,2,3],[4,5,6]],index = ['r1','r2'],columns = ['c1','c2','c3'])
                                                     #创建自定义行列索引的二维数组 data2
                                                                  c1 c2 c3
>>> data2                                            #执行结果为: r1  1  2  3
                                                                  r2  4  5  6
```

## 9.6.3 数据导入导出

pandas 导入导出数据非常方便,可以快速导入导出 Excel、csv、txt 和 sql 等多种数据文件。

### 1. 数据导入

对于不同的数据文件,pandas 导入数据的函数和参数有所不同,如表 9.16 所示。

表 9.16 pandas 数据导入主要函数

| 函 数 名 | 描 述 |
|---|---|
| read_csv(filename) | 从 CSV 文件导入数据 |
| read_table(filename) | 从限定分隔符的文本文件导入数据 |
| read_excel(filename) | 从 Excel 文件导入数据 |
| read_sql(query, connection_object) | 从 SQL 表/库导入数据 |
| read_json(json_string) | 从 JSON 格式的字符串导入数据 |
| read_html(url) | 解析 URL、字符串或 HTML 文件,抽取其中的 tables 表格 |
| read_clipboard() | 从粘贴板获取内容,并传给 read_table() |

### 2. 数据导出

与导入数据一样,pandas 可以方便地将 DataFrame 数据导出为目标数据文件格式,主要函数如表 9.17 所示。

表 9.17　pandas 数据导出主要函数

| 函数名 | 描述 |
|---|---|
| to_csv(filename) | 导出数据到 CSV 文件 |
| to_excel(filename) | 导出数据到 Excel 文件 |
| to_sql(table_name, connection_object) | 导出数据到 SQL 数据库 |
| to_json(filename) | 以 JSON 格式导出数据到文本文件 |

**【实例 9.5】** 现有国家统计局发布的最近 13 个月居民消费价格指数的 Excel 文件"分省月度数据. xls"（部分数据如图 9.9 所示），请将其存入 DataFrame 对象，并分别另存为 CSV 文档和 TXT 文档，以便后续使用。

| 地区 | 2023年6月 | 2023年5月 | 2023年4月 | 2023年3月 | 2023年2月 | 2023年1月 |
|---|---|---|---|---|---|---|
| 北京市 | 100.1 | 100.2 | 100.3 | 100.7 | 101.2 | 102 |
| 天津市 | 99.8 | 99.9 | 100.2 | 100.4 | 101 | 101.9 |
| 河北省 | 100.7 | 100.6 | 100.4 | 100.9 | 101.1 | 101.5 |
| 山西省 | 99.8 | 99.9 | 99.6 | 100.4 | 100.9 | 102 |
| 内蒙古自治区 | 100.4 | 100.5 | 100.1 | 100.5 | 100.9 | 101.7 |
| 辽宁省 | 99.7 | 100.2 | 99.9 | 100.4 | 101.2 | 102.1 |
| 吉林省 | 99.5 | 99.5 | 99 | 100 | 100.9 | 101.8 |
| 黑龙江省 | 100.1 | 100.3 | 100.1 | 100.9 | 101.4 | 102.3 |
| 上海市 | 100.1 | 98.6 | 98.9 | 100.9 | 101.3 | 102.6 |
| 江苏省 | 100.2 | 100.4 | 100 | 100.9 | 101.7 | 102.7 |

图 9.9　"分省月度数据. xls"部分数据

源代码如下：

```
1    import pandas as pd
2    data = pd.read_excel('分省月度数据.xls')
3    print(data)
4    data.to_csv('new.csv')
5    data.to_csv('new.txt')
```

## 9.6.4　数据访问

pandas 可按行或按列访问数据，数据访问方法和函数如表 9.18 所示。

表 9.18　pandas 数据访问方法和函数

| 方法/函数名 | 描述 |
|---|---|
| []索引 | 下标或索引，可对数据对象进行切片操作 |
| loc[]/iloc[] | 按标签值访问/按数字索引访问，均支持单值包含两端结果 |
| at[]/iat[] | loc[]/iloc[]的特殊形式，不支持切片访问，仅可用单个标签纸和单个索引值进行访问 |
| isin()/notin() | 条件范围查询，即根据特定列值是否存在于指定列表返回相应的结果 |
| where() | 执行条件查询，但会返回全部结果，只是将不满足匹配条件的结果赋值为 NaN 或其他指定值，可用于筛选或屏蔽值 |
| query() | 按列对 dataframe 执行条件查询，一般可用常规的条件查询替代 |
| get() | 主要适用于不确定数据结构中是否包含该标签时，与字典的 get 方法完全一致 |
| lookup() | loc 的一种特殊形式，分别传入一组行标签和列标签 |

【实例 9.6】　对【实例 9.5】中导入的数据进行访问示例。

源代码如下：

```
1    import pandas as pd
2    data = pd.read_excel('分省月度数据.xls')
3    print(data[0:4])                              #对行进行切片
4    print(data['地区'])                           #对列进行切片
5    print(data.loc[1:5])                          #对行进行切片,左右均为闭区间
6    print(data.iloc[12:15,0:5])                   #对行列进行综合切片,左闭右开
7    print(data.at[2,"地区"])                      #访问第 2 行的“地区”数据域,结果为“河北省”
8    print(data['地区'].isin(['北京市','江苏省','上海市']))   #筛选地区属于列表['北京市',
9    #'江苏省','上海市']中的数据
10   print(data.where(data == 100))                #筛选 data 中值为 100 的数据
11   print(data.query("3"))                        #筛选第 3 行的信息
12   print(data.get("2023 年 6 月"))               #获取标签值为“2023 年 6 月”的列的信息
```

## 9.6.5　数据处理

pandas 最强大的功能是数据处理和分析,可独立完成数据分析前的绝大部分数据预处理工作。归纳来看,主要分为以下方面。

### 1. 数据清洗

数据清洗主要包括对空值、重复值和异常值的处理。主要函数如表 9.19 所示。

表 9.19　pandas 数据清洗的主要函数

| 函 数 名 | 描 述 |
|---|---|
| isna()/isnull() | 二者等价,用于判断一个 Series 或 DataFrame 对象各元素值是否为空 |
| fillna() | 按一定策略对空值进行填充 |
| dropna() | 删除存在空值的行和列 |
| duplicated() | 按行检测是否有重复值 |
| drop_duplicates() | 按行检测并删除重复的记录 |
| drop() | 根据参数在特定轴执行删除一条或多条记录 |
| replace() | 按元素级对对象进行替换操作 |

【实例 9.7】　数据清洗示例。

源代码如下：

```
1    import numpy as np
2    import pandas as pd
3    data = pd.DataFrame({'A':[1,2,np.nan,4],'B':[5,np.nan,np.nan,8],'C':[5,6,8,9]})
4                                                          #创建数据集
5    print(data)
6    print(data.isna())                                    #判断是否为空值
7    data1 = data.dropna()                                 #删除包含缺失值的行
8    print(data1)
9    data2 = data.dropna(axis = 1)                         #删除包含缺失值的列
10   print(data2)
11   data3 = data.fillna(100)                              #将空值全部修改为 100
12   print(data3)
```

### 2. 数值计算

由于 pandas 是在 NumPy 基础上实现的，所以 NumPy 的常用数值计算在 pandas 中也适用。

### 3. 数据转换

除使用 replace()进行简单的替换操作外，pandas 还提供了更强大的数据转换方法。

(1) map()：适用于 Series 对象，对给定序列中的每个值执行相同的映射操作。如：

```
>>> import pandas as pd
>>> data = pd.Series([1,2,3,4])  #创建一维数组
>>> data.map(lambda x:x ** 2)  #对 Series 对象中的所有元素进行平方运算，执行结果为：
0    1
1    4
2    9
3   16
dtype: int64
```

(2) apply()：既适用于 Series 对象，也适用于 DataFrame，前者是逐元素执行函数操作，后者是逐行或逐列执行函数操作。如：

```
>>> import pandas as pd
>>> import numpy as np
>>> data = pd.DataFrame([[4,9]] * 3,columns = ['A','B'])  #创建二维数组
>>> data.apply(np.sqrt)  #对 DataFrake 对象进行开平方计算，执行结果为：
     A    B
0  2.0  3.0
1  2.0  3.0
2  2.0  3.0
```

(3) applymap()：p，仅适用于 dataframe 对象，且是对 dataframe 中的每个元素执行函数操作，从这个角度讲，与 replace 类似，可将 applymap 看作 dataframe 对象的通函数。如：

```
>>> import pandas as pd
>>> import numpy as np
>>> data = pd.DataFrame([[0,1,2,],[3,4,5],[6,7,8],[9,10,11]],index = ["A","B","C","D"],
    columns = ["a","b","c"])  #创建二维数组
>>> data.applymap(lambda x:x * 2)  #对每个元素执行平方运算，执行结果为：
    a   b   c
A   0   2   4
B   6   8  10
C  12  14  16
D  18  20  22
```

### 4. 合并与拼接

pandas 进行合并与拼接主要依赖以下函数。

(1) concat()：与 numpy 中的 concatenate 类似，但功能更强大，可通过一个 axis 参数设置横向或拼接，要求非拼接轴向标签唯一。如：

```
>>> import pandas as pd
>>> import numpy as np
>>> data1 = pd.DataFrame(np.ones((3,3),dtype = int) * 1,columns = list("CBA"),index = list("321"))
>>> data2 = pd.DataFrame(np.ones((3,3),dtype = int) * 2,columns = list("EDC"),index = list("541"))
>>> pd.concat([data1,data2],join = 'outer',axis = 1,sort = True)
>>> pd.merge(data1,data2,how = 'outer',left_index = True,right_index = True,sort = True)
```

(2) merge()：实现将两张数据表通过相同键(列名)进行数据合并。

(3) join()，可合并没有关联的数据，也可合并相同键(列名)的数据。

【实例 9.8】 数据合并与连接示例。

源代码如下：

```
1    import numpy as np
2    import pandas as pd
3    data1 = pd.DataFrame(np.ones((3,3),dtype = int) * 1,columns = list("CBA"),index = list("321"))
4    data2 = pd.DataFrame(np.ones((3,3),dtype = int) * 2,columns = list("EDC"),index = list("541"))
5    print(pd.concat([data1,data2],join = 'outer',axis = 1,sort = True))        #外连接两个表
6    #设置参数实现与 concat 相同的效果
7    print(pd.merge(data1,data2,how = 'outer',left_index = True,right_index = True,sort = True))
```

## 9.6.6 数据分析

pandas 中的另一大功能是数据分析，可通过丰富的接口实现大量的统计需求，包括 Excel 和 SQL 中的大部分分析过程，均可在 pandas 中实现。从使用角度可分为基本统计量和分组聚合，如表 9.20 和表 9.21 所示。

表 9.20 pandas 中实现基本统计量的函数(data＝pd.read_excel('分省月度数据.xls'))

| 函数名 | 描述 | 示例 |
| --- | --- | --- |
| info() | 展示行标签、列标签及各列基本信息，包括元素个数和非空个数及数据类型等 | print(data.info()) |
| head()/tail() | 从头/尾抽样指定条数记录 | print(data.head(4)) |
| describe() | 展示数据的基本统计指标，包括计数、均值、方差、4 分位数等，还可接收一个百分位参数列表，展示更多信息 | print(data.describe()) |
| count() | 按列统计个数，实现忽略空值后的计数 | print(data.count()) |
| value_counts() | 执行分组统计，默认按频数高低执行降序排列 | print(data.value_counts()) |
| unique() | 仅适用于 Series，返回唯一值列表 | |
| numique() | 返回唯一值个数 | print(data.nunique()) |
| sort_index() | 对标签列执行排序 | print(data.sort_index(axis＝1)) |
| sort_value() | 按值排序 | print(data.sort_values(by＝"地区")) |

表 9.21 pandas 中实现分组的函数(data＝pd.DataFrame({"班级":["A","B","A","B"],"姓名":["张三","李四","王五","赵六"],"课程名":["C 语言","数据结构","离散数学","操作系统"],"成绩":[90,8,95,7,99,100]}))

| 函数名 | 描述 | 示例 |
| --- | --- | --- |
| groupby() | 按某一列或多列执行分组 | data.groupby("班级",as_index＝False).sum() |
| pivot() | 执行行列重置 | data.pivot(index＝"班级",columns＝"姓名",values＝"Python 语言") |
| pivot_table() | 在 pivot()的基础上增加聚合过程 | data.pivot_table(index＝"班级",columns＝"姓名",values＝"Python 语言") |

# 9.7 matplotlib 库

## 9.7.1 matplotlib 库概述

数据可视化是以图形的方式对数据进行展示，有效的可视化有助于用户分析、推理数据和证据，使复杂的数据易于理解和使用。matplotlib 是 Python 中最受欢迎的数据可视化库，可用于绘制各种图表，包括折线图、散点图、条形图、误差条形图、直方图、功率谱、热图、轮廓图等 2D 图，以及 3D 图、地图等。其主要功能如下。

（1）创建出版质量的绘图。

（2）制作可缩放、平移、更新的交互式图形。

（3）自定义视觉样式和布局。

（4）导出为多种文件格式。

（5）嵌入 JupyterLab 和图形用户界面。

matplotlib 库包含很多模块，其中 pyplot 是 matplotlib 的一个非常重要的接口，它提供了一个类似 MATLAB 的绘图框架，可通过 pyplot 简单方便地生成图像并设定图片内容。

## 9.7.2 matplotlib 库的基本使用过程

使用 matplotlib 对数据进行可视化的过程一般分为 4 步。

（1）导入 matplotlib 库。

```
>>> import matplotlib.pyplot as plt
```

（2）创建数据。matplotlib 的主要功能是对数据进行可视化，数据是可视化的来源，所以要先有数据，才能进行可视化。例如：

```
>>> x = [i for i in range(1,13)]
>>> y = [-0.3, 4.2, 8.4, 15.1, 20.2, 24.5, 27.4, 26.1, 21.9, 15.3, 6.8, 1.2]
```

（3）绘制图表，例如：

```
>>> plt.plot(x, y)          #该语句的功能是使用 pyplot 中的 plot 函数绘制折线图
```

（4）显示图表：

```
>>> plt.show()              #该语句的功能是将图显示出来
```

**【实例 9.9】** matplotlib 的基本使用过程示例。

源代码如下：

```
1   import matplotlib.pyplot as plt
2   x = [i for i in range(1,13)]
3   y = [-0.3, 4.2, 8.4, 15.1, 20.2, 24.5, 27.4, 26.1, 21.9, 15.3, 6.8, 1.2]
4   plt.plot(x,y)
5   plt.show()
```

运行结果如图 9.10 所示。

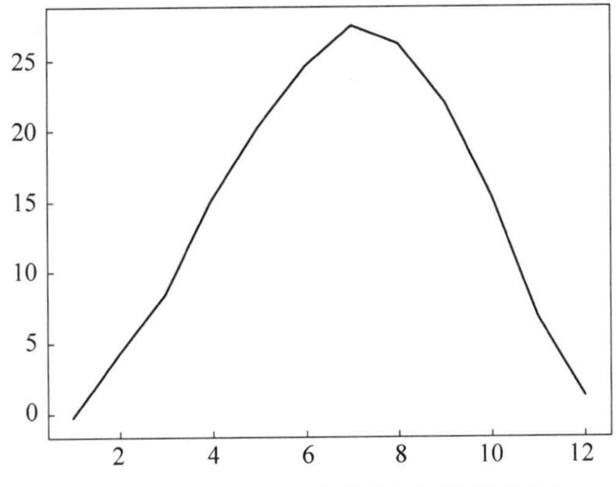


图 9.10　matplotlib 的基本使用过程示例

### 9.7.3　数据可视化要素

虽然通过上述 4 个步骤即可绘制简单的图表，但是不够明了清晰，可进一步对图形进行设置，例如坐标轴名称与范围的设置、图像标题、图例、数据标注等。通过对这些要素的设置，可以绘制清晰而信息丰富的图表，达到理想的可视化效果。

#### 1. 坐标轴的设置与标题

pyplot 中的 xlabel()和 ylabel()方法用于设置坐标轴 x 轴和 y 轴标签（名称），通过设置坐标轴名称方便读者理解图像信息。

其语法格式如下：

```
xlabel(xlabel, fontdict = None, ** kwargs)        # 设置 x 轴名称
ylabel(ylabel, fontdict = None, ** kwargs)        # 设置 y 轴名称
```

其中，xlabel 和 ylabel 分别为 x 轴和 y 轴的标签名称，可以是字符串或 float。

pyplot 中的 title()用于设置图表标题，通过设置图像标题，清晰地表明图像的主题和内容，帮助读者快速理解图像中的信息。另外，还可设置标题属性（颜色、大小、位置等），美化图表。其语法格式如下：

```
title(label, fontdict = None, loc = 'center', pad = None, ** kwargs)
```

其中各参数的含义如下。

- label：指定图表标题文本内容。
- fontdict：指定标题字体属性的字典。
- loc：指定标题的位置，默认为 center。
- pad：标题与图像边缘的间距，默认为 None。
- kwargs：其他参数，如颜色（color）、大小（size）等。

【实例 9.10】 设置坐标轴名称和图像标题示例。

源代码如下：

```
1    import matplotlib.pyplot as plt
2    plt.rcParams['font.sans - serif'] = ['SimHei']   # 设置中文字体，以支持中文显示
3    months = [i for i in range(1,13)]
```

```
4    temps = [ - 0.3, 4.2, 8.4, 15.1, 20.2, 24.5, 27.4, 26.1, 21.9, 15.3, 6.8, 1.2]
5    plt.plot(months,temps)
6    plt.xlabel('月份')
7    plt.ylabel('温度')
8    plt.title('徐州月均气温趋势图')
9    plt.show()
```

第2行代码 plt.rcParams['font.sans-serif'] = ['SimHei']的功能是设置中文字体，从而支持图表中中文的正常显示。

第6行代码 plt.xlabel('月份')的功能是设置x轴的名称为月份；同理，第7行代码 plt.ylabel('温度')的功能是设置y轴的名称为温度。

第8行代码 plt.title('徐州月均气温趋势图')的功能是设置图标的标题为“徐州月均气温趋势图”。运行结果如图9.11所示。

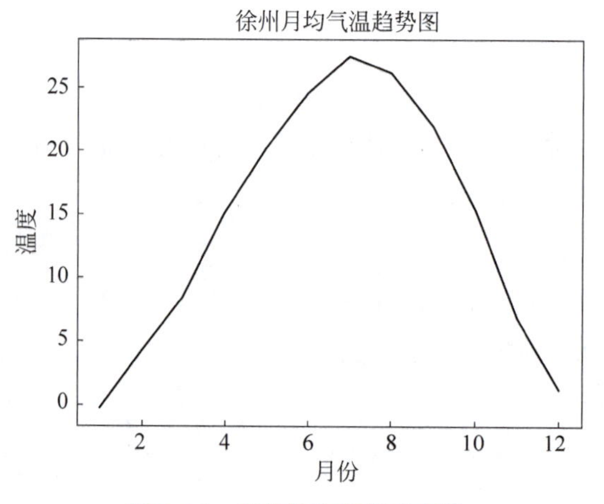


图9.11 坐标轴和标题的设置

pyplot中的xlim()和ylim()用于设置x轴和y轴的范围，以便完整地显示数据的变化情况。其语句格式为：

```
xlim(xmin, xmax)            # 设置x轴范围
ylim(ymin, ymax)            # 设置y轴范围
```

其中，参数xmin、xmax表示x轴的最小值和最大值，ymin、ymax表示y轴的最小值和最大值。

pyplot中的xticks()和yticks()用于设置坐标轴上的刻度及刻度标签，方便读者理解。其语句格式为：

```
xticks(ticks[, labels])     # 设置x轴刻度
yticks(ticks[, labels])     # 设置y轴刻度
```

其中，ticks为刻度值列表，labels为刻度标签列表(默认为ticks的值)。例如：

```
plt.xticks(range(10))         # x轴刻度为0到9
plt.yticks([ - 5, 0, 5], ['Low', 'Medium', 'High']) # y轴刻度为 - 5、0、5，标签分别为Low、Medium、High
```

**【实例9.11】** 设置坐标轴刻度示例。

源代码如下：

```
1   import matplotlib.pyplot as plt
2   plt.rcParams['font.sans-serif'] = ['SimHei']        # 设置中文字体,支持中文显示
3   months = [i for i in range(1,13)]
4   temps = [-0.3, 4.2, 8.4, 15.1, 20.2, 24.5, 27.4, 26.1, 21.9, 15.3, 6.8, 1.2]
5   plt.plot(months,temps)
6   plt.xlabel('月份')
7   plt.ylabel('温度')
8   plt.xlim(0,12)                                       # 设置 x 轴范围
9   plt.ylim(-1,30)                                      # 设置 y 轴范围
10  plt.xticks([1, 2, 3, 4, 5, 6, 7, 8, 9, 10, 11, 12])  # 设置 x 轴刻度
11  plt.yticks([3*i for i in range(0,11)])               # 设置 y 轴刻度
12  plt.title('徐州月均气温趋势图')
13  plt.show()
```

相比前面的实例该实例增加了第8～11行的代码。其中第8～9行的功能是设置坐标轴的表示范围,第10～11行的功能是设置坐标轴的刻度。运行结果如图9.12所示。

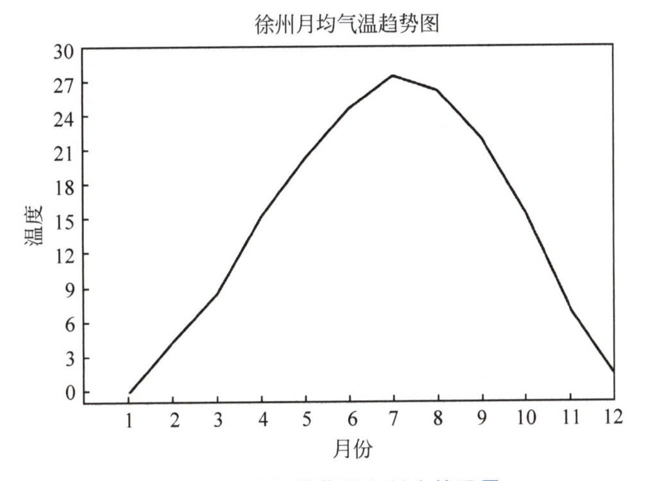


图9.12 坐标轴范围和刻度的设置

### 2. 图例

如果一个图中需要绘制多条曲线,需要告知读者不同曲线的含义,此时要为不同的曲线设置不同的label,再调用pyplot中的legend()显示图例,从而提升图表的可读性与美观性。其语句格式如下:

```
plt.plot(x, y1, label = "data1")
plt.plot(x, y2, label = "data2")
plt.legend()
```

**【实例9.12】** 请编写程序绘制徐州、海口、哈尔滨3座城市12个月的月平均气温。

源代码如下:

```
1   import matplotlib.pyplot as plt
2   plt.rcParams['font.sans-serif'] = ['SimHei']    #设置中文字体,以支持中文显示
3   plt.rcParams['axes.unicode_minus'] = False
4   months = [i for i in range(1,13)]
5   temps = [-0.3, 4.2, 8.4, 15.1, 20.2, 24.5, 27.4, 26.1, 21.9, 15.3, 6.8, 1.2]
6   haerbing_temps = [-15.2, -12.3, -2.4, 8.9, 15.7, 22.2, 25.4, 24.9, 19.3, 11.1, 0.4, -8.6]
```

```
7   haikou_temps = [20.2, 20.3, 21.4, 23.9, 25.7, 27.2, 27.4, 26.9, 26.3, 25.1, 23.4, 21.6]
8   plt.plot(months,temps,label = "徐州",marker = "o")
9   plt.plot(months,haerbing_temps,label = "哈尔滨",marker = " * ")
10  plt.plot(months,haikou_temps,label = "海口",marker = "s")
11  plt.xlabel('月份')
12  plt.ylabel('温度')
13  plt.xlim(0,12)
14  plt.ylim( - 16,30)
15  plt.xticks([1, 2, 3, 4, 5, 6, 7, 8, 9, 10, 11, 12])
16  plt.yticks([3 * i for i in range( - 5,11)])
17  plt.legend()
18  plt.title('月均气温趋势图')
19  plt.show()
```

第 2 行代码的功能是修正 matplotlib 在某些情况下无法正确显示负号的问题，确保图表中可以正常显示负号。第 6～7 行增加了哈尔滨和海口两座城市的月均气温，第 8～10 行绘制了 3 条曲线，并在 plt.plot()中设置 label 为每条曲线的名称，第 17 行使用 plt.legend()在图表中添加了图例。最终得到一个带图例的温度变化比较图表，如图 9.13 所示。

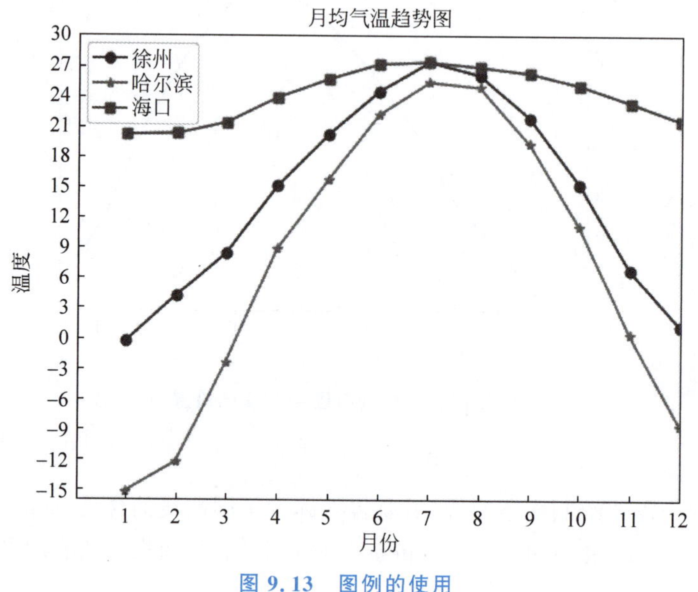


图 9.13 图例的使用

### 3. 注释与网格

pyplot 中的 text()方法用于在 matplotlib 图表中添加文本注释。其基本语法格式为：

```
text(x, y, s, fontdict = None, withdash = False, ** kwargs)
```

- x，y：设置文本注释的位置坐标。
- s：注释的内容。

pyplot 中的 grid()可在图表中添加网格，有助于读者观察数据的变化趋势，尤其是在数据点较密集时，网格可起到分隔线的作用。其基本语法格式为：

```
grid(b = None, which = 'major', axis = 'both', ** kwargs)
```

各个参数说明如下。

- b：布尔值，表示是否显示网格，默认为 True。
- which：str，表示主刻度(major)或次刻度(minor)。
- axis：str，设置在哪个坐标轴上显示网格，可以为：'x'、'y'或'both'。
- kwargs：其他参数，如颜色(color)、线型(linestyle)、线宽(linewidth)、透明度(alpha)等。例如：

```
plt.grid(color = 'r', linestyle = '--', linewidth = 2)          # 红色虚线，线宽 2 px 的网格
plt.grid(color = 'b', axis = 'y', which = 'major')              # 蓝色的 y 轴主刻度网格
```

【实例 9.13】 注释和网格的使用示例。

源代码如下：

```
1    import matplotlib.pyplot as plt
2    plt.rcParams['font.sans-serif'] = ['SimHei']
3    plt.rcParams['axes.unicode_minus'] = False
4    months = [i for i in range(1,13)]
5    temps = [-0.3, 4.2, 8.4, 15.1, 20.2, 24.5, 27.4, 26.1, 21.9, 15.3, 6.8, 1.2]
6    haerbing_temps = [-15.2, -12.3, -2.4, 8.9, 15.7, 22.2, 25.4, 24.9, 19.3, 11.1, 0.4, -8.6]
7    haikou_temps = [20.2, 20.3, 21.4, 23.9, 25.7, 27.2, 27.4, 26.9, 26.3, 25.1, 23.4, 21.6]
8    plt.plot(months, temps, label = "徐州", marker = "o")
9    plt.plot(months, haerbing_temps, label = "哈尔滨", marker = "*")
10   plt.plot(months, haikou_temps, label = "海口", marker = "s")
11   plt.xlabel('月份')
12   plt.ylabel('温度')
13   plt.xlim(0,12)
14   plt.ylim(-16,30)
15   plt.xticks([1, 2, 3, 4, 5, 6, 7, 8, 9, 10, 11, 12])
16   plt.yticks([3 * i for i in range(-5,11)])
17   plt.legend()
18   plt.title('月均气温趋势图')
19   # 添加每个数据点的温度值作为注释
20   for a, b in zip(months, temps):
21       plt.text(a, b, b, ha = 'center', va = 'bottom', fontsize = 10)
22   for a, b in zip(months, haerbing_temps):
23       plt.text(a, b, b, ha = 'center', va = 'bottom', fontsize = 10)
24   for a, b in zip(months, haikou_temps):
25       plt.text(a, b, b, ha = 'center', va = 'bottom', fontsize = 10)
26   plt.grid(linestyle = ':') # 添加网格
27   plt.show()
```

第 20～25 行代码是为 3 条曲线增加注释，将每个月的平均气温作为注释显示，第 26 行代码为图表添加了网格。运行结果如图 9.14 所示。

### 4. 子图

子图是指在一个 figure(图幅)中创建多个独立的坐标系，从而展示多个不同图表，实现各种自定义的布局。可以通过 pyplot 中的 subplots()方法创建子图，其语法格式为：

```
fig, ax = plt.subplots(nrows, ncols)
```

- nrows：子图的行数。
- ncols：子图的列数。
- fig：figure 对象，对应创建的 figure(图幅)。
- ax：Axes 对象列表，对应每个子图(subplot)。

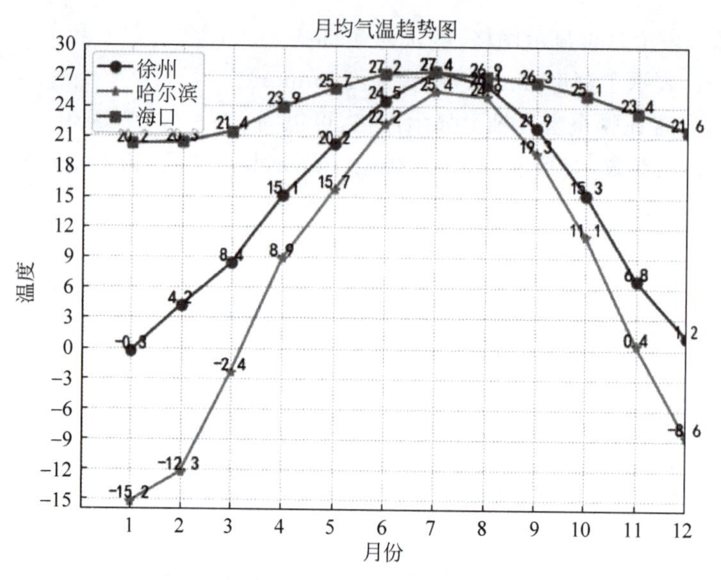


图 9.14　注释与网格的设置

**【实例 9.14】** 子图的使用示例。

源代码如下：

```
1    import matplotlib.pyplot as plt
2    import numpy as np
3    fig, ax = plt.subplots(2, 2)                    # 创建 2 行 2 列的子图组
4    x = np.linspace( - 10,10,100)
5    tanh = np.tanh(x)
6    relu = np.maximum(x, 0)
7    sigmoid = 1 / (1 + np.exp( - x))
8    ax[0,0].plot(x,x * x)                           # 对第 1 个子图绘图
9    ax[0,1].plot(x,tanh)                            # 对第 2 个子图绘图
10   ax[1,0].plot(x,sigmoid)                         # 对第 3 个子图绘图
11   ax[1,1].plot(x,relu)                            # 对第 4 个子图绘图
12   plt.show()
```

运行结果如图 9.15 所示。

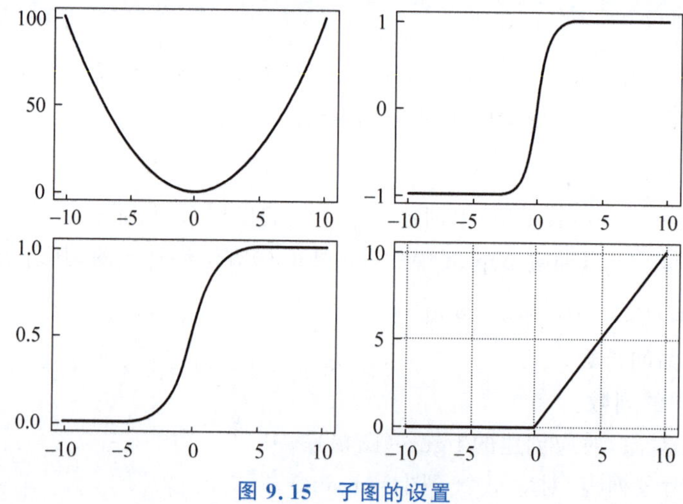


图 9.15　子图的设置

## 9.7.4 pyplot 的绘图函数

### 1. plot 函数

pyplot 中 plot 函数功能是根据数据绘制二维线，其语法格式为：

```
plot(x, y, color, linestyle, marker, markersize, alpha, label)
```

常用参数及对应的含义如下。

- x、y：输入的 x 轴与 y 轴数据，可以是列表或数组。
- color：线条颜色。
- linestyle：线条样式，可以是"-"(实线)、"--"(虚线)、"-."(点画线)、":"(虚线)。
- lw 或 linewidth：设置线条宽度，默认为 1.0。
- marker：标记样式，可以是"o"(圆形)、"*"(星形)、"+"(加号)、"x"(x 标记)、"s"(方形)。
- markersize：标记的大小，默认为 6。
- label：为这条线添加的标签，用于设置图例。

【实例 9.15】 plot 函数使用示例。

源代码如下：

```
1    import matplotlib.pyplot as plt
2    import numpy as np
3    pi = np.pi
4    x = np.linspace(0,2 * np.pi,50)
5    sinx = np.sin(x)
5    cosx = np.cos(x)
6    plt.plot(x, sinx, color = 'r',linestyle = ":" ,lw = 1,marker = " * ",label = "sinx")
7    # 设置线条颜色为红色,宽度为 2
8    plt.plot(x,cosx,color = 'b',linestyle = " - .",label = "cosx")
9    plt.xlim(0,2 * pi)
10   plt.xticks([i * pi/2 for i in range(0,5)])
11   plt.xticks()
12   plt.legend()
13   plt.grid()
14   plt.show()
```

运行结果如图 9.16 所示。

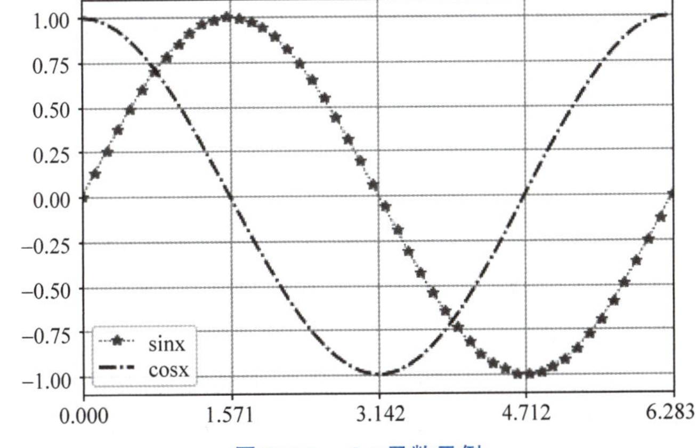


图 9.16 plot 函数示例

彩图 9.16

【实例 9.16】 绘制投掷实心球的运动轨迹示例。

实例 9.1 讲解了根据投掷的角度、速度和高度计算投掷距离。若在实例 9.1 的基础上绘制实心球的运动轨迹，其中横坐标为水平位移，纵坐标为高度，则需要计算高度与水平位移之间的函数关系。源代码如下：

```
1   import math
2   import matplotlib.pyplot as plt
3   import numpy as np
4   plt.rcParams['font.sans-serif'] = ['SimHei']  #设置中文字体，以支持中文显示
5   g = 9.8                                       # 重力加速度
5   def calculate_dist(angle, v, height):
6       # 将角度转换为弧度
7       theta = math.radians(angle)
8       # 计算水平速度和垂直速度分量
9       vx = v* math.cos(theta)
10      vy = v* math.sin(theta)
11      # 计算实心球从出手高度到最高点的时间 t1
12      t1 = vy/g
13      #计算实心球从最高点落至地面的时间 t2
14      t2 = math.pow(2*g*height + vy**2,0.5)/g
15      # 计算最终的抛出距离
16      s = vx*(t1 + t2)
17      t = t1 + t2
18      return s,t,vx,vy
19  stu = [(45,10,1.8),(60,10,1.8),(30,10,1.8),(45,12,1.8),(45,15,1.8),(45,15,1.6)]
20  #6 个同学的投掷
21  num_stu = len(stu)
22  markers = ["+","o","s","^","*",">"]
23  for i in range(num_stu):
24      angle, v, h = stu[i]
25      s,t,vx,vy = calculate_dist(angle, v, h)
26      #生成一个从 0 到投掷距离 s 的队列，步长为 0.1
27      s = np.arange(0, s, 0.1)
28      #构建水平位移与高度的函数
29      y = h + vy*s/vx - g*s**2/(2*vx**2)
30      #设置图例名称
31      label_1 = "角度: " + str(angle) + "速度:" + str(v) + "高度: " + str(h)
32      plt.plot(s,y,linewidth = 0.5,label = label_1,marker = markers[i],markevery = 20)
33  plt.legend()
34  ax = plt.gca()
35  ax.spines['top'].set_visible(False)
36  ax.spines['right'].set_visible(False)
37  ax.set_aspect('equal')                        # 设置轴比例相等
38  plt.xlabel('水平位移 (m)')
39  plt.ylabel('高度 (m)')
40  plt.title('实心球运动轨迹')
41  plt.show()
```

计算距离函数 calculate_dist 与实例 9.1 中的基本相同，只是返回值不同，这里的返回值不仅包括投掷距离 s，还包括 t、vx、vy，如第 18 行代码所示。

第 19 行代码定义了一个列表 stu，其中包含 6 个元组，对应 6 个同学的投掷情况，元组中包含投掷角度、速度和高度。

第 21～31 行代码绘制 6 个同学投掷实心球的运动轨迹，其中第 28 行代码给出了高度和水平位移之间的关系。程序运行结果如图 9.11 所示。从运行结果可以看出，当速度均为

10、高度均为 1.8 时，角度为 45 时，投掷距离最大；当角度均为 45、高度均为 10 时，速度越大，投掷距离也越大；当角度均为 45、速度均为 15 时，高度 1.6 和 1.8 之间的差距并不明显。运行结果如图 9.17 所示。

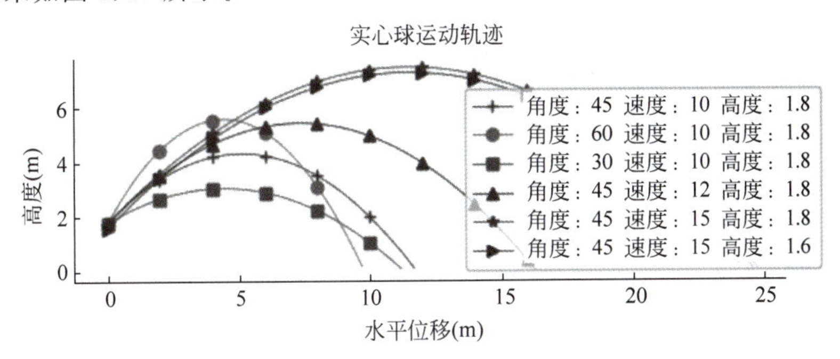


图 9.17 实心球运动轨迹

### 2. bar 函数

Pyplot 中的 bar 函数可用于绘制条形图，条形图也称长条图，亦称条图、条状图、棒形图、柱状图、条形图表，是一种以长方形的长度为变量的统计图表，适用于展示数量之间的差异。其语法格式为：

```
bar(x, height, width = 0.8,bottom = 0,align = "center", ** kwargs)
```

- x：数值类型或者类数组类型。
- height：柱子的高度，即 y 轴上的坐标。浮点数或类数组结构。
- width：条形图的宽度，默认值为 0.8。
- bottom：柱子的基准高度。浮点数或类数组结构。默认值为 0。
- align：柱子在轴上的对齐方式。字符串类型，取值范围为{'center', 'edge'}，默认为'center'。'center'表示位于柱子的中心位置；'edge'表示位于柱子的左侧。如果位于柱子右侧，需要同时设置负 width 及 align='edge'。

bar 函数可以绘制竖状的条形图，barh 函数可以绘制水平的条形图，其参数与 bar 函数基本一样。

【实例 9.17】 根据江苏省 2022 年 13 个城市的 GDP(如表 4.3 所示)绘制条形图。

源代码如下：

```
1   import matplotlib.pyplot as plt
2   plt.rcParams['font.sans-serif'] = ['SimHei']
3   jiangsu_gdp = {'南京市':16908,'徐州市': 8458, '连云港市': 4005,'淮安市': 4742,
4   '宿迁市':4112,'盐城市':7080,'扬州市':7105,'泰州市':6402,'南通市':11380,
5   '无锡市': 14851, '镇江市': 5017, '常州市':9550,'苏州市':23958}
6   city = list(jiangsu_gdp.keys())
7   gdp = list(jiangsu_gdp.values())
8   plt.figure(figsize = (10,10))
9   plt.subplot(2,1,1)
10  plt.bar(city,gdp,width = 0.5,alpha = 0.5)
11  plt.ylabel("GDP(单位: 亿元)",loc = "top")
12  plt.title("2022 年江苏省 13 市 GDP")
13  plt.subplot(2,1,2)
14  plt.barh(city,gdp,alpha = 0.5)
```

```
15    plt.ylabel("GDP(单位：亿元)",loc = "top")
16    plt.show()
```

运行结果如图 9.18 所示。

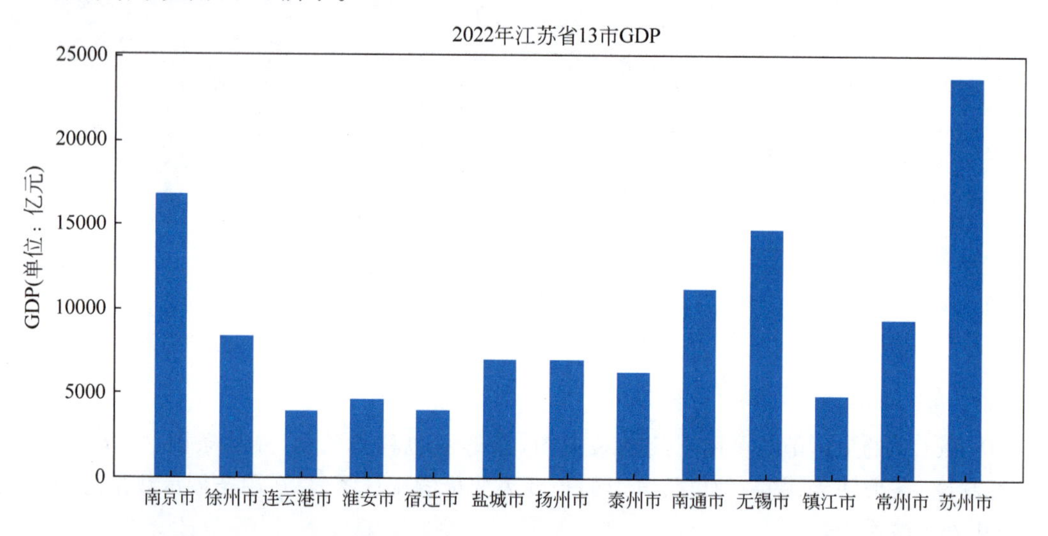


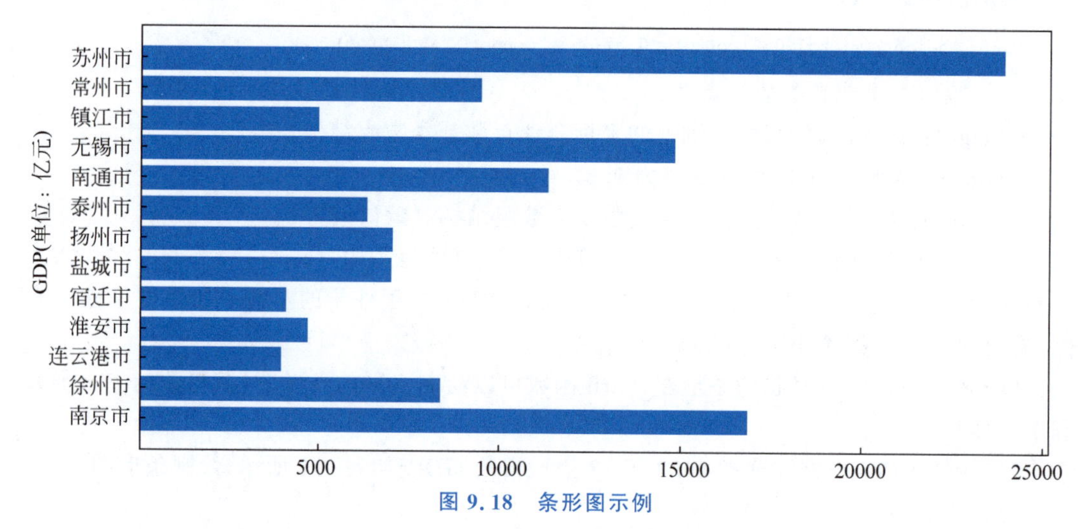


图 9.18　条形图示例

### 3. pie 函数

pyplot 模块的 pie 函数可用于绘制饼状图，饼状图通过扇形的面积呈现类别数据的占比，直观易懂。如果需要展示数据的组成构成及占比，例如，展示不同的收入来源比例、比较产品类别的销量占比、分析用户群体的构成，尤其是当数据种类较少时，饼状图是一个较好的选择。pie 函数的语法格式为：

```
pie(x, explode = None, labels = None, autopct = None, ...)
```

- x：需要可视化的数据列表。
- explode：每个饼块相对于饼圆半径的偏移距离，列表类型。
- labels：每个饼块的标签，字符串列表，默认值为 None。
- autopct：饼块内标签，格式化显示百分比。一般为字符串列表，默认值为 None。

【实例 9.18】 根据江苏省 2022 年 13 个城市的 GDP 绘制饼状图。

源代码如下：

```
1   import matplotlib.pyplot as plt
2   plt.rcParams['font.sans-serif'] = ['SimHei']
3   jiangsu_gdp = {'南京市':16908,'徐州市': 8458, '连云港市': 4005,'淮安市': 4742,
4   '宿迁市':4112,'盐城市':7080,'扬州市':7105,'泰州市':6402,'南通市':11380,
5   '无锡市': 14851, '镇江市': 5017, '常州市':9550,'苏州市':23958}
6   city = list(jiangsu_gdp.keys())
7   gdp = list(jiangsu_gdp.values())
8   plt.pie(gdp,labels = city,autopct = "%.1f")
9   plt.title("2022 年江苏省 13 市 GDP")
10  plt.show()
```

运行结果如图 9.19 所示。

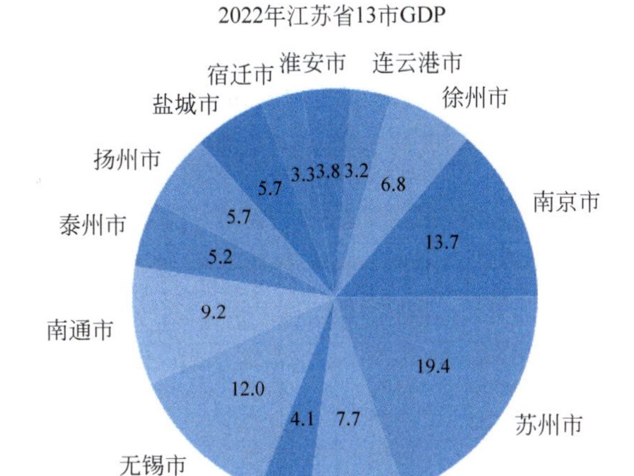


图 9.19 饼状图示例

#### 4. hist 函数

pyplot 中的 hist 可用于绘制直方图，直方图是用一系列宽度相等、高度不等的长方形表示数据的统计报告图，也可表示一个连续变量(定量变量)概率分布的估计。直方图一般用横轴表示数据类型，纵轴表示数据分布情况，长方形的宽度表示分布的组距或区间范围，长方形的高度表示落在该区间内的数据数量或频数。直方图作为一种利用矩形直方块可视化展示数据集的统计分布图表，能够形象、清晰地呈现数据的频数分布状态，是一种极为重要的统计分析可视化方法。hist 函数的语法格式为：

```
hist(x, bins, range, density)
```

- x：待绘制样本数据。
- bins：直方图的矩形个数。
- range：样本数据的范围。
- density：是否要规范化为密度。如果为 True，则表示频率密度。

【实例 9.19】 直方图示例。

源代码如下：

```
1    import matplotlib.pyplot as plt
2    import numpy as np
3    plt.rcParams['font.sans-serif'] = ['SimHei']
4    # μ 为均值,σ 为标准差
5    mu, sigma = 70, 15
5    # 圆括号内的参数依次为:均值、标准差、样本数量
6    scores = np.random.normal(mu, sigma, 500)
7    # 将分数限定在 0~100 范围内
8    scores = np.clip(scores, 0, 100)
9    # 绘制直方图,bin 数目设置为 10
10   plt.hist(scores, bins = 10,color = "white",hatch = "/",edgecolor = "black")
11   # 添加轴标签、标题
12   plt.xlabel('成绩')
13   plt.ylabel('学生人数')
14   plt.title('成绩分布')
15   # 添加 x 轴刻度
16   plt.xticks(np.arange(0,105,10))
17   plt.show()
```

该程序的功能是生成500个0～100之间的均值为70、标准差为15的数，作为500个学生的分数，再根据这些分数绘制直方图，并将直方图的块数设为10。运行结果如图9.20所示。

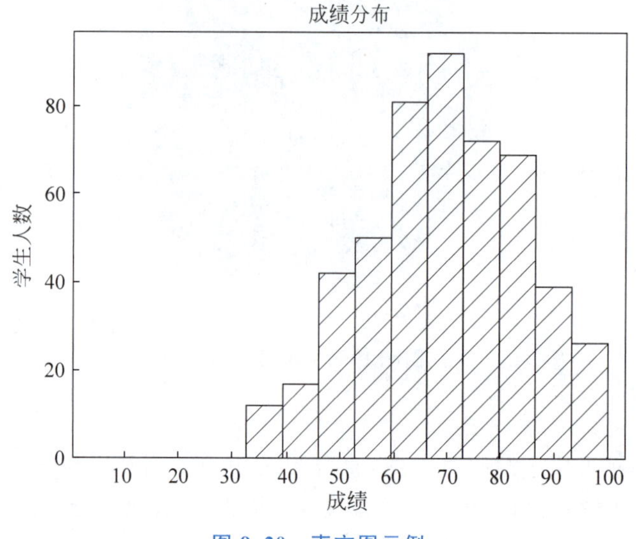


图 9.20　直方图示例

### 5. scatter 函数

pyplot中的scatter函数可用于绘制散点图，散点图也称X-Y图，它将所有数据以点的形式展现在直角坐标系中，以显示变量之间的相互影响程度，点的位置由变量的数值决定。通过观察散点图上数据点的分布情况，可推断变量间的相关性。scatter函数语法格式为：

```
scatter(x, y, s = size, c = color, marker = marker, ** kwargs)
```

- x，y：两个一维数组，代表数据点的位置。
- s：控制点的大小。
- c：设置点的颜色。
- marker：设置点的样式，如'o'为圆形、'x'为叉号等。

- kwargs 更多参数如下。
  - alpha：透明度。
  - edgecolor：边框颜色。
  - linewidth：边框宽度。

**【实例 9.20】** 散点图示例。

源代码如下：

```
1     import matplotlib.pyplot as plt
2     import random
3     # 随机生成 10000 个点的 x、y 坐标
4     all_x = [random.uniform(-1,1) for i in range(1000)]
5     all_y = [random.uniform(-1,1) for i in range(1000)]
5     in_x = []                                           # 圆内点的 x 坐标
6     in_y = []                                           # 圆内点的 y 坐标
7     out_x = []                                          # 圆外点的 x 坐标
8     out_y = []                                          # 圆外点的 y 坐标
9     for x,y in zip(all_x, all_y):
10        if x**2 + y**2 <= 1:                            # 在圆内
11            in_x.append(x)
12            in_y.append(y)
13        else:                                           # 在圆外
14            out_x.append(x)
15            out_y.append(y)
16    # 绘制散点图
17    plt.scatter(out_x, out_y, color='green', alpha=0.3) # 圆外的点绘制为绿色
18    plt.scatter(in_x, in_y, color='red')                # 圆内的点绘制为红色
19    plt.show()
```

该程序的功能是随机生成 10000 个[−1,1]内的 x 和 y，x 作为横坐标的值，y 作为纵坐标的值，这样就得到 10000 个点(x,y)，然后将这些点绘制为散点图，绘制时将处于以(0,0)为圆心，以 1 为半径的圆内的点绘制为红色，圆外的点绘制为绿色。运行结果如图 9.21 所示。

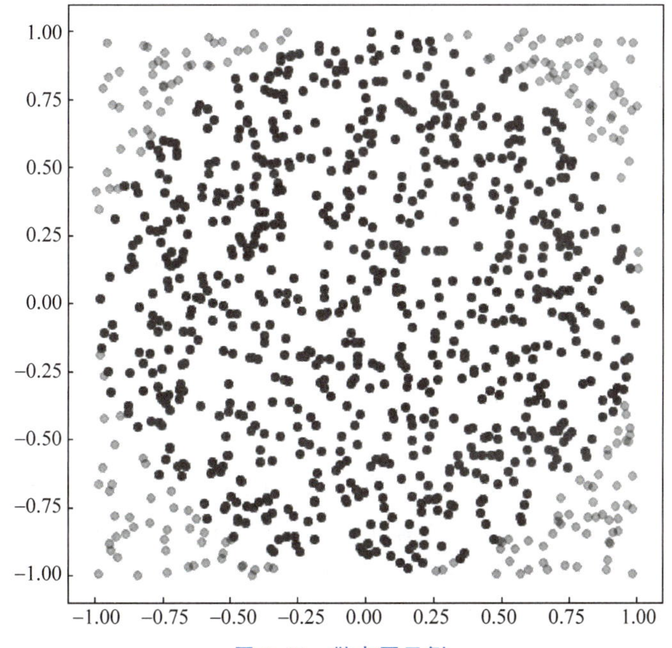

彩图 9.21

图 9.21 散点图示例

## 9.8 本章小结

本章主要介绍了 math、random、datetime、NumPy、pandas、matplotlib 这 6 个常用库，包括第三方库的下载、安装和使用，以及每种库常用函数和方法的使用介绍。

(1) math 库是 Python 内置的数学库，提供了大量的数学函数，包括三角函数、指数函数、对数函数、幂函数、三角反函数、高等特殊函数等。

(2) random 是 Python 中用于生成随机数的函数库。使用 random 库可方便地生成各种类型的随机数，包括整数、浮点数、布尔值等。

(3) datetime 库提供了许多函数和方法，可以轻松地执行日期和时间的计算和转换。

(4) NumPy 库是 Python 中进行科学计算的第三方库，主要介绍数据对象 ndarry、数组的运算和常用操作及 NumPy 库的通用函数。

(5) pandas 库是一个开放源码、BSD 许可的库，提供高性能、易于使用的数据结构和数据分析工具。主要介绍进行数据处理和分析时的各种常用操作。

(6) matplotlib 库是 Python 中进行图标可视化的第三方库，主要包括基本使用过程、数据可视化操作及 pyplot 的各种常用绘图函数。

## 9.9 巩固训练

【训练 9.1】 编写一个三角函数计算器，运行结果如图 9.22 所示。

```
欢迎使用三角函数计算器!

请选择一个操作:
1. 计算正弦值
2. 计算余弦值
3. 计算正切值
4. 退出
请输入选项 (1/2/3/4): 45
无效选项，请重新输入。

请选择一个操作:
1. 计算正弦值
2. 计算余弦值
3. 计算正切值
4. 退出
请输入选项 (1/2/3/4):
无效选项，请重新输入。
```

图 9.22 三角函数计算器运行结果示意图

【训练 9.2】 获取当前系统日期的年份、月份和日，并判断今天是本周的第几天。

【训练 9.3】 假设若干考生要参加某高校计算机学院 2023 年全国硕士统一招生考试研究生面试，考试名单存储在文本文件“stu. txt”(见实例 9.2)中。请编程随机确定考生面试顺序。

【训练 9.4】 假设有一个文件 records. csv，保存的是某在线做题系统的做题记录，表头包括记录序列号 order_ID、学生学号 s_ID、习题编号 p_ID、是否正确 correct。如果题目做对，则 correct 为 1，否则为 0。请编程统计正确率前 10 的习题编号和做题数目量前 10 的学生。

【训练 9.5】 假设有两个文件 data1. csv 和 data2. csv。

data1. csv 中的内容如下所示：

学号,姓名,数学成绩,语文成绩
001,张三,56,78
002,李四,85,92
……

data2.csv 中的内容如下所示：

学号,班级,性别
001,1 班,男
002,1 班,女
……

请根据提示完成下列程序填空。

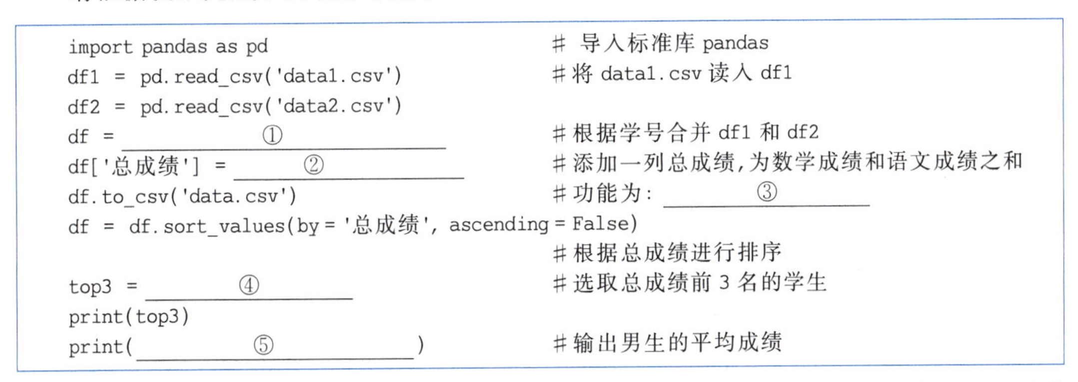

```
import pandas as pd                          # 导入标准库 pandas
df1 = pd.read_csv('data1.csv')               # 将 data1.csv 读入 df1
df2 = pd.read_csv('data2.csv')
df = ______①______                           # 根据学号合并 df1 和 df2
df['总成绩'] = ______②______                 # 添加一列总成绩,为数学成绩和语文成绩之和
df.to_csv('data.csv')                        # 功能为: ______③______
df = df.sort_values(by = '总成绩', ascending = False)
                                             # 根据总成绩进行排序
top3 = ______④______                         # 选取总成绩前 3 名的学生
print(top3)
print(______⑤______)                         # 输出男生的平均成绩
```

【训练 9.6】 根据训练 9.5 得到的 data.csv,统计每门课程中的优秀(85 分以上)、及格(60～84)和不及格(60 分以下)人数占比并绘制饼状图。

【训练 9.7】 绘制如图 9.23 所示的正弦值和余弦值图像。

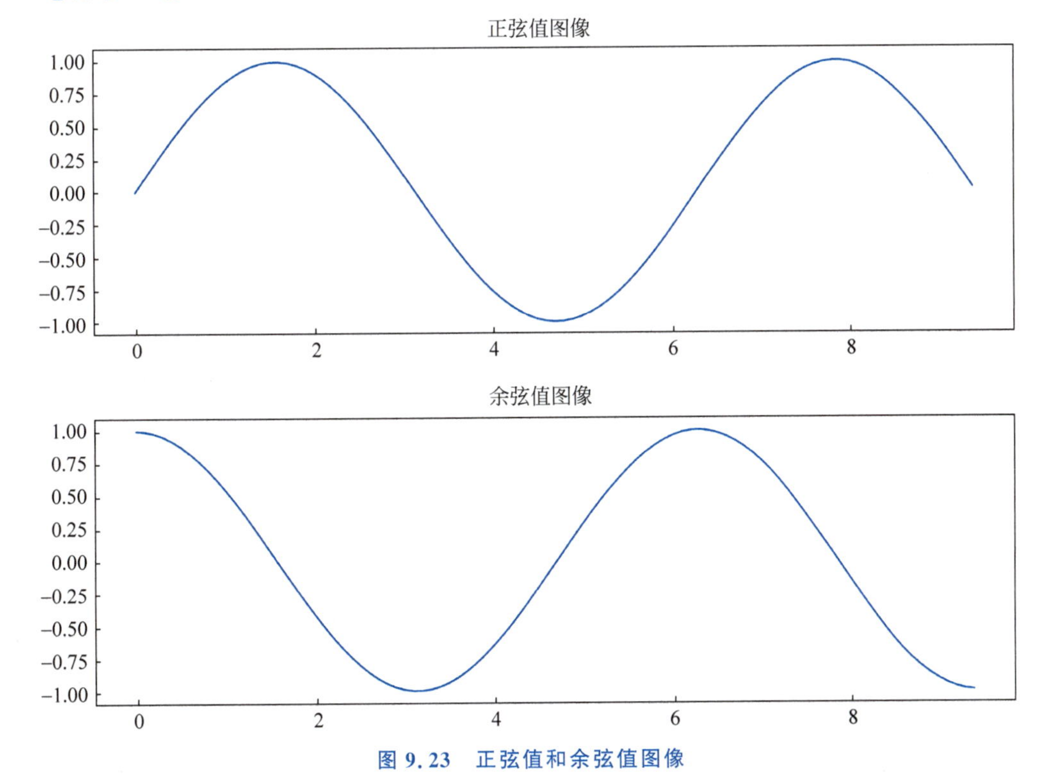


图 9.23 正弦值和余弦值图像

# 第10章 Python综合应用实例

## 能力目标

【应知】 理解网络爬虫的基本流程；理解数据可视化的图表种类。

【应会】 掌握爬取数据、解析数据的方法；掌握保存爬取数据的方法；掌握数据可视化的方法。

【难点】 网络爬虫和个性化定制数据可视化图表在实际项目中的应用。

## 知识导图

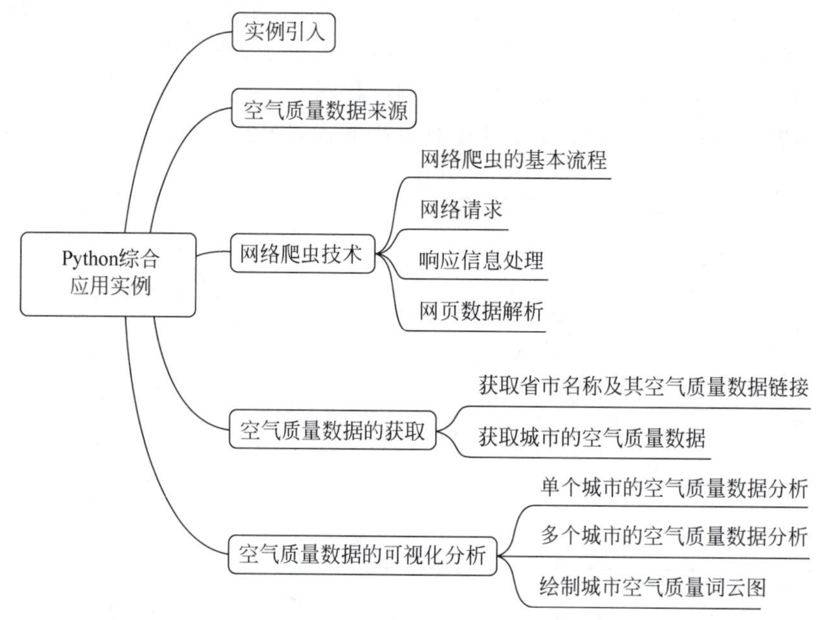


随着网络的迅速发展，万维网成为大量信息的载体，如何有效提取并利用这些信息面临巨大的挑战。为定向抓取相关网页的资源，网络爬虫应运而生。网络爬虫(又称网页蜘蛛或网络机器人)是一种按照一定规则，自动抓取万维网信息的程序或脚本。可使用Python编写爬虫程序，轻松获取所需信息；再对爬取到的信息进行分析处理，并对处理结果进行可视化展示。

## 10.1 实例引入

随着人类社会的不断发展,人类活动造成的大气污染越来越严重,给人类健康、生态环境和社会经济都带来了严重危害,因此采取措施减少污染物排放、改善空气质量,是一项重要的环境保护任务。

党的十八大以来,以习近平同志为核心的党中央把生态文明建设摆在全局工作的突出位置,把坚决打赢蓝天保卫战作为重中之重,以空气质量明显改善为刚性要求,集中力量攻克群众身边的突出生态环境问题。2013 年,中国发布《大气污染防治行动计划》,这是中共中央坚决向污染宣战的重大战略部署,也是中国针对突出环境问题开展综合治理的首个行动计划。为加快改善环境空气质量,打赢蓝天保卫战,2018 年,中国发布实施《打赢蓝天保卫战三年行动计划》,对巩固空气质量改善成果进行全面部署,打赢蓝天保卫战,事关满足人民日益增长的美好生活需要,事关全面建成小康社会,事关经济高质量发展和美丽中国建设。一系列顶层设计、制度安排为打赢蓝天保卫战保驾护航。2013—2022 年,是中国生态文明建设和生态环境保护认识最深、力度最大、举措最实、推进最快、成效最显著的十年。十年蓝天保卫战,全国重点城市 PM2.5 平均浓度下降了 57%,重污染天数下降了 92%,燃煤锅炉由 52 万台下降到不足 10 万台,中国也成为全球大气质量改善速度最快的国家。一点一点驱散雾霾、夺回蓝天,背后是生态文明制度体系的不断完善、环境治理能力的日益提升、广大群众积极支持,彰显着我国独特的制度优势。

十年来的非凡成就,体现在可感可知的变化之中。在北京,过去要在郊区才能拍摄的"星轨",如今在市区就能拍到;北京奥林匹克公园,碧水蓝天相映成画。河南安阳昔日"职工不敢穿白衬衣"的钢铁厂,变为了国家 3A 级旅游景区。福建永安贡川风电场,夜空繁星闪烁。四川成都,城市与雪山遥遥相望。老百姓的生态获得感持续提升,幸福生活的生态底色不断擦亮。从建成世界最大的清洁煤电体系,到不断扩大可再生能源装机规模,从力推钢铁全流程超低排放改造,到淘汰老旧及高排放机动车,为了打赢蓝天保卫战,我国持续提升能源结构、产业结构,交通运输体系低碳化、绿色化水平,推动经济社会发展绿色转型步伐不断加快。

生态环境保护是一项长期任务,不可能毕其功于一役。在全国生态环境保护大会上,习近平总书记强调:"要持续深入打好污染防治攻坚战,坚持精准治污、科学治污、依法治污,保持力度、延伸深度、拓展广度,深入推进蓝天、碧水、净土三大保卫战,持续改善生态环境质量。"坚定不移走生态优先、绿色发展道路,齐心协力巩固蓝天保卫战成果,我们一定能让蓝天常驻,空气常新。

目前,空气污染指数用于表示城市的短期空气质量状况和变化趋势,是根据空气环境质量标准和各种污染物的生态环境效应及其对人体健康的影响,确定污染指数的分级数值及相应的污染物浓度限值。分析研究空气质量数据不仅有助于保护环境、促进健康,还对政策决策、科学研究、国际合作等方面具有深远影响。本章通过 Python 的爬虫技术和数据可视化技术,对空气质量数据进行多角度、多形式的数据可视化分析。

本章实例基于 Windows 7 操作系统和 Python 3.10 实现。

## 10.2 空气质量数据来源

国内的空气质量数据,最权威的来源是中华人民共和国生态环境部下属的国家环境监测总站,包括各地的监测分站,国家环境监测总站及各地监测分站每小时实时发布各监测点数据,可通过这些网站获取各城市监测点的实时数据,但无法获取以往的数据。但有一些公司或机构已经整理了主要县市的空气质量数据,同时也提供实时数据,本章从天气后报网站爬取所需数据。

天气后报网站提供了27个省的主要县市和4个直辖市的空气质量指数,包含每小时实时更新的数据和2013年10月至2023年5月每天的数据,可从该网站上获取如表10.1所示的城市空气质量数据。

表10.1 获取数据的省份及所辖城市

| 省份名称 | 城市名称 |
| --- | --- |
| 直辖市 | 北京 天津 上海 重庆 |
| 河北 | 石家庄 唐山 秦皇岛 保定 张家口 邯郸 邢台 承德 沧州 廊坊 衡水 |
| 山西 | 太原 大同 阳泉 长治 临汾 晋城 朔州 运城 忻州 吕梁 晋中 |
| 内蒙古 | 呼和浩特 包头 鄂尔多斯 乌海 赤峰 通辽 巴彦淖尔 兴安盟 阿拉善盟 呼伦贝尔 二连浩特 锡林郭勒 |
| 辽宁 | 沈阳 大连 丹东 营口 盘锦 葫芦岛 鞍山 锦州 本溪 瓦房店 抚顺 辽阳 阜新 朝阳 铁岭 |
| 吉林 | 长春 吉林 四平 辽源 白山 松原 白城 延边 通化 |
| 黑龙江 | 哈尔滨 齐齐哈尔 鸡西 鹤岗 双鸭山 大庆 佳木斯 七台河 牡丹江 黑河 绥化 大兴安岭 伊春 甘南 |
| 江苏 | 南京 无锡 徐州 常州 苏州 南通 连云港 淮安 盐城 扬州 镇江 泰州 宿迁 昆山 海门 太仓 江阴 溧阳 金坛 宜兴 句容 常熟 吴江 张家港 |
| 浙江 | 杭州 宁波 温州 嘉兴 湖州 金华 衢州 舟山 台州 丽水 绍兴 义乌 富阳 临安 |
| 安徽 | 合肥 芜湖 蚌埠 淮南 马鞍山 淮北 铜陵 安庆 黄山 滁州 阜阳 宿州 巢湖 六安 亳州 池州 宣城 |
| 福建 | 福州 厦门 泉州 莆田 三明 漳州 南平 龙岩 宁德 |
| 江西 | 南昌 景德镇 萍乡 新余 鹰潭 赣州 宜春 抚州 九江 上饶 吉安 |
| 山东 | 济南 青岛 淄博 枣庄 东营 烟台 潍坊 济宁 泰安 威海 日照 莱芜 临沂 德州 聊城 滨州 菏泽 乳山 荣成 文登 章丘 平度 莱州 招远 莱西 胶州 蓬莱 胶南 寿光 即墨 |
| 河南 | 郑州 洛阳 平顶山 鹤壁 焦作 漯河 三门峡 南阳 商丘 信阳 周口 驻马店 安阳 开封 濮阳 许昌 新乡 |
| 湖北 | 武汉 十堰 宜昌 鄂州 荆门 孝感 黄冈 咸宁 黄石 恩施 襄阳 随州 荆州 |
| 湖南 | 长沙 株洲 湘潭 常德 张家界 益阳 郴州 永州 怀化 娄底 邵阳 岳阳 湘西 衡阳 |
| 广东 | 广州 韶关 深圳 珠海 汕头 佛山 江门 肇庆 惠州 河源 清远 东莞 中山 湛江 茂名 梅州 汕尾 阳江 潮州 揭阳 云浮 |
| 广西 | 南宁 柳州 北海 桂林 梧州 防城港 钦州 贵港 玉林 百色 贺州 河池 来宾 崇左 |
| 海南 | 海口 三亚 |
| 四川 | 成都 自贡 攀枝花 泸州 德阳 绵阳 广元 遂宁 乐山 南充 眉山 达州 雅安 巴中 资阳 甘孜 内江 宜宾 广安 阿坝 凉山 |
| 贵州 | 贵阳 六盘水 遵义 安顺 毕节 铜仁 黔西南 黔南 黔东南 |

续表

| 省份名称 | 城市名称 |
|---|---|
| 云南 | 昆明 玉溪 保山 昭通 丽江 临沧 西双版纳 德宏 怒江 大理 曲靖 楚雄 红河 思茅 文山 普洱 迪庆 |
| 西藏 | 拉萨 林芝 山南 昌都 日喀则 阿里 那曲 |
| 陕西 | 西安 铜川 宝鸡 咸阳 渭南 延安 汉中 榆林 安康 商洛 |
| 甘肃 | 兰州 嘉峪关 天水 武威 张掖 平凉 酒泉 庆阳 定西 甘南 临夏 白银 金昌 陇南 |
| 青海 | 西宁 海东 果洛 海北 海南 海西 玉树 黄南 |
| 宁夏 | 银川 石嘴山 吴忠 固原 中卫 |
| 新疆 | 乌鲁木齐 伊犁哈萨克州 克拉玛依 哈密 石河子 和田 五家渠 阿克苏 阿勒泰 喀什 库尔勒 吐鲁番 塔城 博州 昌吉 克州 |

空气质量指数(air quality index,AQI)是定量描述空气质量状况的无量纲指数,根据2012年新版空气质量标准——《环境空气质量标准》(GB3095—2012),通常以二氧化硫($SO_2$)、二氧化氮($NO_2$)、细颗粒物(PM2.5,指环境空气中空气动力学当量直径小于或等于2.5μm的颗粒物)、一氧化碳(CO)、颗粒物(PM10,指环境空气中空气动力学当量直径小于或等于10μm的颗粒物,也称可吸入颗粒物)、臭氧($O_3$)作为核算因子。AQI数值越大、级别和类别越高、表征颜色越深,说明空气污染状况越严重,对人体的健康危害也越大。AQI值对应级别及表示颜色如表10.2所示。

表10.2 AQI值对应级别及表示颜色

| AQI值 | 级别 | 类别 | 表征颜色 |
|---|---|---|---|
| 0～50 | 一级 | 优 | 绿色 |
| 51～100 | 二级 | 良 | 黄色 |
| 101～150 | 三级 | 轻度污染 | 橙色 |
| 151～200 | 四级 | 中度污染 | 红色 |
| 201～300 | 五级 | 重度污染 | 紫色 |
| 大于300 | 六级 | 严重污染 | 红褐色 |

为从不同的角度分析城市空气质量,需要爬取城市的AQI指数、质量等级、PM10、PM2.5、CO、$NO_2$、$SO_2$、$O_3$等数据。

# 10.3 网络爬虫技术

## 10.3.1 网络爬虫的基本流程

### 1. 发起请求

通过HTTP库向目标站点发起请求,即发送一个Request,请求可以包含额外的header、data等信息,然后等待服务器响应。

### 2. 获取响应内容

如果服务器能正常响应,会得到一个Response,Response的内容便是所要获取的页面内容,类型可能为HTML、Json字符串、二进制数据(图片或者视频)等。

### 3. 解析内容

如果得到的内容为HTML类型，可以用正则表达式RE、网页解析库BeautifulSoup进行解析；如果为Json字符串类型，可以直接转换为Json对象进行解析；如果为二进制数据，可以先保存，再做进一步处理。

### 4. 保存数据

数据的保存形式多样。可将数据保存为文本，也可将数据保存到数据库，或将数据保存为特定的jpg、mp4等格式的文件。

## 10.3.2 网络请求

用于HTTP请求和URL处理的Python库主要有urllib、urllib3和requests，每个库都有自己的特点和抽象级别。requests库是目前Python中最受欢迎和广泛应用的HTTP请求库之一，它在简化和提高效率方面功能强大，因此，本章使用requests库。

### 1. urllib库

urllib是Python标准库，无须安装便可直接在程序中使用，提供了基本的URL处理功能和低级别的HTTP请求控制，它包含4个子模块。

（1）urllib.request子模块：用于发送网络请求并获取网页内容。

（2）urllib.parse子模块：用于解析和构建URL。

（3）urllib.error子模块：用于处理发送网络请求时出现的异常。

（4）urllib.robotparser子模块：用于解析robots.txt文件。

urllib是一个级别较低的库，需要手动处理HTTP请求和响应。

### 2. urllib3库

urllib3是Python的第三方库，需要通过pip install urllib3安装后才能使用。它是一个功能强大的Python HTTP客户端库，包括线程安全、连接池、客户端TLS/SSL验证、请求重试、代理支持、压缩编码等功能，并且支持HTTPS。

### 3. requests库

requests是Python实现HTTP网络请求的一种常见方式，提供了更简洁、易用的API，使HTTP请求变得更简单。

1）requests库的安装

requests是第三方库，需要安装才能使用，具体安装步骤如下。

（1）选择“开始”→“所有程序”→“附件”→“命令提示符”命令，右击“命令提示符”，在弹出菜单中选择“以管理员身份运行”，打开命令提示符窗口，如图10.1所示。

（2）在命令提示符窗口中，输入pip install requests命令，安装requests库，如图10.2所示。

（3）测试requests库是否安装成功。在Python命令行方式下，依次输入如下3个语句：

```
>>> import requests
>>> r = requests.get("http://www.baidu.com")
>>> r = print(r.status_code)
```

如果输出200，则表示连接成功，如图10.3所示。

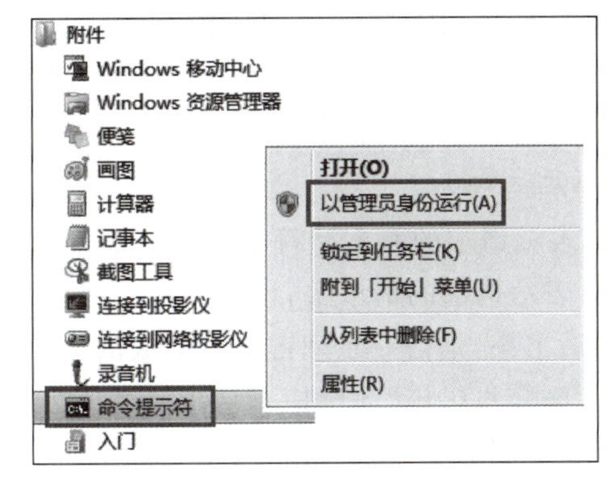


图 10.1 以管理员身份打开命令提示符窗口

```
管理员: 命令提示符
Microsoft Windows [版本 6.1.7601]
版权所有 (c) 2009 Microsoft Corporation。保留所有权利。

C:\Windows\system32>pip install requests
```

图 10.2 安装 requests 库

```
管理员: 命令提示符 - python
please see https://conda.io/activation

Type "help", "copyright", "credits" or "license" for more inf
>>> import requests
>>> r=requests.get("http://www.baidu.com")
>>> print(r.status_code)
200
>>>
```

图 10.3 测试 requests 库是否安装成功

2）requests 库的主要函数

使用 requests 库，可以发送 GET、HEAD、POST、PUT、PATCH、DELETE 等各种类型的 HTTP 请求，requests 库提供了与之对应的函数，如表 10.3 所示。

表 10.3 requests 库的主要函数

| 函　　数 | 说　　明 |
|---|---|
| requests. request() | 发送自定义 HTTP 方法的请求并返回响应对象 |
| requests. get() | 获取指定 url 的 HTML 网页，对应于 HTTP 的 GET |
| requests. head() | 获取 HTML 网页头信息，对应于 HTTP 的 HEAD |
| requests. post() | 向 HTML 网页提交 POST 请求，对应于 HTTP 的 POST |
| requests. put() | 向 HTML 网页提交 PUT 请求，对应于 HTTP 的 PUT |
| requests. patch() | 向 HTML 网页提交局部修改请求，对应于 HTTP 的 PATCH |
| requests. delete() | 向 HTML 页面提交删除请求，对应于 HTTP 的 DELETE |

（1）发送 GET 请求。

通过调用 requests 库中的 get 函数发送 GET 请求，get 函数的语法格式为：

```
get(url, params = None, headers = None, cookies = None, verify = True, proxies = None, timeout =
None, ** kwargs)
```

① url：必选参数，表示要发送 GET 请求的 URL。

例如：

```
url = http://www.tianqihoubao.com/aqi/
response = requests.get(url = url)
```

② params：可选参数，表示请求的查询字符串。

③ headers：可选参数，表示请求的请求头，该参数只支持字典类型的值。

headers 参数用于定制请求头，是由一系列键值对组成的字典。有的网页为防止网络爬虫恶意抓取网页信息采取了防爬虫措施，通过检查请求头判断发送请求的客户端是不是浏览器。为解决这个问题，需要定制请求头，在请求头中添加请求头字段，常见的头部字段包括以下字段。

User-Agent：通过设置该字段模拟不同的用户代理，使请求看起来来自不同的浏览器或设备。

Accept：用于指定希望服务器返回的数据类型，如 application/json 或 text/html。

例如：

```
headers = { 'User-Agent': 'Mozilla/5.0 (Windows NT 10.0; Win64; x64) AppleWebKit/537.36
            (KHTML, like Gecko) Chrome/86.0.4240.183 Safari/537.36',
            'Accept': 'application/json, text/html, application/xml '
          }
response = requests.get('http://www.tianqihoubao.com/aqi/', headers = headers)
```

④ cookies：可选参数，表示请求的 cookie 信息，该参数支持字典或 cookieJar 类对象。

cookies 是网站为识别用户身份、跟踪用户会话，由服务器发送到客户端的一段加密的文本数据，并以文本文件的形式存储在用户本地硬盘上。当用户再次访问同一网站时，浏览器会将 cookies 发送回服务器，以便服务器识别和跟踪用户会话。设置 cookies 的方式有两种：一种是在 headers 请求头中添加“cookies”字段；另一种是将 cookies 信息传递给 cookies 参数。

例如：

```
cookies = { 'session_id': 'abc',
            'user_id': '123'
          }
response = requests.get('https://example.com', cookies = cookies)
```

⑤ verify：可选参数，表示是否启用 SSL 证书，默认值为 True。

SSL 证书是遵守 SSL 协议的一种数字证书，类似于驾驶证、护照和营业执照的电子副本，由受信任的数字证书颁发机构 CA 在服务器身份验证通过后颁发，具有服务器身份验证和数据传输加密功能。因为配置在服务器上，也称 SSL 服务器证书。

当 verify 参数的值为 True 时，网站会进行 SSL 证书的验证，如果网站没有购买或获取 SSL 证书，或 SSL 证书失效，则会抛出 SSLError 异常，此时需要将 verify 参数的值改为 False，才能正常访问网站。

⑥ proxies：可选参数，用于设置代理服务器，该参数只支持字典类型的值。

proxies 参数用于设置代理服务器，以便通过代理服务器发送请求，是网络爬虫应对防爬虫的一种策略。代理服务器介于客户端与服务器之间，将客户端的请求转发给 Web 服务器，并将收到的响应信息返回给客户端，从而隐藏客户端真实的 IP 地址，绕过访问限制，避免网络爬虫频繁访问网站而被封 IP。

使用代理服务器先要获取代理 IP，可从专门提供免费代理 IP 列表的网站上获取，也可从代理服务提供商处购买付费的代理 IP；再定义一个字典，包含以下键值对。

'http'：用于 HTTP 请求的代理服务器地址。

'https'：用于 HTTPS 请求的代理服务器地址。

例如：

```
proxies = { 'http': 'http://10.10.0.1:8080',
            'https': 'https://10.10.0.1:8080',
          }
response = requests.get('https://example.com', proxies= proxies)
```

⑦ timeout：可选参数，表示请求网页时设定的超时时长，以秒为单位。

⑧ ** kwargs：可选参数，用于将查询参数附加到 URL 中，该参数只支持字典或字节序列。

(2) 发送 POST 请求。

通过调用 requests 库中的 post 函数发送 POST 请求，post 函数的语法格式为：

```
post(url, data = None, headers = None, cookies = None, verify = True, proxies = None, timeout =
None, json = None, ** kwargs)
```

post 函数与 get 函数的参数大致相同，下面仅介绍两个不同的参数。

① data：可选参数，用于向服务器发送 POST 请求的表单数据。该参数支持字典、字节序列或文件对象。

例如：

```
data = {'username': 'admin', 'password': 'pwd'}
response = requests.post(url, data = data)
```

② json：可选参数，用于将 JSON 数据作为请求体发送给服务器。

## 10.3.3 响应信息处理

### 1. 响应状态码

向服务器发送请求后，服务器会返回一个响应状态码，用于表示浏览器请求 Web 资源的结果。常见的响应状态码及其含义如表 10.4 所示。

表 10.4 常见的响应状态码及其含义

| 响应状态码 | 含 义 |
|---|---|
| 200 | 表示请求成功，服务器成功处理了请求并返回相应的数据 |
| 201 | 表示请求成功，且服务器已创建新的资源 |
| 204 | 表示请求成功，但服务器没有返回任何内容 |
| 301 | 表示请求的资源已永久移动到新位置，即永久重定向 |
| 302 | 表示请求的资源临时转移至新地址 |
| 304 | 表示请求资源成功，但资源不是来自服务器，而是从客户端缓存中获取 |
| 307 | 表示请求的资源临时从其他位置响应 |

续表

| 响应状态码 | 含　义 |
|---|---|
| 400 | 表示请求错误，服务器无法理解并解析该请求 |
| 401 | 表示请求要求身份验证，客户端没有提供有效的身份凭证 |
| 403 | 表示服务器拒绝访问请求的资源，权限不够 |
| 404 | 表示服务器无法找到被请求的资源 |
| 500 | 表示服务器遇到错误，无法完成请求 |
| 502 | 表示服务器作为网关或代理，从上游服务器接收到无效的响应 |
| 503 | 表示服务器暂时处于超负荷或正在进行维护，无法处理请求 |

### 2. 响应对象的常用属性

使用 requests 库发送 HTTP 请求后，当请求成功且服务器正确处理请求时，会返回一个响应对象。可通过响应对象提供的属性访问和获取服务器发送给浏览器的响应信息，响应信息通常包括响应状态码、响应头和响应正文。响应对象常用的属性如表 10.5 所示。

表 10.5　响应对象常用的属性

| 属　　性 | 说　　明 |
|---|---|
| status_code | 获取服务器返回的响应状态码 |
| headers | 获取以字典形式返回的响应头信息 |
| text | 获取以字符串形式返回的响应内容 |
| content | 获取以二进制形式返回的响应内容 |
| url | 获取响应的最终 URL，用于处理重定向 |
| cookies | 获取服务器返回的 cookie，以 RequestsCookieJar 对象形式返回 |
| request | 获取请求方式 |
| encoding | 获取响应内容的编码，与 text 属性搭配使用 |

### 3. 获取网页源代码

通过响应对象的 text 属性可以获取网页源代码。

例如，为了获取天气后报网站的网页源代码，先使用 requests 库发送 GET 请求，再通过响应对象 response 的 text 属性即可获取网页源代码，源代码如下：

```
1    import requests
2    url = 'http://www.tianqihoubao.com/aqi/'
3    # 根据 URL 构造请求，发送 GET 请求，接收服务器返回的响应信息
4    response = requests.get(url = url)
5    # 查看响应内容
6    print(response.text)
```

部分运行结果如下：

```
<html xmlns = "http://www.w3.org/1999/xhtml">
<head id = "Head1" runat = "server">
    <title>È«¹ú¿ÕÆøÖÊÁ¿Ö¸ÊýÅÅÃû(AQI)_¿ÕÆøÎÛÈ¾Ö¸Êý²éÑ¯_pm2.5 2.5²éÑ¯ÊµÊ±Êý¾Ý¼à²â_ÌìÆø°ó±¨</title>
    <meta name = "keywords" content = "pm2.5²éÑ¯,¿ÕÆøÖÊÁ¿Ö¸Êý,AQIÖ¸Êý,ÀúÊ·Êý¾Ý²éÑ¯"/>
    <meta content = "ÌìÆø°ó±¨Íø¹á¹©È«¹ú¸÷´ó³ÇÊÐpm2.5Ö¸Êý²éÑ¯£¬¿ÕÆøÎÛÈ¾Ö¸Êý²éÑ¯£¬È«¹ú³ÇÊÐ¿ÕÆøÖÊÁ¿ÅÅÃû,ÊµÊ±ÁË½â±±¾©¿ÕÆøÖÊÁ¿¡¢ÉÏº£¿ÕÆøÖÊÁ¿¡¢¿ÕÆøÖÊÁ¿ÀúÊ·²éÑ¯µÈÌìÆøÔ¤±¨ÆøÏó°Í¿ÕÆøÖÊÁ¿Ö¸Êý£¨AQIÖµ£©, pm2.5ÀúÊ·Êý¾Ý²éÑ¯¡£" name = "description"/>
```

```
    <link href="../css/g.css" rel="stylesheet" type="text/css" media="all" />
    <link href="css/1.css" rel="stylesheet" type="text/css"/>
</head>
```

由运行结果可知，<title>标签中的中文内容出现了乱码，没有正常显示，这是编码造成的，需要通过响应对象 response 的 encoding 属性将编码设置为 GBK，修改后的源代码如下：

```
1    import requests
2    url = 'http://www.tianqihoubao.com/aqi/'
3    # 根据 URL 构造请求，发送 GET 请求，接收服务器返回的响应信息
4    response = requests.get(url=url)
5    # 设置响应内容的编码格式
6    response.encoding = 'GBK'
7    # 查看响应内容
8    print(response.text)
```

部分运行结果如下：

```
<html xmlns="http://www.w3.org/1999/xhtml">
<head id="Head1" runat="server">
    <title>全国空气质量指数排名(AQI)_空气污染指数查询_PM2.5 查询实时数据监测_天气后报
</title>
    <meta name="keywords" content="PM2.5 查询,空气质量指数,AQI 指数,历史数据查询"/>
    <meta content="天气后报网提供全国各大城市 PM2.5 指数查询,空气污染指数查询,全国城市
空气质量排名,实时了解北京空气质量、上海空气质量、空气质量历史查询等天气预报气象和空气质
量指数(AQI 值),PM2.5 历史数据查询。" name="description"/>
    <link href="../css/g.css" rel="stylesheet" type="text/css" media="all" />
    <link href="css/1.css" rel="stylesheet" type="text/css"/>
</head>
```

由运行结果可知，中文内容已正常显示。

### 10.3.4 网页数据解析

当使用 requests 库发送 HTTP 请求成功后，会得到一个响应对象 response，response 的响应数据可能是二进制数据、JSON 数据或文本数据。可根据响应数据的类型使用不同的方法进行解析和处理。

#### 1. 二进制数据处理

二进制数据是指非文本数据，如图片、音频、视频或文件，可使用 response.content 属性获取响应内容的字节序列形式，再将其保存为文件或进行其他处理。

例如，获取天气后报网站的 logo 图片，如图 10.4 所示，并将图片保存为“image.jpg”文件。

源代码如下：

```
1    import requests
2    url = 'http://www.tianqihoubao.com/images/logo.jpg'
3    response = requests.get(url=url)
4    # 使用 content 属性获取响应内容的字节序列
```

```
5    image_data = response.content
6    # 将二进制数据保存为文件
7    with open('image.jpg', 'wb') as f:
8        f.write(image_data)
```

图 10.4　天气后报网站的 logo

### 2. JSON 数据解析

JSON 格式的数据可通过 response.json()方法将响应内容解析为 Python 字典或列表。

例如，从 https://www.shanghairanking.cn/rankings/bcur/2023 网站上获取 2023 年中国大学排名信息，要求爬取“排名”、“学校名称”、“省市”、“类型”和“总分”等信息。由于需要获取的数据不包含在网页源代码中，向以上网址发送网络请求无法获取所需数据，只能先通过 API 接口获取 JSON 数据再进行解析。通过分析，https://www.shanghairanking.cn/api/pub/v1/bcur?bcur_type=11&year=2023 返回的数据中包含所需的信息。

源代码如下：

```
1    import requests
2    url = 'https://www.shanghairanking.cn/api/pub/v1/bcur?bcur_type = 11&year = 2023'
3    response = requests.get(url, verify = True)
4    # 使用 json()方法将响应内容解析为 Python 字典
5    data_json = response.json()
6    print(data_json)
```

部分运行结果如下：


```
{'code': 200, 'msg': 'success', 'data': {'rankings': [{'univUp': 'tsinghua-university', 'univLogo': 'logo/27532357.png', 'univNameCn': '清华大学', 'univNameEn': 'Tsinghua University', 'inbound': False, 'liked': False, 'univLikeCount': 1367, 'univTags': ['双一流', '985', '211'], 'univNameRemark': '', 'univCategory': '综合', 'province': '北京', 'score': 1004.1, 'ranking': '1', 'rankChange': None, 'rankOverall': '1', 'indData': {'411': '37.5', '412': '77.1', '413': '50.0', '414': '53.7', '415': '328.6', '416': '105.7', '417': '46.9', '418': '88.8', '419': '124.0', '420': '91.8'}}, {'univUp': 'peking-university', 'univLogo': 'logo/86350223.png', 'univNameCn': '北京大学', 'univNameEn': 'Peking University', 'inbound': False, 'liked': False, 'univLikeCount': 1133, 'univTags': ['双一流', '985', '211'], 'univNameRemark': '', 'univCategory': '综合', 'province': '北京', 'score': 910.5, 'ranking': '2', 'rankChange': None, 'rankOverall': '2', 'indData': {'411': '35.0', '412': '74.3', '413': '33.8', '414': '54.0', '415': '309.7', '416': '101.2', '417': '17.3', '418': '91.2', '419': '108.9', '420': '85.1'}}
```

从运行结果可以看出，每所学校的信息包含在键'rankings'的值中，'rankings'的值是一个列表，列表的元素是字典，每个字典元素是一所学校的信息，其中，键'rankOverall'的值是学校的排名，键'univNameCn'的值是学校名称，键'province'的值是学校所属的省市，键'univCategory'的值是学校的类型，键'score'的值是学校的总分。

需要将各所大学的"排名"、"学校名称"、"省市"、"类型"和"总分"等信息，从上面运行结果的字典中解析出来，源代码如下：

```
1   # 解析所需数据,结果放入 ulist 列表
2   r = data_json['data']  # 从字典中获取键'data'的值,r 是一个字典
3   rank = r["rankings"]  # 从字典 r 中再获取键"rankings"的值,rank 是一个列表
4   ulist = []
5   # rank 中的每个元素是一个字典,包含一所学校的信息,从中抽取所需的信息,以列表的形式
6   # 加入 ulist
7   for i in range(len(rank)):
8       ulist.append([rank[i]['rankOverall'], rank[i]['univNameCn'], rank[i]['province'],
9                     rank[i]['univCategory'], rank[i]['score']])
10  # 输出数据
11  print('{:^5}\t{:^20}\t{:^10}\t{:^6}\t{:^10}'.format('排名','学校名称','省市','类型','总分'))
12  for i in range(len(ulist)):
13      u = ulist[i]
14      print('{:^5}\t{:^20}\t{:^10}\t{:^6}\t{:^10}'.format(u[0],u[1],u[2],u[3],u[4]))
```

部分运行结果如下：

```
排名        学校名称          省市      类型     总分
 1          清华大学          北京      综合     1004.1
 2          北京大学          北京      综合     910.5
 3          浙江大学          浙江      综合     822.9
 4          上海交通大学      上海      综合     778.6
 5          复旦大学          上海      综合     712.4
```

### 3. 文本数据解析

当响应数据为 HTML 和 XML 文本数据时，可使用 response.text 属性获取响应内容的文本形式，再使用字符串处理方法或数据解析技术对文本数据进行解析和提取。Python 中常用的文本数据解析技术有 Beautiful Soup、正则表达式和 XPath，并提供了 bs4 库支持 Beautiful Soup，re 库支持正则表达式，lxml 库和 bs4 库支持 XPath。由于 Beautiful Soup 为遍历文档树提供了一种简单而灵活的方式，使用更加便捷，受到了开发人员的推崇。因此，本章采用 Beautiful Soup 解析文本数据。

1）Beautiful Soup 库的安装

Beautiful Soup 是一个用于解析 HTML 和 XML 文档，并从中提取有用数据的第三方库，需要安装才能使用，目前最新的版本是 Beautiful Soup 4 4.12.2。

按下 win+r 组合键，打开运行对话框，输入 cmd 打开命令行窗口，在命令行窗口中输入 pip install beautifulsoup4 或 pip install bs4，进行安装，如图 10.5 所示。

2）Beautiful Soup 库的使用

Beautiful Soup 库的使用主要包括以下步骤。

第一步，导入 Beautiful Soup 库

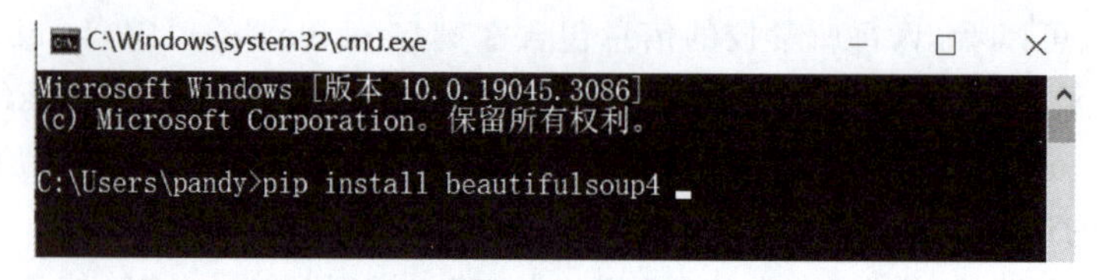


图 10.5 安装 Beautiful Soup 库

```
from bs4 import BeautifulSoup
```

第二步,创建 Beautiful Soup 对象

使用构造方法创建一个 BeautifulSoup 类的对象,将要解析的 HTML 或 XML 文档内容作为参数传递给构造方法,从而将 HTML 或 XML 文档转换为 Beautiful Soup 对象。BeautifulSoup 类的构造方法的语法格式如下:

```
BeautifulSoup(markup = "", features = None, builder = None, parse_only = None, from_encoding =
None, exclude_encodings = None, element_classes = None, ** kwargs)
```

- markup:必选参数,用于指定待解析的内容,通常为 HTML 或 XML 文档字符串。
- features:可选参数,用于指定使用的解析器。默认为 None,如果不指定解析器,Beautiful Soup 会根据当前系统安装的库自动选择解析器,解析器的选择顺序为 lxml→html5lib→html.parser。常用的解析器如表 10.6 所示。

表 10.6 常用的解析器

| 解析器 | 说明 |
|---|---|
| html.parser | Python 的内置标准库,执行速度适中,文档容错能力强 |
| lxml | 执行速度快,文档容错能力强,需要使用 pip install lxml 安装 lxml 库 |
| lxml-xml | 执行速度快,是唯一支持 XML 的解析器,需要使用 pip install lxml 安装 lxml 库 |
| html5lib | 具有最强的容错性,但执行速度慢,需要使用 pip install html5lib 安装 html5lib 库 |

**注意:** 如果指定的解析器没有安装,Beautiful Soup 会自动选择其他方案。在没有安装 lxml 库的情况下,无论是否指定使用 lxml,都无法得到解析对象。

一般情况下,如果只是解析普通的 HTML 文档,推荐使用 Python 的内置解析器 html.parser,如果需要处理复杂的 HTML 文档或希望获得更优的性能和容错能力,可选择使用 lxml 或 html5lib。

- builder:可选参数,用于指定构建文档树的解析器。默认为 None,如果不指定,将使用与 features 参数相同的解析器。
- parse_only:可选参数,用于指定解析时只包含的标签或元素。默认为 None,表示解析整个文档。如果指定了 parse_only,则只解析与之匹配的标签或元素,忽略其他内容。
- from_encoding:可选参数,用于指定待解析文档的编码格式。
- exclude_encodings:可选参数,用于指定排除的编码格式。
- element_classes:可选参数,用于指定构建 Beautiful Soup 对象的文档树的类名。可以传递一个字典,其中 key 为类名,value 为一个类或类的名称。
- ** kwargs:其他关键字参数,用于传递给解析器的参数,可用的 ** kwargs 参数取决于选择的解析器及解析器的版本。

例如，将一段 HTML 源代码以字符串的形式赋值给变量 html_doc，再创建一个 BeautifulSoup 对象，解析这段 HTML 代码，源代码如下：

```
1    from bs4 import BeautifulSoup
2    html_doc = """
3    <html><head><title>The Dormouse's story</title></head>
4    <body>
5    <p class="title"><b>The Dormouse's story</b></p>
6    <p class="story">Once upon a time there were three little sisters; and their names were
7    <a href="http://example.com/elsie" class="sister" id="link1">Elsie</a>,
8    <a href="http://example.com/lacie" class="sister" id="link2">Lacie</a> and
9    <a href="http://example.com/tillie" class="sister" id="link3">Tillie</a>;
10   and they lived at the bottom of a well.</p>
11   <p class="story">...</p>
12   """
13   soup = BeautifulSoup(html_doc, 'html.parser')
14   print(soup.prettify())  # prettify()方法可以对 HTML 代码进行格式化处理
```

运行结果如下：

```
<html>
 <head>
  <title>
   The Dormouse's story
  </title>
 </head>
 <body>
  <p class="title">
   <b>
    The Dormouse's story
   </b>
  </p>
  <p class="story">
   Once upon a time there were three little sisters; and their names were
   <a class="sister" href="http://example.com/elsie" id="link1">
    Elsie
   </a>
   ,
   <a class="sister" href="http://example.com/lacie" id="link2">
    Lacie
   </a>
   and
   <a class="sister" href="http://example.com/tillie" id="link3">
    Tillie
   </a>
   ;
and they lived at the bottom of a well.
  </p>
  <p class="story">
   ...
  </p>
 </body>
</html>
```

第三步，遍历文档树

Beautiful Soup 对象将 HTML 文档转换为一个文档树，树中的每个节点都是 Python 对象，可使用多种方法和选择器遍历文档树。

(1) find()和 find_all()方法。

遍历文档树常用的方法有 find()和 find_all()，find()方法用于查找符合条件的第一个节点，find_all()方法用于查找符合条件的所有节点，并以列表的形式返回。find()和 find_all()方法的参数相同，下面以 find_all()方法为例进行介绍。find_all()方法的语法格式如下：

```
find_all(name = None, attrs = {}, recursive = True, text = None, limit = None,  ** kwargs)
```

- name：用于指定要查找元素的标签名字符串或标签名列表。如果不指定，则匹配所有标签。

例如，使用前面创建的 soup 对象，调用 find_all()方法，查找名称为 title 的节点，源代码如下：

```
1    soup.find_all('title')
```

运行结果如下：

```
[<title>The Dormouse's story</title>]
```

例如，使用前面创建的 soup 对象，调用 find_all()方法，查找所有名称为 title 或 b 的节点，源代码如下。

```
1    soup.find_all(["title", "b"])
```

运行结果如下：

```
[<title>The Dormouse's story</title>, <b>The Dormouse's story</b>]
```

- attrs：用于指定要查找元素的属性，该参数支持字典类型，字典中键为属性名称，值为属性对应的值。默认为空字典，表示不指定任何属性。

例如，使用前面创建的 soup 对象，调用 find_all()方法，查找属性名称为 class、值为 sister 的节点，源代码如下。

```
1    soup.find_all(attrs = {'class':"sister"})
```

运行结果如下：

```
[<a class = "sister" href = "http://example.com/elsie" id = "link1">Elsie</a>,
 <a class = "sister" href = "http://example.com/lacie" id = "link2">Lacie</a>,
 <a class = "sister" href = "http://example.com/tillie" id = "link3">Tillie</a>]
```

- recursive：用于指定是否在当前节点的所有子孙节点中查找匹配项。默认值为 True，表示查找所有子孙节点。如果只需对当前节点的直接子节点进行查找，则可将参数 recursive 的值设为 False。

例如，使用前面创建的 soup 对象，调用 find_all()方法，查找所有子孙节点<a>，源代码如下：

```
1    soup.html.find_all("a", recursive = True)
```

运行结果如下：

```
[<a class = "sister" href = "http://example.com/elsie" id = "link1"> Elsie </a>,
 <a class = "sister" href = "http://example.com/lacie" id = "link2"> Lacie </a>,
 <a class = "sister" href = "http://example.com/tillie" id = "link3"> Tillie </a>]
```

- text：用于指定要查找节点的文本内容，其值可以是字符串、列表或正则表达式。默认为 None，表示不指定文本内容。

例如，使用前面创建的 soup 对象，调用 find_all()方法，查找文本是 Elsie 和 Lacie 的节点，源代码如下：

```
1    soup.find_all(text = ['Elsie','Lacie'])
```

运行结果如下：

```
['Elsie', 'Lacie']
```

- limit：用于指定最大查找的匹配节点数量。默认为 None，表示查找所有匹配节点。

如果不需要返回全部匹配结果，可以设置 limit 参数的值，当查找到 limit 参数值指定数量的节点时，停止查找。

例如，使用前面创建的 soup 对象，调用 find_all()方法，查找两个节点< a >，源代码如下：

```
1    soup.find_all(name = "a", limit = 2)
```

运行结果如下：

```
[<a class = "sister" href = "http://example.com/elsie" id = "link1"> Elsie </a>,
 <a class = "sister" href = "http://example.com/lacie" id = "link2"> Lacie </a>]
```

- ** kwargs：其他关键字参数，可用于传递额外的过滤条件。

(2) css 选择器。

遍历文档树还可使用 CSS 选择器，通过标签名、类名、ID、属性和层级关系等方式选择文档中的元素。常用的 CSS 选择器有标签选择器、类选择器、ID 选择器、属性选择器、后代选择器和伪类选择器。

为了方便使用 CSS 选择器，bs4 库的 BeautifulSoup 类提供了 select()方法，该方法可根据 CSS 选择器指定的模式选择节点，并以列表的形式返回。select()方法的语法格式如下：

```
select(selector)
```

参数 selector 是一个 CSS 选择器，用于指定要查找的元素，其值为字符串类型。

- 标签选择器：根据标签选择元素。

例如，使用前面创建的 soup 对象，调用 select()方法，查找所有的< a >标签，源代码如下：

```
1    soup.select('a')
```

运行结果如下：

```
[<a class = "sister" href = "http://example.com/elsie" id = "link1"> Elsie </a>,
 <a class = "sister" href = "http://example.com/lacie" id = "link2"> Lacie </a>,
 <a class = "sister" href = "http://example.com/tillie" id = "link3"> Tillie </a>]
```

- 类选择器：根据类名选择元素，类名前面要加“.”。

例如，“. sister”表示选择 class=" sister "的所有元素，使用前面创建的 soup 对象，调用 select()方法，查找类名称为 sister 的所有元素，源代码如下：

```
1    soup.select('.sister')
```

运行结果如下：

```
[<a class = "sister" href = "http://example.com/elsie" id = "link1"> Elsie </a>,
 <a class = "sister" href = "http://example.com/lacie" id = "link2"> Lacie </a>,
 <a class = "sister" href = "http://example.com/tillie" id = "link3"> Tillie </a>]
```

- ID 选择器：根据 ID 选择元素，ID 值前面要加“#”。

例如，“#link1”表示选择 id="link1"元素，使用前面创建的 soup 对象，调用 select()方法，查找 ID 值为 link1 的元素，源代码如下：

```
1    soup.select('#link1')
```

运行结果如下：

```
[<a class = "sister" href = "http://example.com/elsie" id = "link1"> Elsie </a>]
```

- 属性选择器：根据属性选择元素，属性用中括号括起来。

例如，[href="http://example.com/elsie"]表示选择包含 href="http://example.com/elsie"的所有元素，使用前面创建的 soup 对象，调用 select()方法，查找属性名称为 href，值为"http://example.com/elsie"的元素，源代码如下：

```
1    soup.select('[href = "http://example.com/elsie"]')
```

运行结果如下：

```
[<a class = "sister" href = "http://example.com/elsie" id = "link1"> Elsie </a>]
```

- 后代选择器：选择所有指定元素内的指定标签，指定元素与指定标签用空格分隔。

例如，“p a”表示选择所有<p>元素内的<a>标签，使用前面创建的 soup 对象，调用 select()方法，查找<p>元素内的<a>标签，源代码如下：

```
1    soup.select('p a')
```

运行结果如下：

```
[<a class = "sister" href = "http://example.com/elsie" id = "link1"> Elsie </a>,
 <a class = "sister" href = "http://example.com/lacie" id = "link2"> Lacie </a>,
 <a class = "sister" href = "http://example.com/tillie" id = "link3"> Tillie </a>]
```

• 伪类选择器：用于选择第一个、最后一个、第偶数个、第奇数个标签。

例如，使用前面创建的 soup 对象，调用 select()方法，查找第一个、最后一个、第偶数个、第奇数个<a>标签，源代码如下：

```
1    print("选择第一个<a>标签")
2    print(soup.select('a:first-child'))
3    print("选择最后一个<a>标签")
4    print(soup.select('a:last-child'))
5    print("选择第偶数个<a>标签")
6    print(soup.select('a:nth-child(even)'))
7    print("选择第奇数个<a>标签")
8    print(soup.select('a:nth-child(odd)'))
```

运行结果如下：

```
选择第一个<a>标签
[<a class="sister" href="http://example.com/elsie" id="link1">Elsie</a>]
选择最后一个<a>标签
[<a class="sister" href="http://example.com/tillie" id="link3">Tillie</a>]
选择第偶数个<a>标签
[<a class="sister" href="http://example.com/lacie" id="link2">Lacie</a>]
选择第奇数个<a>标签
[<a class="sister" href="http://example.com/elsie" id="link1">Elsie</a>, <a class=
"sister" href="http://example.com/tillie" id="link3">Tillie</a>]
```

• 多个选择器组合使用：select()方法允许传入组合的多个选择器。

例如，使用前面创建的 soup 对象，调用 select()方法，查找 ID 值为"link1"的<a>标签，源代码如下：

```
1    soup.select('a#link1')
```

运行结果如下：

```
[<a class="sister" href="http://example.com/elsie" id="link1">Elsie</a>]
```

(3) 处理嵌套标签。

根据标签的层级结构，可使用“.”字符、contents 和 children 属性访问嵌套标签元素的子标签。

• “.”字符：使用“.”定位嵌套标签，使用方法类似于访问 Python 中的对象属性。如果有多个匹配的子标签，则定位到第一个子标签；如果没有匹配的子标签时，则返回 None。

例如，使用前面创建的 soup 对象，查找<body>标签中<p>标签下的<b>标签，源代码如下：

```
1    b_tag = soup.body.p.b
2    print(b_tag)   # 输出<b>标签
```

运行结果如下：

```
<b>The Dormouse's story</b>
```

• contents 属性：使用该属性可以获取所有直接子标签的列表。

例如，使用前面创建的 soup 对象，获取< body >标签中的所有直接子标签，源代码如下：

```
1    body_tag = soup.body
2    body_child = body_tag.contents
3    print(body_child)
```

运行结果如下：

```
['\n', <p class = "title"><b> The Dormouse's story </b></p>, '\n', <p class = "story"> Once
upon a time there were three little sisters; and their names were
<a class = "sister" href = "http://example.com/elsie" id = "link1"> Elsie </a>,
<a class = "sister" href = "http://example.com/lacie" id = "link2"> Lacie </a> and
<a class = "sister" href = "http://example.com/tillie" id = "link3"> Tillie </a>;
and they lived at the bottom of a well.</p>, '\n', <p class = "story">...</p>, '\n']
```

• children 属性：使用该属性可以获取子标签的迭代器。

例如，使用前面创建的 soup 对象，获取< body >标签里的子标签，源代码如下：

```
1    body_tag = soup.body
2    for child in body_tag.children:
3        print(child)
```

运行结果如下：

```
<p class = "title"><b> The Dormouse's story </b></p>
<p class = "story"> Once upon a time there were three little sisters; and their names were
<a class = "sister" href = "http://example.com/elsie" id = "link1"> Elsie </a>,
<a class = "sister" href = "http://example.com/lacie" id = "link2"> Lacie </a> and
<a class = "sister" href = "http://example.com/tillie" id = "link3"> Tillie </a>;
and they lived at the bottom of a well.</p>
<p class = "story">…</p>
```

第四步，提取数据

使用 find()、find_all()或 select()方法后，得到一个包含定位目标元素的列表，遍历该列表，选择合适的方式获取所需标签内的文本或属性值。常用的获取标签文本的方式有 get_text()方法、text 属性和 string 属性；获取标签属性值的方式有 get('属性名')方法和标签['属性名']。

(1) get_text()方法：调用 get_text()方法可同时获取标签下的文本及其子标签文本。

例如，使用前面创建的 soup 对象，调用 find_all()方法，查找所有< a >标签，并提取其文本内容，源代码如下：

```
1    a_tags = soup.find_all('a')
2    print(a_tags )
3    print('提取标签内容')
4    for a in a_tags:
5        print(a.get_text())
```

运行结果如下：

```
[<a class="sister" href="http://example.com/elsie" id="link1">Elsie</a>, <a class=
"sister" href="http://example.com/lacie" id="link2">Lacie</a>, <a class="sister" href=
"http://example.com/tillie" id="link3">Tillie</a>]
提取标签内容
Elsie
Lacie
Tillie
```

(2) text 属性：与 get_text()方法的作用相同。

例如，使用前面创建的 soup 对象，调用 find_all()方法，查找所有<p>标签，并提取其文本内容，源代码如下：

```
1    p_tags = soup.find_all('p')
2    print(p_tags )
3    print('提取标签内容')
4    for p in p_tags:
5        print(p.text)
```

运行结果如下：

```
[<p class="title"><b>The Dormouse's story</b></p>, <p class="story">Once upon a time
there were three little sisters; and their names were
<a class="sister" href="http://example.com/elsie" id="link1">Elsie</a>,
<a class="sister" href="http://example.com/lacie" id="link2">Lacie</a> and
<a class="sister" href="http://example.com/tillie" id="link3">Tillie</a>;
and they lived at the bottom of a well.</p>, <p class="story">...</p>]
提取标签内容
The Dormouse's story
Once upon a time there were three little sisters; and their names were
Elsie,
Lacie and
Tillie;
and they lived at the bottom of a well.
...
```

(3) string 属性：用于提取一个标签元素的文本内容，只适用于标签元素内部包含单一的字符串文本，没有其他标签或子节点。如果标签元素内部有其他子标签，string 属性将返回 None，此时可使用.text 属性或 get_text()方法获取标签下的所有文本内容，包括子节点标签的文本。

例如，使用前面创建的 soup 对象，调用 find_all()方法，查找所有<p>标签，并提取其文本内容，源代码如下：

```
1    p_tags = soup.find_all('p')
2    print(p_tags )
3    print('提取标签内容')
4    for p in p_tags:
5        print(p.string)
```

运行结果如下：

```
[<p class="title"><b>The Dormouse's story</b></p>, <p class="story">Once upon a time
there were three little sisters; and their names were
<a class="sister" href="http://example.com/elsie" id="link1">Elsie</a>,
<a class="sister" href="http://example.com/lacie" id="link2">Lacie</a> and
<a class="sister" href="http://example.com/tillie" id="link3">Tillie</a>;
and they lived at the bottom of a well.</p>, <p class="story">...</p>]
提取标签内容
The Dormouse's story
None
...
```

由运行结果可知，列表中共有 3 对<p>标签，由于第二对<p>标签中包含<a>标签，所以返回值为 None。

为了能正确地提取数据，在使用 string 属性提取数据时，要先检查标签的结构，确保已经得到最内层的标签。

(4) get('属性名')方法：用于提取标签中的属性值。将指定属性名作为参数传递给 get()方法，即可得到对应的属性值，返回的属性值是字符串类型；如果指定的属性不存在，则返回 None。

例如，使用前面创建的 soup 对象，调用 find_all()方法，查找所有<a>标签，再从<a>标签中提取属性 href 的值，源代码如下：

```
1    a_tags = soup.find_all('a')
2    print(a_tags )
3    print('提取 href 属性值')
4    for a in a_tags:
5        print(a.get('href'))
```

运行结果如下：

```
[<a class="sister" href="http://example.com/elsie" id="link1">Elsie</a>, <a class=
"sister" href="http://example.com/lacie" id="link2">Lacie</a>, <a class="sister" href
="http://example.com/tillie" id="link3">Tillie</a>]
提取 href 属性值
http://example.com/elsie
http://example.com/lacie
http://example.com/tillie
```

(5) 标签['属性名']：与 get('属性名')方法的作用相同，都用于提取标签中的属性值。但如果指定的属性不存在，则会引发 KeyError 异常。

例如，使用前面创建的 soup 对象，调用 find_all()方法，查找所有<a>标签，再从<a>标签中提取属性 id 的值，源代码如下：

```
1    a_tags = soup.find_all('a')
2    print(a_tags )
3    print('提取 id 属性值')
4    for a in a_tags:
5        print(a['id'])
```

运行结果如下：

```
[<a class = "sister" href = "http://example.com/elsie" id = "link1"> Elsie </a >, < a class =
"sister" href = "http://example.com/lacie" id = "link2"> Lacie </a >, < a class = "sister" href =
"http://example.com/tillie" id = "link3"> Tillie </a >]
提取 id 属性值
link1
link2
link3
```

## 10.4　空气质量数据的获取

空气质量实时数据每小时更新一次，每天的空气质量数据是将每小时数据算术平均得到的结果，由于后续不对同一天不同时段的空气质量数据进行分析，因此只爬取每天的空气质量数据。

为获取天气后报网站提供的城市空气质量数据，首先获取每个城市空气质量数据的链接，再通过该链接获取相应城市的空气质量数据。

### 10.4.1　获取省市名称及其空气质量数据链接

#### 1. 打开“开发者工具”

使用 360 极速浏览器打开天气后报网，在网页上右击，在弹出的快捷菜单中单击“审查元素”，如图 10.6 所示，打开如图 10.7 所示的“开发者工具”。在浏览器中按 F12 键，也可打开“开发者工具”。

图 10.6　打开开发者工具

**注意**：不同的浏览器打开“开发者工具”的方式可能不同，比如谷歌 Chrome 浏览器，可使用功能键 F12 或在单击鼠标右键弹出的快捷菜单中单击“检查”打开。

图 10.7 开发者工具

### 2. 分析网页结构

按 Ctrl+Shift+C 组合键进入“开发者工具”中的“元素”界面，在网页中选择并单击任意一个省份名称，此时可以看到“开发者工具”上的元素一栏中定位到了该省名称对应的元素，< b >元素的内容包含了省的名称，如图 10.8 所示。

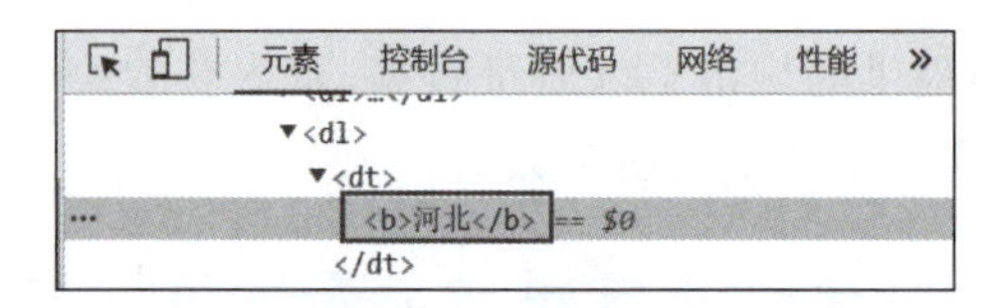


图 10.8 查看省名称

再按 Ctrl+Shift+C 组合键，单击网页中的任意一个城市，比如“石家庄”，此时可以看到“开发者工具”中定位到了石家庄对应的元素，< a >元素的内容包含了石家庄的名称和查看石家庄市空气质量数据的链接，如图 10.9 所示。

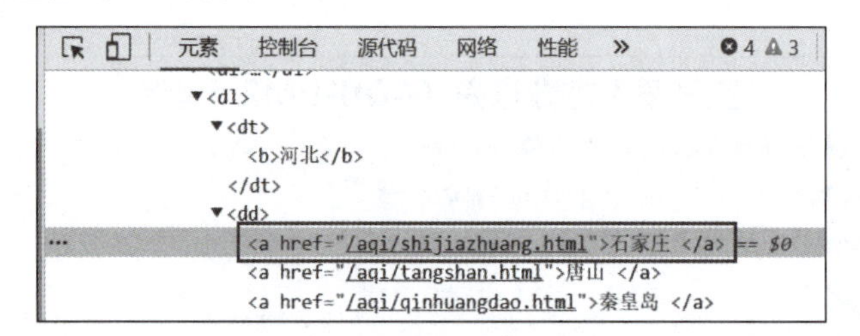


图 10.9 查看城市名称与链接

用相同的方法继续查看其他省份和城市，发现所有省份和城市对应源代码具有相同的结构，只是元素的文本内容不同。

通过分析，省份和城市的名称，以及查看各城市空气质量数据的链接都可从网页源代码中获得，所有省份和城市的信息都包含在 class="citychk" 的< div >元素中，每个省份包含的所有城市信息都在< dl >元素中，省份名称在< dt >元素中，城市名称及链接在< dd >元素中，数据所在节点之间存在层级关系，如图 10.10 所示。

### 3. 爬取数据

使用 requests 库发送 GET 请求，获取网页源代码，再使用 BeautifulSoup 库根据图 10.10 节点之间的层级关系进行解析，从而获取省份和城市名称，以及每个城市空气质量数据的链接，并保存到 Python 文件所在路径“data”文件夹下的 “城市及其链接. csv”文件中，源代码如下：

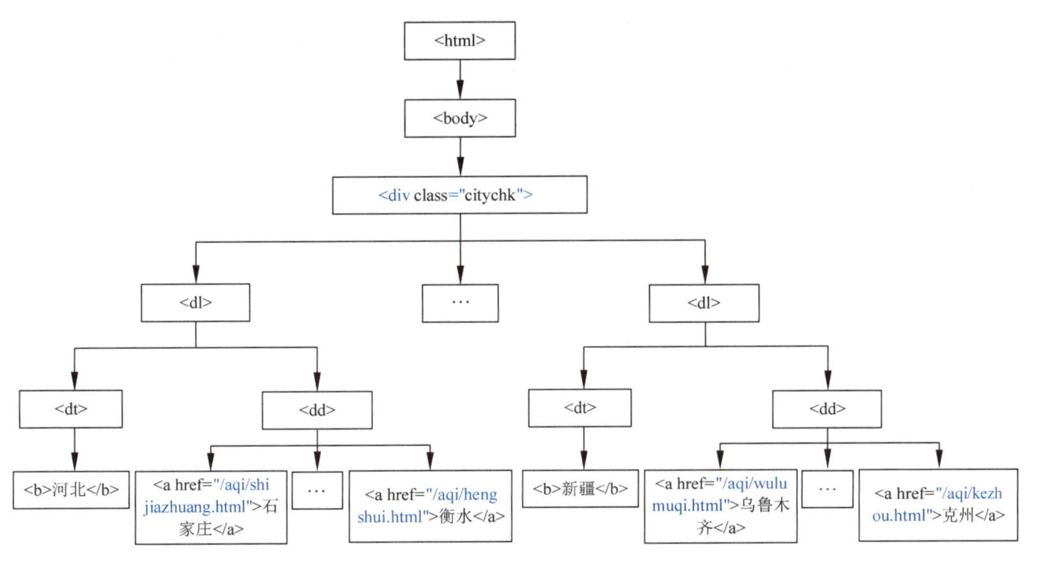


图 10.10　省市数据节点之间的层级关系

```
1   import requests
2   from bs4 import BeautifulSoup
3   import csv
4   url = 'http://www.tianqihoubao.com/aqi/'
5   headers = { 'User-Agent': 'Mozilla/5.0 (Windows NT 10.0; Win64; x64)AppleWebKit/537.36
6   (KHTML, like Gecko) Chrome/86.0.4240.183 Safari/537.36'}  # 设置请求头
7   # 根据 URL 构造请求,发送 GET 请求,接收服务器返回的响应信息
8   response = requests.get(url = url, headers = headers)
9   # 设置响应内容的编码格式
10  response.encoding = 'GBK'
11  # 创建 BeautifulSoup 对象
12  soup = BeautifulSoup(response.text , 'html.parser')
13  # 调用 find 方法查找属性名称为 class、值为 citychk 的 div 节点,返回字符文本
14  r1 = soup.find('div',attrs = {'class',"citychk"})
15  # 调用 find_all 方法查找所有名称为 dl 的节点,返回包含所有 dl 元素的列表
16  r2 = r1.find_all('dl')
17  # city_list 列表用于存放所有城市的名称、所属省份及链接
18  city_list = []
19  # 遍历 dl 节点,获取 dt 和 dd 元素中的数据
20  for child in r2:
21      prince = child.dt.b.text  # 从 dt 下的 b 元素中获取省份名称
22      r3 = child.find_all("a")  # 查找 dl 下的所有名称为 a 的节点,返回包含 a 元素的列表
23      for city in r3:           # 遍历 a 节点,获取城市名称和链接
24          city_data = []        # 用于存放一个城市的名称、所属省份及链接
25          # 将以下四个城市的省份名称由热门城市修改为直辖市
26          if city.text.strip() == "北京" or city.text.strip() == "上海" or city.text.
27  strip() == "天津" or city.text.strip() == "重庆":
28              prince = "直辖市"
29          city_data.append(prince)
30          city_data.append(city.text)
31          city_data.append("http://www.tianqihoubao.com" + city.get("href"))
32          city_list.append(city_data)  # city_list.列表中的每个元素是一个列表
33  # 保存数据
```

```
34    headers = ['省名称','城市名称','城市天气链接']  # 设置表头信息
35    with open('./data/城市及其链接.csv','w',newline = "") as f:   # newline = ""用于避免
36    # 每行数据后出现一个空行
37        f_csv = csv.writer(f)
38        f_csv.writerow(headers)
39        f_csv.writerows(city_list)
```

## 10.4.2 获取城市的空气质量数据

天气后报网提供了2013年10月至今的城市空气质量数据，打开上面爬取到的某个城市的链接，可以看到该城市的实时天气质量信息，以及历史数据查询月份。单击查询月份，在打开的网页中可以看到该月每天的天气质量数据。下面以天津为例介绍获取城市空气质量数据的过程。

### 1. 查看数据

前面已经获得查看天津空气质量数据的链接，在360极速浏览器中打开该链接的网页，网页上半部分显示了天津市各监测站点实时空气质量数据，每小时更新一次，如图10.11所示；下半部分显示了天津空气质量指数历史数据查询月份，如图10.12所示。

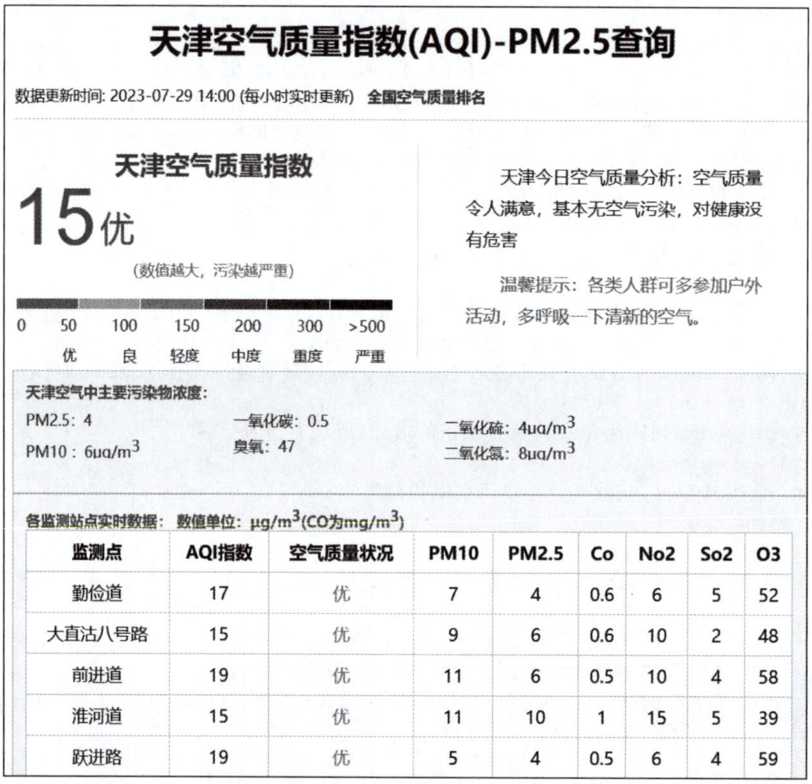

天津空气质量指数(AQI)-PM2.5查询

数据更新时间: 2023-07-29 14:00 (每小时实时更新)  全国空气质量排名

天津空气质量指数

15优

(数值越大，污染越严重)

0 50 100 150 200 300 >500

优 良 轻度 中度 重度 严重

天津今日空气质量分析：空气质量令人满意，基本无空气污染，对健康没有危害

温馨提示：各类人群可多参加户外活动，多呼吸一下清新的空气。

天津空气中主要污染物浓度：

PM2.5：4  一氧化碳：0.5  二氧化硫：4ug/m3

PM10：6ug/m3  臭氧：47  二氧化氮：8ug/m3

各监测站点实时数据：  数值单位：μg/m3(CO为mg/m3)

| 监测点 | AQI指数 | 空气质量状况 | PM10 | PM2.5 | Co | No2 | So2 | O3 |
|---|---|---|---|---|---|---|---|---|
| 勤俭道 | 17 | 优 | 7 | 4 | 0.6 | 6 | 5 | 52 |
| 大直沽八号路 | 15 | 优 | 9 | 6 | 0.6 | 10 | 2 | 48 |
| 前进道 | 19 | 优 | 11 | 6 | 0.5 | 10 | 4 | 58 |
| 淮河道 | 15 | 优 | 11 | 10 | 1 | 15 | 5 | 39 |
| 跃进路 | 19 | 优 | 5 | 4 | 0.5 | 6 | 4 | 59 |

图10.11 天津空气质量实时数据

单击“2023年05月”，在打开的网页中可以看到2023年5月份每天的空气质量数据，如图10.13所示。

天津空气质量指数历史数据查询

| | | | | | | |
|---|---|---|---|---|---|---|
| 2023年07月 | 2023年06月 | 2023年05月 | 2023年04月 | 2023年03月 | 2023年02月 | 2023年01月 |
| 2022年12月 | 2022年11月 | 2022年10月 | 2022年09月 | 2022年08月 | 2022年07月 | 2022年06月 |
| 2022年05月 | 2022年04月 | 2022年03月 | 2022年02月 | 2022年01月 | 2021年12月 | 2021年11月 |
| 2021年10月 | 2021年09月 | 2021年08月 | 2021年07月 | 2021年06月 | 2021年05月 | 2021年04月 |
| 2021年03月 | 2021年02月 | 2021年01月 | 2020年12月 | 2020年11月 | 2020年10月 | 2020年09月 |
| 2020年08月 | 2020年07月 | 2020年06月 | 2020年05月 | 2020年04月 | 2020年03月 | 2020年02月 |
| 2020年01月 | 2019年12月 | 2019年11月 | 2019年10月 | 2019年09月 | 2019年08月 | 2019年07月 |
| 2019年06月 | 2019年05月 | 2019年04月 | 2019年03月 | 2019年02月 | 2019年01月 | 2018年12月 |
| 2018年11月 | 2018年10月 | 2018年09月 | 2018年08月 | 2018年07月 | 2018年06月 | 2018年05月 |
| 2018年04月 | 2018年03月 | 2018年02月 | 2018年01月 | 2017年12月 | 2017年11月 | 2017年10月 |
| 2017年09月 | 2017年08月 | 2017年07月 | 2017年06月 | 2017年05月 | 2017年04月 | 2017年03月 |
| 2017年02月 | 2017年01月 | 2016年12月 | 2016年11月 | 2016年10月 | 2016年09月 | 2016年08月 |
| 2016年07月 | 2016年06月 | 2016年05月 | 2016年04月 | 2016年03月 | 2016年02月 | 2016年01月 |
| 2015年12月 | 2015年11月 | 2015年10月 | 2015年09月 | 2015年08月 | 2015年07月 | 2015年06月 |
| 2015年05月 | 2015年04月 | 2015年03月 | 2015年02月 | 2015年01月 | 2014年12月 | 2014年11月 |
| 2014年10月 | 2014年09月 | 2014年08月 | 2014年07月 | 2014年06月 | 2014年05月 | 2014年04月 |
| 2014年03月 | 2014年02月 | 2014年01月 | 2013年12月 | 2013年11月 | 2013年10月 | |

图 10.12 天津空气质量指数历史数据查询月份

2023年5月天津空气质量指数AQI_PM2.5历史数据

分享到: 0

天津05月份空气质量指数(AQI)数据：数值单位：μg/$m^3$(CO为mg/$m^3$)

| 日期 | 质量等级 | AQI指数 | 当天AQI排名 | PM2.5 | PM10 | $So_2$ | $No_2$ | Co | $O_3$ |
|---|---|---|---|---|---|---|---|---|---|
| 2023-05-01 | 良 | 76 | 256 | 41 | 101 | 12 | 33 | 0.60 | 105 |
| 2023-05-02 | 良 | 73 | 275 | 33 | 96 | 10 | 25 | 0.52 | 116 |
| 2023-05-03 | 良 | 77 | 304 | 43 | 104 | 11 | 34 | 0.85 | 101 |
| 2023-05-04 | 优 | 40 | 235 | 21 | 39 | 6 | 14 | 0.64 | 73 |
| 2023-05-05 | 优 | 24 | 24 | 9 | 20 | 6 | 14 | 0.47 | 71 |

图 10.13 天津空气质量部分历史数据

### 2. 分析网页结构

为了获取历史数据，首先要获得查看历史数据的 URL 地址。在 360 极速浏览器中打开 http://www.tianqihoubao.com/aqi/tianjin.html 网页，按功能键 F12 打开“开发者工具”，再按 Ctrl+Shift+C 组合键，在网页中单击历史数据查询日期“2023 年 05 月”，可在“开发者工具”中看到<li>元素下的<a>元素中有 2023 年 5 月历史数据的 URL 地址，如图 10.14 所示。

用相同的方法继续查看其他日期，发现所有日期的链接都在<li>元素下的<a>元素中，查看历史数据的 URL 地址在网页源代码中具有相同的结构，只是元素的文本内容不

```
▼<li>
    <a href="/aqi/tianjin-202305.html" title="2023年05月天津PM2.5指数"> 2023年05月
    </a>
  </li>
```

图 10.14　查看天津空气质量指数历史数据链接

同。而且所有< li >元素都包含在 class＝"box p"的< div >元素中。节点之间的层级关系如图 10.15 所示。

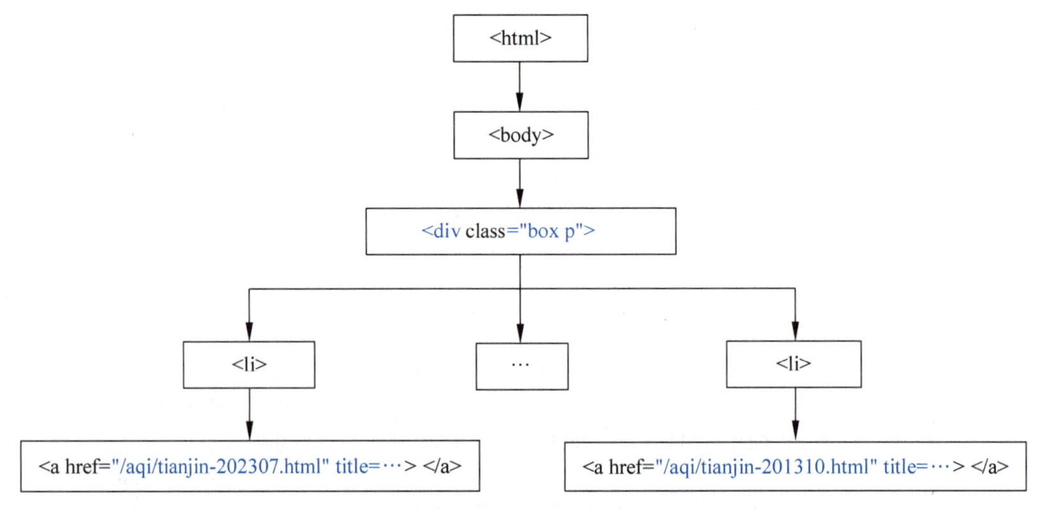


图 10.15　历史数据的 URL 地址节点之间的层级关系

得到查看历史数据的 URL 地址后，在 360 极速浏览器中打开某个 URL 地址，比如打开 http://www.tianqihoubao.com/aqi/tianjin-202305.html 的网页，即可看到 2023 年 5 月中每天的空气质量数据。

按 Ctrl＋Shift＋C 组合键，在网页中单击日期“2023-05-01”，可在“开发者工具”中看到每个< td >元素中包含这一天空气质量的质量等级、AQI 指数、当天 AQI 排名、PM2.5、PM10、$SO_2$、$NO_2$、CO、$O_3$ 等数据，如图 10.16 所示。

```
▼<tr>
    <td> 2023-05-01</td>
    <td class="aqi-lv2"> 良</td>
    <td>76 </td>
    <td>256</td>
    <td>41</td>
    <td>101</td>
    <td>12</td>
    <td>33</td>
    <td>0.60</td>
    <td>105</td>
  </tr>
```

图 10.16　查看某一天的空气质量数据

用相同的方法继续查看其他日期，发现所有日期的空气质量数据都在< tr >元素下的< td >元素中，查看历史空气质量的数据在网页源代码中具有相同的结构，只是元素文本的内容不同，而且所有< tr >元素都包含在 class＝"api_month_list"的< div >元素中，各节点之间的层级关系如图 10.17 所示。

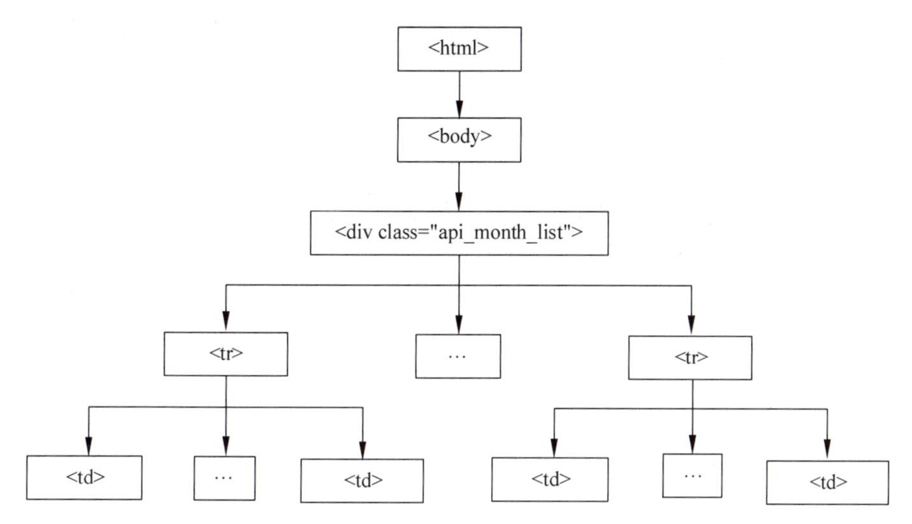


图 10.17 空气质量历史数据节点之间的层级关系

### 3. 爬取城市的空气质量数据

首先读取文件"城市及其链接.csv"中保存的查看城市空气质量的链接。由于每个城市的空气质量数据量比较大，同时爬取所有城市数据的时间较长，因此，每次只爬取一个城市的空气质量数据。通过 input 函数输入城市名称，从文件中读取该城市空气质量数据的链接，源代码如下：

```
1   import csv
2   # CSV 文件路径
3   csv_file = './data/城市及其链接.csv'
4   # 读取 CSV 文件数据
5   with open(csv_file, mode='r') as file:
6       reader = csv.reader(file)
7       # 跳过表头
8       header = next(reader)
9       city_name = input("输入城市名: ")
10       for city in reader:
11           if city[1].strip() == city_name:
12               city_url = city[2]    #在文件中获取读入城市的 url
13               province_name = city[0]
14               break
15   print(city_url)
```

以天津为例，运行结果如下：

```
输入城市名: 天津
http://www.tianqihoubao.com/aqi/tianjin.html
```

然后使用 requests 库发送 GET 请求到查看天津空气质量数据的链接，获取网页源代码，使用 BeautifulSoup 库根据图 10.15 所示节点之间的层级关系进行解析，获得数据查询日期的链接，源代码如下：

```
1   import requests
2   from bs4 import BeautifulSoup
```

```
3    url = city_url
4    # 根据 URL 构造请求,发送 GET 请求,接收服务器返回的响应信息
5    response = requests.get(url = url)
6    # 设置响应内容的编码格式
7    response.encoding = 'GBK'
8    soup = BeautifulSoup(response.text , 'html.parser')
9    # 调用 find 方法,查找属性名称为 class、值为 box p 的 div 节点,返回字符文本
10    r1 = soup.find('div',attrs = {'class',"box p"})
11    # 调用 find_all 方法,查找所有名称为 li 的节点,返回包含所有 li 元素的列表
12    r2 = r1.find_all('li')
13    city_list = []
14    # 遍历 li 节点,获取 a 元素中的超链接
15    for child in r2:
16        data = child.find("a")
17        city_list.append("http://www.tianqihoubao.com" + data.get("href"))
18    print(city_list)
```

部分运行结果如下：

```
['http://www.tianqihoubao.com/aqi/tianjin-202307.html', 'http://www.tianqihoubao.com/aqi/tianjin-202306.html', 'http://www.tianqihoubao.com/aqi/tianjin-202305.html', 'http://www.tianqihoubao.com/aqi/tianjin-202304.html', 'http://www.tianqihoubao.com/aqi/tianjin-202303.html', 'http://www.tianqihoubao.com/aqi/tianjin-202302.html', 'http://www.tianqihoubao.com/aqi/tianjin-202301.html', 'http://www.tianqihoubao.com/aqi/tianjin-202212.html', 'http://www.tianqihoubao.com/aqi/tianjin-202211.html', 'http://www.tianqihoubao.com/aqi/tianjin-202210.html', 'http://www.tianqihoubao.com/aqi/tianjin-202209.html', 'http://www.tianqihoubao.com/aqi/tianjin-202208.html', 'http://www.tianqihoubao.com/aqi/tianjin-202207.html', 'http://www.tianqihoubao.com/aqi/tianjin-202206.html', …]
```

再向查看每月数据的链接发送 GET 请求，获取网页源代码，使用 BeautifulSoup 库根据图 10.17 所示节点之间的层级关系进行解析，获得每天空气质量的数据，源代码如下：

```
1    header = []        # 用于存放空气质量数据的表头信息
2    month_list = []   # 用于存放每天的空气质量数据
3    flag = 1          # flag = 1 时表示 r2 中的第一个元素,该元素为表头信息
4    # 获取每月每天的空气质量数据
5    for url in city_list:
6        headers = { 'User-Agent': 'Mozilla/5.0 (Windows NT 10.0; Win64; x64) AppleWebKit/
7        537.36 (KHTML, like Gecko) Chrome/86.0.4240.183 Safari/537.36'}
8        response = requests.get(url = url, headers = headers)
9        # 设置响应内容的编码格式
10        response.encoding = 'GBK'
11        soup = BeautifulSoup(response.text , 'html.parser')
12        # 使用 CSS 选择器中的 select()方法,查找类名称为 api_month_list 内的所有<tr>
13        # 标签元素,返回一个列表
14        r2 = soup.select(".api_month_list tr")
15        # 遍历 tr 节点,获取 td 元素中的数据
16        for child in r2:
17            data = child.find_all("td")
18            # 设置表头信息
19            if flag == 1 and child == r2[0]:
20                for i in data:
```

```
21                 header.append(i.b.text)
22             flag = 0
23         # 获取每天的空气质量数据
24         if flag == 0 and child!= r2[0]:
25             month_data = []      # 用于存放一天的空气质量数据
26             for i in data:
27                 i.text.replace('\n','')  # 去除数据中的\n符号
28                 month_data.append(i.text.strip())
29             month_list.append(month_data)
```

最后保存爬取的城市空气质量数据。所有数据都保存到"data"文件夹下,每个省再创建一个文件夹,文件夹名称即省份名称,在该文件夹下保存该省所辖每个城市的空气质量数据,文件名为城市名称,文件类型为".csv"。北京、上海、天津和重庆4个城市的数据放到"直辖市"文件夹下。源代码如下:

```
1   # 保存数据
2   import os
3   # 指定文件夹的路径
4   folder_path = "./data/" + province_name
5   # 使用 os.makedirs()创建文件夹,如果文件夹不存在,则创建
6   os.makedirs(folder_path, exist_ok = True)
7   with open(folder_path + "/" + city_name + "数据.csv","w",newline = "") as f:
8   # newline = ""用于避免每行数据后出现一个空行
9       f_csv = csv.writer(f)
10      f_csv.writerow(header)
11      f_csv.writerows(month_list)
```

# 10.5 空气质量数据的可视化分析

## 10.5.1 单个城市的空气质量数据分析

### 1. 读取指定城市和日期的空气质量数据

使用input函数输入城市名称、所属省份和日期,读入相应的空气质量数据,源代码如下:

```
1   import csv
2   from datetime import datetime
3   # CSV 文件路径
4   city_name = input("输入城市名:")
5   province_name = input("输入城市所在省份名称:")
6   csv_file = "./data/" + province_name + "/" + city_name + "数据.csv"
7   date_start = input("输入开始日期,输入格式为年/月/日(XXXX/XX/XX):")
8   date_end = input("输入结束日期,输入格式为年/月/日(XXXX/XX/XX):")
9   city_data = []  # 存放读入的数据
10  # 将输入的日期字符串转换为日期对象
11  date_start = datetime.strptime(date_start, "%Y/%m/%d")
12  date_end = datetime.strptime(date_end, "%Y/%m/%d")
13  # 读取 CSV 文件数据
14  with open(csv_file, mode = 'r') as file:
```

```
15        reader = csv.reader(file)
16        # 跳过表头
17        header = next(reader)
18        for data in reader:
19            # 将 CSV 中的日期字符串转换为日期对象
20            csv_date = datetime.strptime(data[0].strip(), "%Y/%m/%d")
21            if date_start <= csv_date <= date_end :
22                city_data.append(data)
23    print(city_data)
```

运行结果如下：

```
输入城市名：天津
输入城市所在省份名称：直辖市
输入开始日期,输入格式为年/月/日(XXXX/XX/XX)：2023/05/01
输入结束日期,输入格式为年/月/日(XXXX/XX/XX)：2023/05/31
[['2023/5/1', '良', '76', '256', '41', '101', '12', '33', '0.6', '105'], ['2023/5/2', '良', '73', '275', '33', '96', '10', '25', '0.52', '116'], ['2023/5/3', '良', '77', '304', '43', '104', '11', '34', '0.85', '101'], ['2023/5/4', '优', '40', '235', '21', '39', '6', '14', '0.64', '73'], ['2023/5/5', '优', '24', '24', '9', '20', '6', '14', '0.47', '71'], ['2023/5/6', '优', '34', '145', '9', '33', '8', '21', '0.36', '82'], ['2023/5/7', '优', '47', '281', '18', '47', '9', '31', '0.45', '79'], ['2023/5/8', '良', '62', '329', '29', '67', '10', '31', '0.45', '106'], ['2023/5/9', '优', '50', '226', '26', '56', '10', '33', '0.45', '83'], ['2023/5/10', '良', '63', '310', '27', '63', '11', '36', '0.5', '109'], ['2023/5/11', '良', '62', '289', '36', '74', '12', '45', '0.59', '104'], ['2023/5/12', '良', '69', '301', '38', '82', '9', '30', '0.65', '111'], ['2023/5/13', '良', '53', '196', '26', '56', '7', '34', '0.53', '80'], ['2023/5/14', '良', '76', '295', '37', '78', '12', '29', '0.72', '132'], ['2023/5/15', '轻度污染', '105', '336', '59', '111', '10', '33', '0.86', '133'], ['2023/5/16', '良', '77', '289', '41', '93', '8', '16', '0.66', '137'], ['2023/5/17', '良', '61', '281', '32', '73', '7', '20', '0.64', '87'], ['2023/5/18', '优', '44', '176', '18', '45', '9', '24', '0.67', '82'], ['2023/5/19', '良', '76', '292', '55', '82', '6', '23', '0.7', '85'], ['2023/5/20', '轻度污染', '117', '278', '44', '175', '5', '20', '0.37', '64'], ['2023/5/21', '轻度污染', '149', '316', '47', '194', '5', '17', '0.29', '76'], ['2023/5/22', '良', '61', '270', '25', '71', '7', '32', '0.44', '77'], ['2023/5/23', '良', '57', '247', '22', '62', '7', '29', '0.49', '100'], ['2023/5/24', '良', '68', '305', '26', '86', '8', '18', '0.46', '129'], ['2023/5/25', '良', '59', '270', '31', '69', '7', '16', '0.5', '114'], ['2023/5/26', '良', '70', '309', '47', '79', '8', '26', '0.68', '108'], ['2023/5/27', '良', '62', '316', '45', '67', '7', '25', '0.73', '78'], ['2023/5/28', '良', '52', '297', '34', '57', '7', '20', '0.74', '83'], ['2023/5/29', '良', '66', '322', '35', '64', '8', '25', '0.7', '111'], ['2023/5/30', '良', '52', '260', '25', '55', '12', '38', '0.86', '81'], ['2023/5/31', '良', '63', '299', '37', '69', '9', '35', '0.65', '101']]
```

### 2. 城市空气质量 AQI 指数趋势分析

从读入的数据中抽取空气质量指数数据，再使用 matplotlib 库绘制空气质量指数趋势分析图，源代码如下：

```
1   # 导入 matplotlib 库中的 pyplot 模块,并对该模块重命名为 plt
2   import matplotlib.pyplot as plt
3   AQI_data = []                                   # 存放空气质量指数数据
4   # 创建数据
5   for data in city_data:
6       AQI_data.append(int(data[4]))               # 设置空气质量指数纵坐标 y 的取值
7   days = [i for i in range(1,len(AQI_data) + 1)]  # 设置日期横坐标 x 的取值
8   # 添加 rc 参数,实现在图形中显示中文
```

```
9	plt.rcParams["font.sans-serif"] = "SimHei"
10	plt.rcParams["axes.unicode_minus"] = False
11	# 设置图的标题
12	plt.title(city_name + "空气质量 AQI 指数趋势")
13	plt.xlabel("日期")                                  # 设定 x 轴的标签
14	plt.ylabel("AQI 指数")                              # 设定 y 轴的标签
15	plt.xlim(1,max(days))                               # 设置 x 轴范围
16	plt.ylim(min(AQI_data),max(AQI_data))               # 设置 y 轴范围
17	plt.xticks(days)                                    # # 设置 x 轴刻度
18	plt.yticks([6 * i for i in range(min(AQI_data)//7,max(AQI_data)//5)])   # 设置 y 轴刻度
19	# 添加每个数据点的空气质量指数作为注释
20	for a,b in zip(days,AQI_data):
21	    plt.text(a, b, b, ha = 'center', va = 'bottom', fontsize = 10)
22	# 添加网格线
23	plt.grid(linestyle = ':')
24	# 使用 pyplot 中的 plot 函数绘制折线图
25	plt.plot(days,AQI_data,c = 'green')                 # 用绿色绘制曲线图
26	# 显示图表
27	plt.show()
```

以上代码绘制出的城市空气质量指数趋势图如图 10.18 所示。

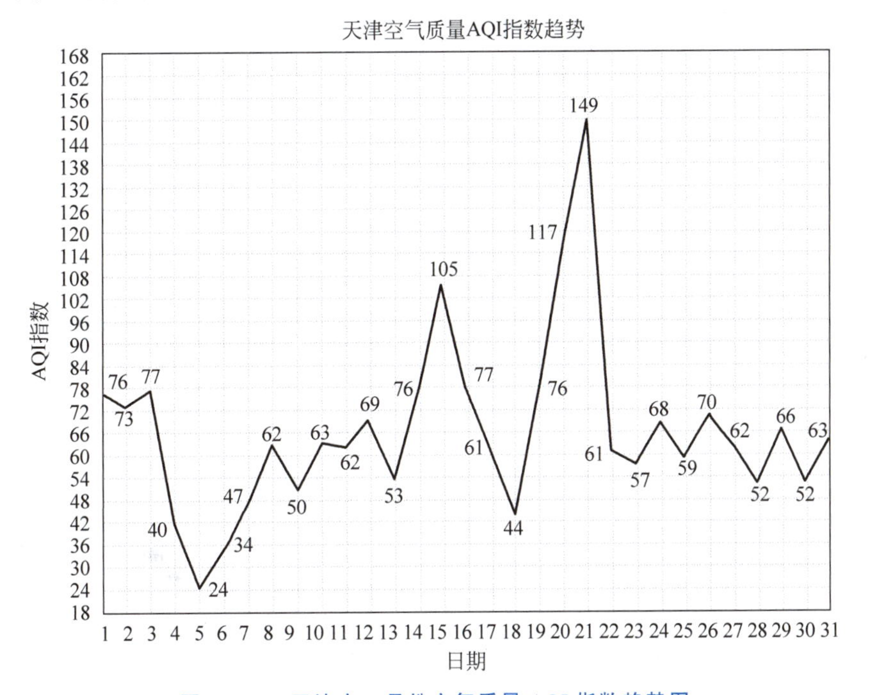

彩图 10.18

图 10.18 天津市 5 月份空气质量 AQI 指数趋势图

### 3. 城市空气质量状况分析

从读入的数据中抽取空气质量状况数据，再使用 matplotlib 库绘制空气质量状况的天数分析图，源代码如下：

```
1	# 导入 matplotlib 库中的 pyplot 模块，并将该模块重命名为 plt
2	import matplotlib.pyplot as plt
```

```
3    grade_data = {}                                      # 存放空气质量等级天数
4    # 统计空气质量指数等级的天数
5    for data in city_data:
6        grade_data[data[1]] = grade_data.get(data[1],0) + 1
7    grade = list(grade_data.keys())                      # 构造空气质量等级列表
8    days = list(grade_data.values())                     # 构造天数列表
9    # 设置饼状图中空气质量指数级别颜色
10   color = []
11   for i in grade:
12       if i == '优':
13           color.append('#008000')                      # 绿色
14       if i == '良':
15           color.append('#FFFF00')                      # 黄色
16       if i == '轻度污染':
17           color.append('#FFA500')                      # 橙色
18       if i == '中度污染':
19           color.append('#FF0000')                      # 红色
20       if i == '重度污染':
21           color.append('#800080')                      # 紫色
22       if i == '严重污染':
23           color.append('#800000')                      # 褐红色
24   # 设置色标颜色
25   color_list = ['#008000', '#FFFF00', '#FFA500', '#FF0000', '#800080','#800000']
26   levels = [0, 50, 100, 150, 200, 300, 500]
27   cmap = matplotlib.colors.ListedColormap(color_list)
28   norm = matplotlib.colors.BoundaryNorm(levels, 6)
29   # 绘图
30   fig, ax = plt.subplots(figsize=(7,6))                # 创建一个子图
31   plt.title(city_name+"空气质量状况")                   # 设置饼状图标题
32   ax.pie(days,labels=grade,autopct="%.1f",colors=color)  # 绘制饼状图
33   # 绘制色标
34   cbar_ax = fig.add_axes([0.94, 0.4, 0.015, 0.2])      # 色标大小及位置
35   cb = matplotlib.colorbar.ColorbarBase(
36       cbar_ax,
37       cmap=cmap,
38       ticks=levels,
39       norm=norm,
40       orientation='vertical',
41       extend='neither',
42       extendrect=True,
43       extendfrac=0.15
44   )
45   cb.set_ticks([0, 50, 100, 150, 200, 300, 500])
46   cb.ax.yaxis.set_tick_params(length=0.01)
47   # 设置图的标题
48   plt.show()
```

以上代码绘制出的城市空气质量状况图如图 10.19 所示。

#### 4. 城市 PM2.5 指数日历图

日历图是将一年的数据以小格的形式展示，每个小格代表一天。绘制日历图需要使用 calmap 库，calmap 库为第三方库，使用前要执行“pip install calmap”进行安装。

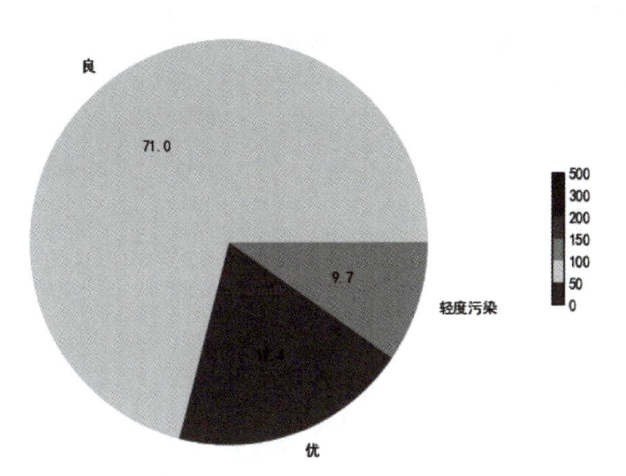

彩图 10.19

图 10.19 天津市 5 月份空气质量状况图

从读入的数据中抽取空气质量 PM2.5 指数数据,绘制 PM2.5 指数日历图,源代码如下:

```
1    import calmap
2    import matplotlib
3    import matplotlib.pyplot as plt
4    import pandas as pd
5    # 获取数据
6    PM25_data = []                                  # 存放空气质量 PM2.5 数据和日期
7    for data in city_data:
8        PM25 = []
9        PM25.append(data[0])                        # 读取日期
10       PM25.append(int(data[4]))                   # 读取空气质量 PM2.5
11       PM25_data.append(PM25)
12   # 把列表转换为 pandas 的 DataFrame
13   df = pd.DataFrame(columns = ['date', 'PM25'])   # 创建空的 DataFrame
14   j = 0
15   for i in PM25_data:
16       df.loc[j] = i
17       j = j+1
18   # 将 df 中的'date'列转换为 DatetimeIndex 对象
19   df['date'] = pd.to_datetime(df['date'])
20   df.set_index('date', inplace = True)
21   # 定义颜色
22   color_list = ['#008000', '#FFFF00', '#FFA500', '#FF0000', '#800080','#800000']
23   levels = [0, 50, 100, 150, 200, 300, 500]
24   cmap = matplotlib.colors.ListedColormap(color_list)
25   norm = matplotlib.colors.BoundaryNorm(levels, 6)
26   # 绘制日历图
27   fig, ax = plt.subplots(figsize = (10, 6))       # 创建 Matplotlib 子图对象
28   calmap.yearplot(
29       df['PM25'],
30       vmin = 0,
31       vmax = 300,
32       cmap = cmap,
33       ax = ax    # 将创建的子图对象传递给 ax 参数,再在子图对象上设置标题
```

```
34      )
35      # 设置标题和年份标签样式
36      ax.set_title(city_name + "PM2.5 of 2023" , pad = 20)
37      ax.set_ylabel('2023', fontdict = dict(fontsize = 25, color = 'grey'))   # 在子图对象上设置标题
38      ax.tick_params(axis = 'x', labelrotation = 0, labelsize = 10)      # 设置 x 轴刻度的旋转
39                                                                         # 角度和字体大小
40      # 绘制色标
41      cbar_ax   = fig.add_axes([0.94, 0.4, 0.015, 0.2])
42      cb   = matplotlib.colorbar.ColorbarBase(
43          cbar_ax,
44          cmap = cmap,
45          ticks = levels,
46          norm = norm,
47          orientation = 'vertical',
48          extend = 'neither',
49          extendrect = True,
50          extendfrac = 0.15
51      )
52      cb.set_ticks([0, 50, 100, 150, 200, 300])
53      cb.ax.yaxis.set_tick_params(length = 0.01)
```

以上代码绘制出的城市 PM2.5 指数日历图如图 10.20 所示。

彩图 10.20

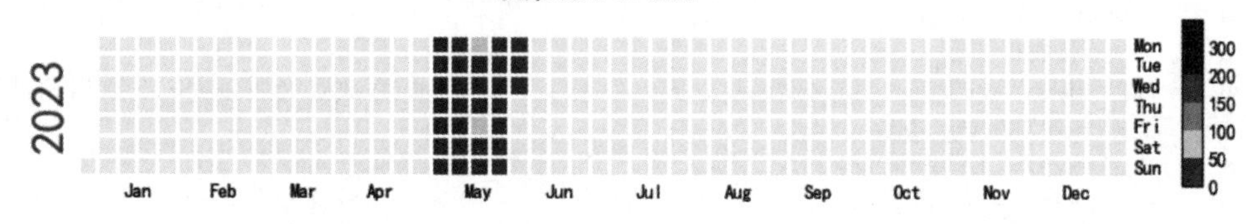


图 10.20　天津市 5 月份 PM2.5 指数日历图

## 10.5.2　多个城市的空气质量数据分析

### 1. 读取城市空气质量数据

使用 input 函数输入城市个数和日期，再使用 input 函数输入各城市名称和所属省份，读入相应的空气质量数据，源代码如下：

```
1       import pandas as pd
2       city_num = int(input("请输入城市个数: "))
3       date_start = input("输入开始日期,输入格式为年 - 月 - 日(XXXX - XX - XX): ")
4       date_end = input("输入结束日期,输入格式为年 - 月 - 日(XXXX - XX - XX): ")
5       city_data = {}
6       city_name = []  # 保存城市名称
7       for i in range(0,city_num):
8           name = input("请输入城市名称: ")
9           province_name = input("输入城市所在省份名称: ")
10          city_name.append(name)
11          # CSV 文件路径
12          csv_file = "./data/" + province_name + "/" + name + "数据.csv"
13          # 读取 CSV 文件数据
14          data_frames = pd.read_csv(csv_file, encoding = 'GBK')
```

```
15        # 使用布尔索引找出指定日期范围内的数据,将筛选后的数据存储到 city_data
16        # 字典中,键为城市名称,值为筛选后的数据
17        city_data[name] = data_frames[(data_frames["日期"]>= date_start) & (data_frames
17        ["日期"]<= date_end)]
19    print(city_data)
```

比如需要分析 3 个城市：北京、上海和广州 2023 年 5 月份的空气质量数据，部分运行结果如下：

```
请输入城市个数: 3
输入开始日期,输入格式为年-月-日(XXXX-XX-XX): 2023-05-01
输入结束日期,输入格式为年-月-日(XXXX-XX-XX): 2023-05-31
请输入城市名称: 北京
输入城市所在省份名称: 直辖市
请输入城市名称: 上海
输入城市所在省份名称: 直辖市
请输入城市名称: 广州
输入城市所在省份名称: 广东
{'北京':   日期       质量等级  AQI 指数  当天 AQI 排名  PM2.5  PM10   So2  No2   Co     O3
  0   2023-05-01      良       70          216      38     90     3   28  0.48    99
  1   2023-05-02      良       77          291      40    100     3   23  0.59   117
  2   2023-05-03      良       82          313      42    101     3   24  0.65   126
  3   2023-05-04      良       53          293      31     64     2   16  0.62    83
  4   2023-05-05      优       23           22      10     22     3   11  0.32    57
  5   2023-05-06      优       29           89       7     24     2   17  0.21    73
...
}
```

## 2. 多个城市空气质量 AQI 指数趋势分析

从读入的数据中抽取空气质量 AQI 指数数据，再使用 matplotlib 库绘制空气质量指数趋势分析图，源代码如下：

```
1    import matplotlib.pyplot as plt
2    import random
3    import matplotlib.dates as mdates
4    # 添加 rc 参数,实现在图形中显示中文
5    plt.rcParams["font.sans-serif"] = "SimHei"
6    plt.rcParams["axes.unicode_minus"] = False
7    # 设置横坐标 x 的取值
8    # 使用 pd.to_datetime()确保日期数据为 datetime 类型
9    x = pd.to_datetime(city_data[city_name[0]]["日期"])
10   # 配置横坐标为日期格式
11   plt.gca().xaxis.set_major_formatter(mdates.DateFormatter('%Y-%m-%d'))
12   plt.gca().xaxis.set_major_locator(mdates.DayLocator())
13   # x[0]和 x[len(x)-1]分别是横坐标 x 的开始和结束日期,间隔 3 天,倾斜显示
14   plt.xticks(pd.date_range(x.iloc[0], x.iloc[-1],freq='3d'),rotation=70)
15   AQI_data = {}                    # 存放空气质量指数数据
16   # 设置城市 AQI 指数纵坐标 y 的取值
17   for i in range(0,city_num):
18       AQI_data[city_name[i]] = city_data[city_name[i]]["AQI 指数"]
19   # 设置图的标题
20   plt.title("空气质量 AQI 指数趋势")
```

```
21    plt.xlabel("日期")                                  # 设定 x 轴的标签
22    plt.ylabel("AQI 指数")                              # 设定 y 轴的标签
23    # 生成随机颜色
24    def random_color():
25        color = "#{:02x}{:02x}{:02x}".format(random.randint(0, 255), random.randint
26        (0, 255), random.randint(0, 255))
27        return color
28    for i in range(0,city_num):
29        plt.plot(x,AQI_data[city_name[i]] ,label = city_name[i],c = random_color(),
30        linestyle = ":",marker = " * ")
31    plt.legend(loc = "upper left")        # 显示图例,设置图例显示位置,这句代码必须紧邻 show(),
32                                          # 在其之前
33    plt.show()                            # 显示绘制结果
```

以上代码绘制出的城市空气质量指数趋势图如图 10.21 所示。

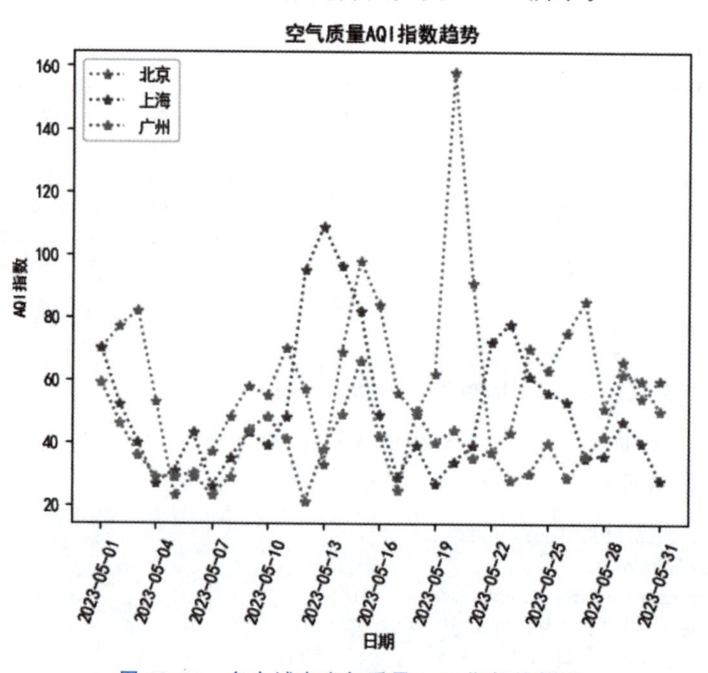

彩图 10.21

图 10.21　多个城市空气质量 AQI 指数趋势图

### 3. 多个城市空气质量状况分析

从读入的数据中抽取空气质量等级数据，再使用 matplotlib 库绘制每个城市的空气质量状况饼状图，分析比较多个城市的空气质量状况，源代码如下：

```
1    import matplotlib
2    import matplotlib.pyplot as plt
3    plt.rcParams['font.size'] = '10'                    # 调整图形字体大小
4    # 设置色标颜色
5    color_list = ['#008000', '#FFFF00', '#FFA500', '#FF0000', '#800080','#800000']
6    levels = [0, 50, 100, 150, 200, 300, 500]
7    cmap = matplotlib.colors.ListedColormap(color_list)
```

```
8      norm = matplotlib.colors.BoundaryNorm(levels, 6)
9      # 设置子图数量和排列方式
10     num_subplots = len(city_name)
11     num_rows = 2
12     num_cols = (num_subplots + num_rows - 1) // num_rows
13     # 创建子图
14     fig, axes = plt.subplots(num_rows, num_cols, figsize=(10, 6))
15     fig.subplots_adjust(hspace=0.5, wspace=0.3)              # 调整子图之间的间距
16     # 绘制每个子图
17     for i, ax in enumerate(axes.flat):
18         if i < num_subplots:
19             labels = city_data[city_name[i]]['质量等级'].value_counts().index
20             values = city_data[city_name[i]]['质量等级'].value_counts().values
21             # 设置饼状图中空气质量指数级别颜色
22             color = []
23             for grade in labels:
24                 if grade == '优':
25                     color.append('#008000')                  # 绿色
26                 if grade == '良':
27                     color.append('#FFFF00')                  # 黄色
28                 if grade == '轻度污染':
29                     color.append('#FFA500')                  # 橙色
30                 if grade == '中度污染':
31                     color.append('#FF0000')                  # 红色
32                 if grade == '重度污染':
33                     color.append('#800080')                  # 紫色
34                 if grade == '严重污染':
35                     color.append('#800000')                  # 褐红色
36             ax.set_title(city_name[i] + "空气质量状况")      # 设置子图标题
37             ax.pie(values,labels=labels,autopct="%.1f",colors=color)  # 绘制饼状图
38             plt.tight_layout()  #自动调整子图的布局,确保标题和标签不重叠
39         else:
40             ax.axis("off")  # 关闭超出子图数量的图框
41     # 绘制色标
42     cbar_ax  = fig.add_axes([0.94, 0.4, 0.015, 0.2])  # 色标大小及位置
43     cb  = matplotlib.colorbar.ColorbarBase(
44         cbar_ax,
45         cmap=cmap,
46         ticks=levels,
47         norm=norm,
48         orientation='vertical',
49         extend='neither',
50         extendrect=True,
51         extendfrac=0.15
52     )
53     cb.set_ticks([0, 50, 100, 150, 200, 300, 500])
54     cb.ax.yaxis.set_tick_params(length=0.01)
55     plt.show()
```

以上代码绘制出的城市空气质量状况如图 10.22 所示。

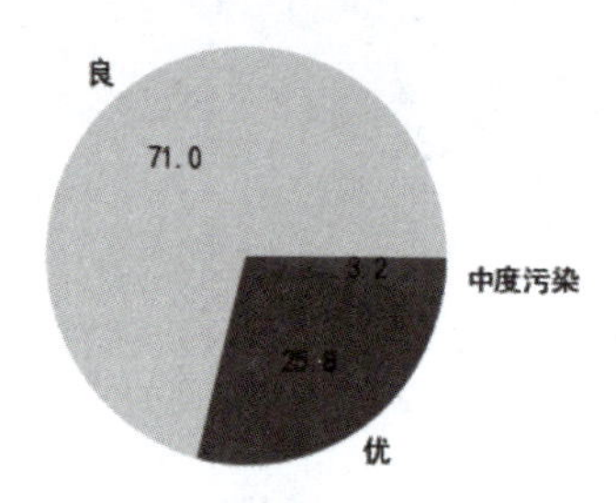

彩图 10.22

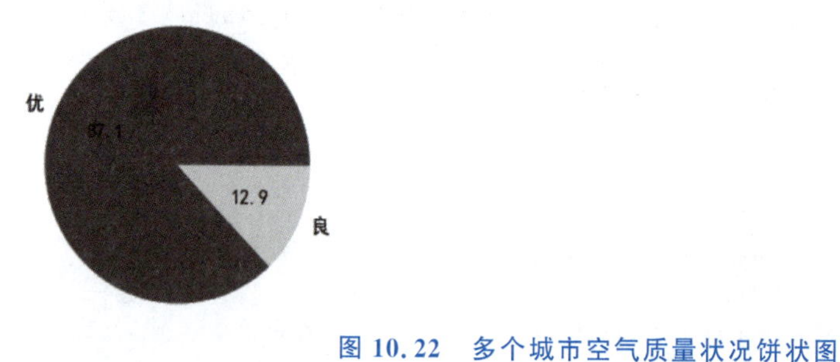


图 10.22　多个城市空气质量状况饼状图

## 10.5.3　绘制城市空气质量词云图

### 1. wordcloud 库

1）wordcloud 库简介

绘制词云图需要使用 wordcloud 库。wordcloud 是一个非常优秀的实现词云展示的第三方库。词云是以词语为基本单位，根据词语的频率，通过图形可视化的方式，更加直观和艺术地展示文本，使出现频率较高的词语在视觉上更加突出。

wordcloud 库将词云当作一个 WordCloud 对象，wordcloud.WordCloud()代表一个文本对应的词云，可根据文本中词语出现的频率等参数绘制词云，词云的形状、尺寸和颜色均可设定。

wordcloud.WordCloud()中的主要参数如表 10.7 所示。

表 10.7　wordcloud.WordCloud()中的主要参数

| 参　数 | 描　述 |
|---|---|
| width | 指定词云对象生成图片的宽度，默认为 400 像素。如：wordcloud.WordCloud(width=800) |
| height | 指定词云对象生成图片的高度，默认为 200 像素。如：wordcloud.WordCloud(height=600) |
| min_font_size | 指定词云中字体的最小字号，默认为 4 号。如：wordcloud.WordCloud(min_font_size=6) |
| max_font_size | 指定词云中字体的最大字号，根据高度自动调节。如：wordcloud.WordCloud(max_font_size=20) |
| font_step | 指定词云中字体字号的步进间隔，默认为 1。如：wordcloud.WordCloud(font_step=2) |

续表

| 参　数 | 描　述 |
| --- | --- |
| font_path | 指定字体文件的路径，默认为 None；需要以什么字体展现，就写明该字体路径+后缀名。如：wordcloud. WordCloud(font_path=" '黑体. ttf'") |
| max_words | 指定词云显示的最大单词数量，默认为 200。如：wordcloud. WordCloud(max_words=100) |
| stop_words | 指定词云的排除词列表，即不显示的单词列表，设置需要屏蔽的词。如果为空，则使用内置的 STOPWORDS。如：不显示单词 Python，wordcloud. WordCloud(stop_words="Python") |
| mask | 指定词云形状，默认为长方形，需要引用 imread 函数。如果参数为空，则使用二维遮罩绘制词云。如果 mask 非空，设置的宽高值将被忽略，遮罩形状被 mask 取代。如：将图片 pic. png 作为词云形状<br>from scipy. msc import imread<br>mk = imread("pic. png")<br>w=wordcloud. WordCloud(mask=mk) |
| background_color | 指定词云图片的背景颜色，默认为黑色。如：wordcloud. WordCloud(background_color="white") |

wordcloud. WordCloud()生成词云的方法有两种。

(1) generate_from_text(text)：根据文本生成词云，如 generate_from_text("wordcloud by python")，可以生成单词“wordcloud”和“python”的词云。

(2) generate_from_frequencies(frequencies[, …])：根据词频生成词云。

2) wordcloud 库的安装

绘制词云图前需要安装 wordcloud 库，在 cmd 命令提示符窗口中输入如下命令：

```
pip install wordcloud
```

### 2. 读入某省各城市空气质量数据

由于每个城市的空气质量数据以 CSV 文件的形式保存在所属省份的文件夹下，因此需要输入省份名称，依次读取该省中每个城市的数据，源代码如下：

```
1    import os
2    import pandas as pd
3    province_name = input("输入城市所在省份名称: ")
4    # 指定文件夹路径
5    folder_path = './data/' + province_name
6    # 获取文件夹内所有以 .csv 结尾的文件的列表
7    file_list = [file for file in os.listdir(folder_path) if file.endswith('.csv')]
8    # 创建一个空的列表,用于存储所有读取的数据
9    data_frames = []
10   # 遍历每个文件,读取数据并进行处理
11   for file in file_list:
12       file_path = os.path.join(folder_path, file)
13       # 使用 os.path.basename 从文件名(不包含后缀)中获取城市名称
14       city_name = os.path.basename(file_path)[:-6]
15       df = pd.read_csv(file_path, encoding='GBK')  # 使用 pandas 读取 CSV 文件
16       df['城市名称'] = city_name  # 添加城市名称列
17       data_frames.append(df)
```

```
18    # 使用 concat 函数将所有 DataFrame 合并成一个
19    merged_df = pd.concat(data_frames, ignore_index=True)
20    # 将添加的列城市名称放到最前面
21    merged_df = merged_df[['城市名称'] + [col for col in merged_df.columns if col not in
22    ['城市名称']]]
23    print(merged_df)
```

以江苏省为例，运行结果如下：

```
输入城市所在省份名称：江苏
        城市名称    日期        质量等级   AQI 指数   当天 AQI 排名   PM2.5   PM10   So2   No2   Co    O3
0        南京   2023-05-01      良        71          222        27      92     10    30   0.65   101
1        南京   2023-05-02      良        59          179        20      62      6    14   0.40   139
2        南京   2023-05-03      优        36           94        19      36      5    20   0.56    57
3        南京   2023-05-04      优        36          204        20      36      5    20   0.70    51
4        南京   2023-05-05      优        24           27        14      19      5    13   0.69    48
...      ...    ...             ...       ...          ...       ...     ...    ...   ...   ...    ...
44950    镇江   2013-11-30      良        94           63        83     148     69    70   1.37    21
44951    镇江   2013-10-28   轻度污染    139           57       103     161     29    64   1.36    49
44952    镇江   2013-10-29   中度污染    162           77       116     238     36    79   1.35    46
44953    镇江   2013-10-30   轻度污染    103           64        77      94     12    30   0.92    52
44954    镇江   2013-10-31      良        98           59        61     107      9    31   0.94    43
```

### 3. 绘制某省某年各城市空气污染天数词云图

绘制2022年江苏省各城市空气污染天数词云图，需要从读入的数据merged_df中筛选出2022年江苏省各城市的数据，并统计各城市空气污染天数。将城市名称作为词，各城市空气污染天数作为词频，根据词频生成词云，源代码如下：

```
1     import matplotlib.pyplot as plt
2     from wordcloud import WordCloud
3     import numpy as np
4     from PIL import Image
5     # 将日期列转换为日期时间对象
6     merged_df['Date'] = pd.to_datetime(merged_df['日期'])
7     # 使用 dt 属性获取年份
8     merged_df['Year'] = merged_df['Date'].dt.year
9     # 筛选出 2022 年城市空气污染数据
10    air_pollution = merged_df[(merged_df['质量等级']!= '优') & (merged_df['质量等级']
11    != '良') & (merged_df['Year'] == 2022) ]
12    # 使用 groupby 函数对城市名称进行分组，再计算每个分组中的空气污染天数
13    city_pollution_days = air_pollution.groupby('城市名称').size()
14    #city_pollution_days 是一个 Series
15    # 将 Series 转换为字典
16    city_pollution_dict = city_pollution_days.to_dict()
17    # 创建一个形状图片(树形状)
18    tree_mask = np.array(Image.open('背景.png'))
19    # 创建一个词云对象，设置形状图片为 mask
20    wc = WordCloud(background_color="white", mask=tree_mask, font_path='simkai.ttf',
21    contour_color='green', contour_width=2, width=800, height=800)
22    # 绘制词云
23    wc.generate_from_frequencies(city_pollution_dict)  # 根据城市的污染天数生成词云
24    plt.imshow(wc)
```

```
25    plt.axis("off")   # 不显示坐标轴
26    plt.show()
```

运行结果如图 10.23 所示。

彩图 10.23

图 10.23　城市空气污染天数词云图

### 4. 绘制某省某年各城市空气优良天数词云图

绘制 2022 年江苏省各城市空气优良天数词云图，需要从读入的数据 merged_df 中筛选出 2022 年江苏省各城市的数据，并统计各城市空气优良天数。将城市名称作为词，各城市空气优良天数作为词频，根据词频生成词云，源代码如下：

```
1     import matplotlib.pyplot as plt
2     from wordcloud import WordCloud
3     # 将日期列转换为日期时间对象
4     merged_df['Date'] = pd.to_datetime(merged_df['日期'])
5     # 使用 dt 属性获取年份
6     merged_df['Year'] = merged_df['Date'].dt.year
7     # 筛选出 2022 年城市空气优良数据
8     air_pollution = merged_df[((merged_df['质量等级'] == '优') | (merged_df['质量等级'] ==
9      '良')) & (merged_df['Year'] == 2022) ]
10    # 使用 groupby 函数对城市名称进行分组,再计算每个分组中的空气污染天数
11    city_pollution_days = air_pollution.groupby('城市名称').size()
12    #city_pollution_days 是一个 Series
13    # 将 Series 转换为字典
14    city_pollution_dict = city_pollution_days.to_dict()
15    wc = WordCloud(font_path = 'simkai.ttf',
16                   background_color = "white")
17    wc.generate_from_frequencies(city_pollution_dict)   # 根据城市的优良天数生成词云
18    plt.axis("off")                                     # 不显示坐标轴
18    plt.imshow(wc)
20    plt.show()
```

运行结果如图 10.24 所示。

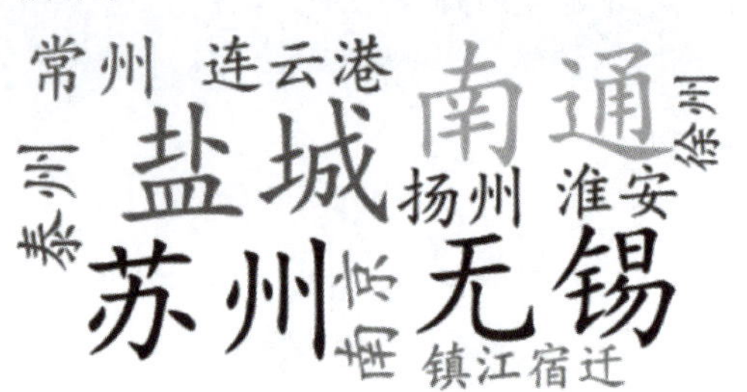

彩图 10.24

图 10.24 城市空气优良天数词云图

## 10.6 本章小结

本章首先介绍了网络爬虫的基本流程、爬虫需要使用的第三方模块库；其次通过爬取天气后报网站上的城市空气质量数据，详解阐述了使用 Python 爬取数据的完整过程；最后对爬取的空气质量数据进行分析处理，并采用折线图、饼状图、日历图和词云图等形式进行数据可视化。

通过学习本章内容，了解 Python 网络爬虫、数据可视化技术，为今后涉及网络爬虫和数据可视化的项目开发奠定良好的基础。

# 参考文献


[1] 王霞，王书芹，郭小荟，等. Python 程序设计(思政版)[M]. 北京：清华大学出版社，2021.

[2] 王书芹，王霞，郭小荟，等. Python 程序设计实验实训(微课视频版)[M]. 北京：清华大学出版社，2022.

[3] 江红，余青松. Python 程序设计与算法基础教程(第 3 版·项目实训·题库·微课视频版)[M]. 北京：清华大学出版社，2023.

[4] 董付国. Python 程序设计基础(第 3 版·微课版·公共课版·在线学习软件版)[M]. 北京：清华大学出版社，2023.

[5] 埃里克·马瑟斯. Python 编程 从入门到实践编程语言[M]. 3 版. 北京：人民邮电出版社，2023.

[6] 持续深入打好蓝天保卫战[EB/OL]. http://paper.people.com.cn/rmrb/html/2022-12/07/nw.D110000renmrb_20221207_5-11.htm，2022-12-7.

[7] 国务院关于印发打赢蓝天保卫战三年行动计划的通知[EB/OL]. https://www.gov.cn/zhengce/content/2018-07/03/content_5303158.htm，2018-07-03.

[8] 深入推进蓝天保卫战[EB/OL]. http://paper.people.com.cn/rmrb/html/2023-07/20/nw.D110000renmrb_20230720_2-05.htm，2023-07-20.

[9] 中国如何持续深入打好蓝天保卫战？[EB/OL]. https://www.chinanews.com.cn/cj/2023/03-28/9980365.shtml，2023-03-28.

# 图书资源支持

感谢您一直以来对清华版图书的支持和爱护。为了配合本书的使用，本书提供配套的资源，有需求的读者请扫描下方的“书圈”微信公众号二维码，在图书专区下载，也可以拨打电话或发送电子邮件咨询。

如果您在使用本书的过程中遇到了什么问题，或者有相关图书出版计划，也请您发邮件告诉我们，以便我们更好地为您服务。

**我们的联系方式：**

清华大学出版社计算机与信息分社网站：https://www.shuimushuhui.com/

地　　址：北京市海淀区双清路学研大厦 A 座 714

邮　　编：100084

电　　话：010-83470236　010-83470237

客服邮箱：2301891038@qq.com

QQ：2301891038（请写明您的单位和姓名）

资源下载：关注公众号“书圈”下载配套资源。

资源下载、样书申请

书圈

图书案例

清华计算机学堂

观看课程直播